高等职业教育新形态一体化数字教材

污染场地调查与评价

主编　纪丁愈　杨绍平　陈思瑶

·北京·

内 容 提 要

本书共分为四个模块，分别是污染场地危害及管理、建设用地土壤调查、建设用地土壤污染评价和建设用地土壤污染修复，涵盖了污染场地概述、污染场地发展历史与现状、场地中污染物的环境行为、污染场地调查与监测（包括了第一阶段土壤污染状况调查、第二阶段土壤污染状况调查和第三阶段土壤污染状况调查）、建设用地健康风险评价、污染场地生态风险评价、建设用地修复技术以及相关案例分析。

本书是新形态立体化教材，在“智慧职教 mooc”平台上有完整的 PPT 课件、教学视频、章节习题、在线测试等资源，可通过平台在线学习。

本书主要针对高职环境类专业的人才培养要求，结合高等职业教育与行业需求进行编写，着重培养学生场地调查与评价分析的能力，同时也培养学生的组织协调、沟通管理能力，养成谨慎细致、安全、服务的职业态度。本书可作为高职院校环境工程技术、水土保持、城市勘察等专业教学用书，也可作为相关技术人员进修、学习、工作的参考用书。

图书在版编目（CIP）数据

污染场地调查与评价 / 纪丁愈，杨绍平，陈思瑶主编. -- 北京 : 中国水利水电出版社，2023.12
高等职业教育新形态一体化数字教材
ISBN 978-7-5226-1789-3

Ⅰ. ①污… Ⅱ. ①纪… ②杨… ③陈… Ⅲ. ①场地－环境污染－污染调查－高等职业教育－教材②场地－环境污染－环境质量评价－高等职业教育－教材 Ⅳ. ①X508②X821

中国国家版本馆CIP数据核字(2023)第172483号

书　名	高等职业教育新形态一体化数字教材 **污染场地调查与评价** WURAN CHANGDI DIAOCHA YU PINGJIA
作　者	主编　纪丁愈　杨绍平　陈思瑶
出版发行	中国水利水电出版社 （北京市海淀区玉渊潭南路 1 号 D 座　100038） 网址：www.waterpub.com.cn E-mail：sales@mwr.gov.cn 电话：（010）68545888（营销中心）
经　售	北京科水图书销售有限公司 电话：（010）68545874、63202643 全国各地新华书店和相关出版物销售网点
排　版	中国水利水电出版社微机排版中心
印　刷	清淞永业（天津）印刷有限公司
规　格	184mm×260mm　16 开本　15 印张　365 千字
版　次	2023 年 12 月第 1 版　2023 年 12 月第 1 次印刷
印　数	0001—1000 册
定　价	**52.00** 元

前言

随着我国新旧动能转换带来的产业结构调整和城镇化进程不断深入，大量高耗能高污染的企业关闭并被新能源企业取代，随之留下了大量被污染的建设用地。由于土壤污染具有隐蔽性和滞后性等特点，治理难度大、任务重。为此，我国近年来持续出台土壤环境管理和污染防治的政策文件和规划建议。其中，2016 年国务院印发的《土壤污染防治行动计划》（简称“土十条”）是重要的纲领性文件，提出了预防为主、保护优先、风险管控的总体思路，明确了未来的工作方向，并对土壤污染防治工作做出了全面的战略部署；同时，2016—2018 年间，生态环境部陆续公布和实施了三项重要管理办法，即《污染地块土壤环境管理办法（试行）》《农用地土壤环境管理办法（试行）》和《工矿用地土壤环境管理办法（试行）》，提高了不同类别用地环境保护监督管理的要求。此外，2019 年《中华人民共和国土壤污染防治法》正式实施，确立了土壤环境保护的法律法规体系框架，进一步完善了我国生态环境保护和污染防治的法律制度体系。随后，2021 年出台了《污染土壤修复工程技术规范》（原位热脱附、异位热脱附、生物堆、固化/稳定化等技术）；2022 年出台了《“十四五”土壤、地下水和农村生态环境保护规划》，进一步推动建设生态宜居美丽乡村，解决土壤、地下水、和生态环境问题。

党的二十大报告中提到：“深入推进环境污染防治。持续深入打好蓝天、碧水、净土保卫战。加强土壤污染源头防控，开展新污染物治理。提升环境基础设施建设水平，推进城乡人居环境整治”。习近平在二十大报告中提出：“推动绿色发展，促进人与自然和谐共生。”曾多次强调：要强化土壤污染管控和修复，有效防范风险，让老百姓吃得放心、住得安心。只有深入打好污染防治攻坚战，切实加强土壤生态环境保护，实现生态系统良性循环，从而促进土壤资源永续利用。本书培养学生“生态情怀、大国精神、历史使命感”等素养，从而树立社会主义生态文明观、绿色发展观，旨在为培养高素质技术技能人才作出贡献。

本书共分为四个模块，主要围绕建设用地土壤调查与评价开展，分别是污染场地危害及管理、建设用地土壤调查、建设用地土壤污染评价和建设用地土壤污染修复，涵盖了污染场地概述、污染场地发展历史与现状、场地中污染物的环境行为、污染场地调查与监测（包括了第一阶段土壤污染状况调查、第二阶段土壤污染状况调查和第三阶段土壤污染状况调查）、建设用地土壤污染风险评价、污染场地生态风险评价、建设用地修复技术以及相关案例分析。

本书由纪丁愈、杨绍平和陈思瑶担任主编并统稿，唐国品、王青和汪锐担任副主编，吴怡担任主审。纪丁愈编写第六章和第九章；杨绍平编写第五章和第七章；陈思瑶编写第八章和第十章；唐国品编写第三章和第四章；王青编写第一章和第二章；汪锐编写第十一章。

本书在编写过程中得到了四川国海鸿杰环保科技有限公司的大力支持，四川工商职业技术学院段琼同志、四川省环境政策研究与规划院常明庆同志和四川锦美环保股份有限公司郑雪峰同志对本书内容也提出了许多宝贵意见，在此一并表示感谢。

限于编者的水平，书中疏漏和错误之处，望同行、读者批评指正。

编者

2023 年 4 月

0 - 0
原植生态情怀

“行水云课”数字教材使用说明

“行水云课”水利职业教育服务平台是中国水利水电出版社立足水电、整合行业优质资源全力打造的“内容”＋“平台”的一体化数字教学产品。平台包含高等教育、职业教育、职工教育、专题培训、行水讲堂五大版块，旨在提供一套与传统教学紧密衔接、可扩展、智能化的学习教育解决方案。

本套教材是整合传统纸质教材内容和富媒体数字资源的新型教材，将大量图片、音频、视频、3D动画等教学素材与纸质教材内容相结合，用以辅助教学。读者登录“行水云课”平台，进入教材页面后输入激活码激活（激活码见教材封底处），即可获得该数字教材的使用权限。读者可通过扫描纸质教材二维码查看与纸质内容相对应的知识点多媒体资源，也可通过移动终端APP、“行水云课”微信公众号或“行水云课”网页版查看完整数字教材。

数字资源清单

续表

目 录

模块二　建设用地土壤调查

模块三　建设用地土壤污染评价

模块四　建设用地土壤污染修复

模块一

污染场地危害及管理

第一章 污染场地概述

本 章 简 介

污染场地是社会经济发展的产物，时常伴随着城市扩张或者城市结构布局的调整产生，且逐渐成为一个世界性问题。污染场地按照活动类型分为工业类、农业类、市政类和特殊类污染；污染场地会造成土壤性质的改变、土壤结构的破坏、土地的荒芜、水体的严重污染、水源报废和生态环境的破坏等，由此引起直接或者间接的经济损失和生态灾难。通过本章的学习让学生了解污染场地的危害，培养学生的环保意识，保护环境从身边小事做起。

第一节 污染场地的基本概念

1-1
污染场地概述

场地是指某一地块范围内的土壤、地下水、地表水以及地块内所有建筑物、设施和生物的总和。

污染场地（又称污染地块）是指因从事生产、经营、使用、储存、堆积承载了有毒有害物质，或因处理、处置有毒有害废物和其他（如迁移、突然事故）造成场地内及周边不同程度的环境污染，从而对人体健康和环境产生危害或具有潜在风险的空间区域。总的来说，该空间区域中有害物质的承载体包括各种废弃物、地下水、地表水、场地土壤、环境空气、场地残余废弃污染物（如生产设备和建筑物）等。简而言之，污染场地又可指因堆积、储存、处理或其他方式承载有毒有害废物或有害化学物质，对人体健康和环境造成危害或者具有潜在风险的空间区域。在人类活动或社会发展的过程中产生的物质超过一定浓度，将会对土壤或地下水造成一定程度的污染，已经造成或可能造成场地危害，危害人体健康和环境，成为污染场地。

污染场地是一个世界性问题，世界上各国对污染场地的基本概念理解是不一样的。目前各国对污染场地的定义基本都包含了两个意思：一是指一个特定的空间或者区域内，具体到污染要素（包括地下水、地表水、土壤等）；二是指在特定的空间或者区域内已经被有毒物质污染，且对这一区域或空间内的人群或生态环境造成负面影响或者具有潜在的危害。

污染场地包含以下四个方面的特征：

（1）是一个特定空间区域。即由地表水、土壤、地下水、空气组成的立体空间区域。

（2）特定空间区域已经被污染，一般是由人类过去或现在的活动引起，如矿山开采、化工冶炼、垃圾填埋等。

(3) 会对人体健康或环境安全造成实际危害或带来潜在威胁，如地下水污染对饮用水源造成不利影响。

(4) 具有动态特征，污染场地的危害会随污染物的自然降解、人工清除等减轻，也会随污染物的排放增加而加重。场地污染状况是动态变化的，当达到可自净或规定的污染物浓度范围，这块区域就不再是污染场地。

污染场地构成必须是指一定区域或范围内存在的有害物质的含量或浓度对人类健康或生态环境构成威胁。其中有毒有害物质是污染场地的必要条件，污染场地法律规范研究和保护的对象为敏感受体并具有生命特征。污染场地属于非区域性环境问题，是指非自然因素引起的有害有毒物质在环境中浓度升高（自然背景），且有害有毒物质浓度超过风险可接受水平。国外对污染场地的定义见表 1-1。

表 1-1　　国外对污染场地的定义

出　处	定　义
美国环保署（U. S. EPA）《超级基金法》	因堆积、储存、处理或其他方式（如迁移）承载了有害物质的任何区域或空间
加拿大标准协会（CSA）	因有害物质存在于土壤、水体、空气等环境介质中，可能对人类健康或自然环境产生负面影响的区域
荷兰《土壤保护法》(1994)	已被有害物质污染或可能被污染，并对人类、植物或动物的功能属性已经或正在产生影响的场地
西班牙	因人为活动产生的有毒有害物质的污染，使土壤功能失去平衡的区域
奥地利《污染场地清洁法》(1989)	依据风险评估结果，包括土壤和地下水在内对人类和环境构成相对威胁的废物场地和工业场地
比利时《土壤修复法》	因人类的活动产生的污染物质赋存于土壤环境，并造成直接或间接的负面影响，或可能产生潜在的负面影响区域
丹麦《污染场地政策》	物质浓度高于指定的质量标准，对人类或环境存在威胁的场地
芬兰《废物法》	土壤中过量有害物质导致急性或长期危害
瑞典环保署	经由工业或其他活动，故意或非故意污染的区域、垃圾场地、土地、地下水或沉积物
欧盟环保署《西欧污染场地管理》(2000)	依据风险评估结果，废物或有害物质或浓度构成对人类或环境威胁的场所

第二节　污染场地的形成

污染场地是社会经济发展的产物，时常伴随着城市扩张或者城市结构布局的调整产生。近年来，随着城市化发展的加速，一些原本位于城区的污染企业从城市中心迁出，产生大量污染场地，或人们在生产生活中使用的化学品、产生废物等过程，没有及时采取足够的安全保障措施下储存（填埋等方式）、堆放、泄漏、倾倒废弃物或有害物质等导致的。污染场地的产生原因包括城市工业活动、矿山开采冶炼、废弃物堆放储存及农业生产活动等。污染场地是长期工业化的产物，已经成为世界性的环境问题，目前已对人类和环境构成了严重危害。

西方国家对未经修复污染场地称为“棕色地”，其具有潜在的污染风险，且影响人体健康和对环境造成危害，但是又不轻易被发现，需要经过层层的综合分析，从而判定是否对人体造成危害。一般来说，对未经修复污染场地进行再次开发地基本上位于城市的周边，企业一般为历史悠久、工业设备较落后，经营管理比较粗放，环保设施缺乏，土地污染情况严重。企业虽然搬迁来了，但是在生产过程中对环境（土壤、地下水、植被等）产生的污染尚未解决，尤其是这些污染可能危害人体健康。

一、土壤污染概况

1-2
土壤污染概况

土地资源具有数量有限性、空间位置固定性以及价值增值性等特性。随着国家文明进程的推进，城镇化、工业化步伐的加快，部分工业企业在搬迁、倒闭等过程发生后会造成严重的场地土壤污染问题，而土壤污染具有隐蔽滞后性、累积叠加性及不可逆转性，使人们的行动感知能力较弱，无法及时发现并针对土壤污染问题进行修复与优化，导致污染场地的土壤污染问题日益严峻，不仅影响了生态系统动态平衡，甚至威胁人类的健康安全。

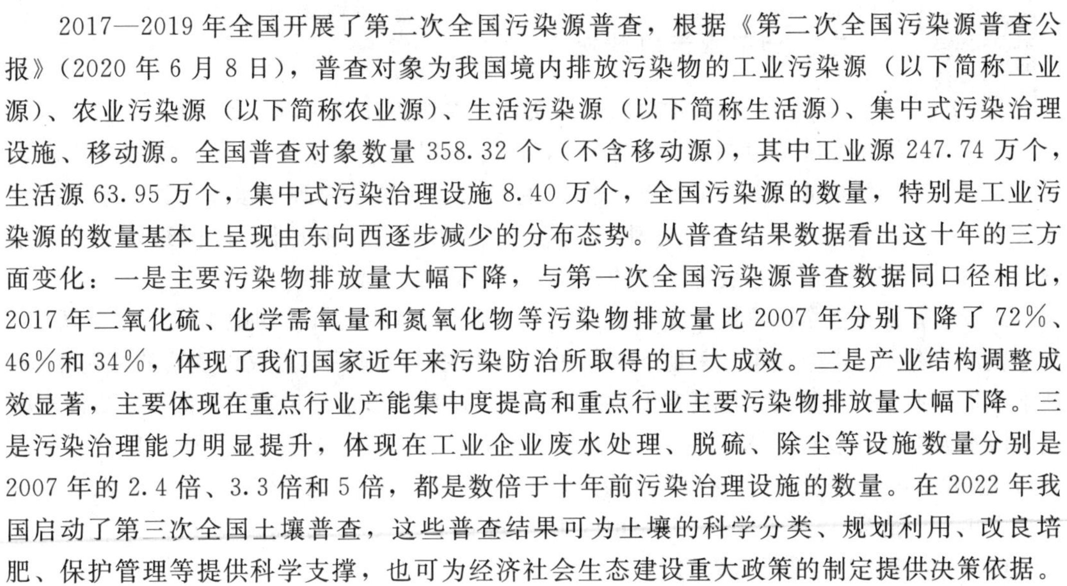

2017—2019 年全国开展了第二次全国污染源普查，根据《第二次全国污染源普查公报》(2020 年 6 月 8 日)，普查对象为我国境内排放污染物的工业污染源（以下简称工业源）、农业污染源（以下简称农业源）、生活污染源（以下简称生活源）、集中式污染治理设施、移动源。全国普查对象数量 358.32 个（不含移动源），其中工业源 247.74 万个，生活源 63.95 万个，集中式污染治理设施 8.40 万个，全国污染源的数量，特别是工业污染源的数量基本上呈现由东向西逐步减少的分布态势。从普查结果数据看出这十年的三方面变化：一是主要污染物排放量大幅下降，与第一次全国污染源普查数据同口径相比，2017 年二氧化硫、化学需氧量和氮氧化物等污染物排放量比 2007 年分别下降了 72%、46%和 34%，体现了我们国家近年来污染防治所取得的巨大成效。二是产业结构调整成效显著，主要体现在重点行业产能集中度提高和重点行业主要污染物排放量大幅下降。三是污染治理能力明显提升，体现在工业企业废水处理、脱硫、除尘等设施数量分别是 2007 年的 2.4 倍、3.3 倍和 5 倍，都是数倍于十年前污染治理设施的数量。在 2022 年我国启动了第三次全国土壤普查，这些普查结果可为土壤的科学分类、规划利用、改良培肥、保护管理等提供科学支撑，也可为经济社会生态建设重大政策的制定提供决策依据。

1. 不同土地利用类型

土地利用类型分为耕地、林地、草地、未利用土地、重污染企业、工业废弃地、工业园区、固体废物处理处置场地、采油区、采矿区等。耕地因农药、化肥和地膜等的使用，造成耕地土壤环境污染。在 2017 年 7 月启动、历时 4 年完成的土壤污染状况详查基本摸清了全国农用地和企业用地土壤污染状况及潜在风险的底数，支撑了“十三五”任务目标的完成，探索形成了一整套覆盖调查全过程的技术体系和组织实施模式。2022 年 2 月 16 日国务院发布《关于开展第三次全国土壤普查》的通知，为全面查明查清我国土壤类型及分布规律、土壤资源现状及变化趋势，真实准确掌握土壤质量、性状和利用状况等基础数据，提升土壤资源保护和利用水平，为守住耕地红线、优化农业生产布局、确保国家粮食安全奠定坚实基础，为加快农业农村现代化、全面推进乡村振兴、促进生态文明建设提供有力支撑。

2. 土壤修复

土壤修复主要包括建设用地污染场地修复、矿山土地修复和耕地修复。由于中国城市化进程加快，以前的化工矿产企业逐渐从城市中心搬迁至郊区，目前对城市中的建设用地污染场地修复需求最高。土壤修复是多学科协同的复杂系统工程，随着近年来土壤污染事故时有发生，土壤污染治理开始成为热点，由此引爆了土壤污染修复市场，一旦市场打开，其规模将远远大于大气和水污染治理。土壤污染一定程度上可看作是大气污染、水污染和固体废物污染的结果。国家近几年正加快建立法规标准体系，实施土壤修复工程，2018 年 8 月 31 日，十三届全国人大常委会第五次会议全票通过了土壤污染防治法，自 2019 年 1 月 1 日起施行，按照《中华人民共和国土壤污染防治法》的要求，我国实行建设用地和农用地环境分类保护监督管理。实施农用地分级管理，坚决切断各类污染来源；实施建设用地分类管理，强化土壤环境空间管制，加大科技研发力度，推动环保产业发展。两类污染场地分类管理既能发挥市场作用，完善投融资机制，又能建立健全管理体系，提升监管能力，严格责任追究等。

1－3
地下水污染状况

二、地下水污染状况

地下水资源是重要的自然资源，在维持生态平衡、保障城乡居民生活、维持经济持续发展中发挥了重要的作用。世界上可供人类使用的淡水中 68％是地下水，全世界超过 15 亿的人口主要依靠地下水作为饮用水。据统计日本 25％的饮用水为地下水，美国 85％以上的饮用水来自地下水，欧洲约为 80％。中国地下水天然资源占全国水资源总量的 1/3，约为 8625 亿 m^3。

地下水开采量占全国总供水量的近 20％，全国 70％的人口饮用地下水。在全国 600 多个城市中有 400 多个城市开采地下水。在广大的农村，地下水更成为主要的饮用水源，地下水资源不仅储存量大，还具有水质好、分布广泛便于就地开采利用等优点。目前全国地下淡水天然资源多年平均量为 8837 亿 m^3，约占全国水资源总量的 1/3。其中山区为 6561 亿 m^3，约占总量的 74％；平原为 2276 亿 m^3，约占总量的 26％。地下淡水可开采资源多年平均量为 3527 亿 m^3，其中山区为 1966 亿 m^3，平原为 1561 亿 m^3。

（一）地下水中的重要污染物

凡是人类活动导致进入地下水环境，会引起水质恶化的溶解物或悬浮物，无论其浓度是否达到使水质明显恶化的程度，都称为地下水污染物。地下水污染物种类繁多按其性质可分为化学污染物、生物污染物和放射性污染物三类。

1. 化学污染物

化学污染物是地下水污染物的主要组成部分，种类多且分布广。按其性质也可分为两类：无机污染物和有机污染物。

（1）无机污染物。地下水中最常见的无机污染物有 37 种，有 NO_3^-、NO_2^-、NH_3、Cl^-、SO_4^{2-}、总溶解固体物及微量重金属汞、镉、铅和类金属砷等。其中，硬度、总溶解固体物、Cl^-（氯化物）、SO_4^{2-}（硫酸盐）、NO_3^-（硝酸盐）和 NH_3 等为无直接毒害作用的无机污染物，当这些组分达到一定的浓度之后，同样会对其可利用价值或对环境，甚至对人类健康造成不同程度的影响或危害。有直接毒害作用的无机污染物、即国际上公认的六大毒性物质包括非金属的氰化物、类金属砷和重金属中的汞、镉、铬、铅等。

1）非金属无机毒性物质：氰化物。氰化物是剧毒物质，急性中毒抑制细胞呼吸，造成人体组织严重缺氧。排放含氰废水的工业主要有电镀、焦炉和高炉的煤气洗涤、金、银选矿和某些化学工业等，含氰废水也是比较广泛存在的一种污染物。从矿石中提取金和银也需要氰化钾或氰化钠。因此金、银的选矿废水中也含有氰化物。

2）重金属无机毒性物质。从毒性和对生物体的危害方面来看，重金属污染物的特点在于，在天然水中只要有微量浓度即可产生毒性效应，一般重金属产生毒性的浓度大致为10mg/L，毒性较强的重金属如汞、镉等，产生毒性的浓度范围在0.001～0.01mg/L；某些重金属还可能在微生物作用下转化为金属有机化合物，产生更大的毒性。重金属能够通过多种途径（食物、饮水、呼吸）进入人体，甚至遗传和母乳也是重金属侵入人体的途径；重金属进入人体后能够与生理高分子物质，如蛋白质和酶等发生强烈的相互作用而使它们失去活性，也可能累积在人体的某些器官中，造成慢性累积性中毒，最终造成危害，这种累积性危害有时需要一二十年才显示出来。

（2）有机污染物。目前，地下水中已发现有机污染物180多种，主要包括芳香烃类（32种）、卤代烃类（25种）、有机农药类、多环芳烃类与邻苯二甲酸酯类等，且数量和种类仍在迅速增加，甚至还发现了一些没有注册使用的农药。这些有机污染物虽然含量甚微，一般在ng/L级，但其对人类身体健康却造成了严重的威胁。

人们常常根据有机污染物是否易于微生物分解而将其进一步分为生物易降解有机污染物和生物难降解有机污染物两类。

1）生物易降解有机污染物：耗氧有机污染物。这一类污染物多属于碳水化合物、蛋白质、脂肪和油类等自然生成的有机物，这类物质是不稳定的，它们在微生物的作用下，借助于微生物的新陈代谢功能，都能转化为稳定的无机物。如在有氧条件下，由好氧微生物作用转化，多产生CO_2和H_2O等稳定物质。这一分解过程都要消耗氧气，因而称为耗氧有机物。在无氧条件下，则由厌氧微生物作用，最终转化形成HO_2、CH_4、CO_2等稳定物质，同时放出硫化氢、硫醇等具有恶臭味的气体。

2）生物难降解有机污染物。这一类污染物性质均比较稳定，不易被微生物分解，能够在各种环境介质（如大气、水、生物体、土壤和沉积物等）中长期存在。一部分生物难降解有机污染物能在生物体内累积富集，通过食物链对高营养等级生物造成危害性影响，蒸气压大，可经过长距离迁移至遥远的偏僻地区和极地地区，在相应的环境浓度下可能对接触该化学物质的生物产生有害或有毒效应。这一类有机污染物又称为持久性有机污染物（POPs），POPs一般具有较强的毒性包括致癌、致畸、致突变、神经毒性、生殖毒性、内分泌干扰特性、致免疫功能减退特性等，严重危害生物体的健康与安全。

2. 生物污染物

生物污染物地下水中生物污染物可分为细菌、病毒和寄生虫三类。在人和动物的粪便中有400多种细菌，已鉴定出的病毒有100多种。在未经消毒的污水中含有大量的细菌和病毒，它们有可能进入含水层并污染地下水。而污染的可能性与细菌和病毒的存活时间、地下水流速、地层结构、pH 值等多种因素有关。用作饮用水指标的大肠菌类在人体及热血动物的肠胃中经常被发现，它们是非致病菌。地下水中曾发现并引起水媒病传染的致病菌有霍乱弧菌（霍乱病）、伤寒沙门氏菌（伤寒病）、志贺氏菌、沙门氏菌、肠产毒性大肠杆菌、胎儿弧菌、小结肠炎耶氏菌等，后 5 种病菌都会引起不同特征的肠胃病。

病毒比细菌小得多，存活时间长，比细菌更易进入含水层。在地下水中曾发现的病毒主要是肠道病毒，如脊髓灰质炎病毒、人肠道弧病毒、甲型肝炎病毒、胃肠病毒、呼吸道肠道病毒、腺病毒等，而且每种病毒又有多种类型，对人体健康危害较大。寄生虫包括原生动物蠕虫及真菌，在寄生虫中值得注意的有梨形鞭毛虫、痢疾阿米巴和人蛔虫。

3. 放射性污染物

地下水中的 6 种放射性核素的一些物理及健康数据见表 1-2，除 226Ra 主要是由天然来源外，其余都是由工业或生活污染源排放的。表中“标准器官”指接受来自放射性核素的最高放射性剂量的人体部位。目前的饮用水标准中，还没有 U 和 Rn 的标准，但在此矿泉水中 222Rn 的浓度很高，其放射性活度最高可达 500 万 pCi/L。

表 1-2　某些反射性核素的物理及健康数据

放射性核素	半衰期/a	MPC/(pCi/mL)	标准器官	主要放射物	生物半衰期
3H	12.26	3	全身	β 粒子	12d
90Sr	28.1	3	骨骼	β 粒子	50a
129I	1.7×107	6	甲状腺	β 粒子 γ 射线	138d
137Cs	30.2	2	全身	β 粒子 γ 射线	70d
226Ra	1600	3	骨骼	α 粒子 γ 射线	45a
289Pu	24400	5	骨骼	α 粒子	200a

注　MPC 为 Maximum Permissible Concentration 的英文缩写，即最大允许浓度。

（二）地下水中污染源及污染途径

按污染源的空间分布特征可分为点状污染源、带状污染源和面状污染源。这种分类方法便于评价、预测地下水污染的范围，以便采取相应的防治措施。

按污染源发生污染作用的时间动态特征可分为连续性污染源、间断性污染源和瞬时性（偶然性）污染源。这种分类方法对评价和预测污染物在地下水中的运移是必要的。

按产生污染物的行业（部门）或活动可分为工业污染源、农业污染源、生活污染源及区域性水体污染源。工业污染源是地下水的主要污染来源。

(1) 工业污染源，主要包括工业废水、废渣。化学工业中排出废物的污染最严重，污染源的种类最多，它的污染源主要来自化学反应不完全所产生的废料、副反应所产生的废料，以及冷却水所含的污染物等。对水质污染的污染物主要是酸、碱类污染物，氰化物，酚类有毒金属及其化合物，砷及其化合物，有机氧化物等。

(2) 农业污染源，主要来源于土壤中的剩余农药、化肥和废污水灌溉等。由于引用废水污水灌溉农田以及化肥、农药的不合理使用，造成污染物随水面下渗，导致松散空隙水水质恶化，进而形成对中深层地下水的污染，可能引起对农作物、土壤及地下水的污染，甚至造成农作物的减产。

(3) 生活污染源，包括城市的生活垃圾、废塑料、废纸、金属、煤灰、渣土等，含有较多硫酸盐、氯化物、氨、细菌混杂物和腐败的有机质，这些废物在生物降解和雨水淋滤的作用下，产生 Cl^-、SO_4^{2-}、NH_4^+、生化需氧量、总有机碳和悬浮固体含量高的淋滤液，并产生 CO_2 和 CH_4，这些垃圾的随意堆放，最终以污水形式补给并污染地下水。医疗卫生部门排放的污水中则含有大量细菌和病毒，是流行病和传染病的重要来源。

(4) 区域性水体污染源。海水入侵或盐水入侵是由于过量开采地下水而引起海水倒灌、盐水入侵，从而使地下水水质恶化。由于地下水的开采，还会导致不同含水层之间的污染转移。

第三节 污染场地的主要类型

一、按污染场地划分标准

污染场地的科学分类，对规范污染场地调查、分析与评估及科学管理污染场地意义非凡。污染场地按划分标准可分为原场地用途、污染物类型、污染源形状、污染源类型、污染物迁移方式和污染物泄漏方式等，污染场地类型划分见表 1-3。

表 1-3 污染场地类型划分

划分标准	场地类型	亚类
原场地用途	工业类污染场地	废水排放污染场地、固体废物填埋与堆放污染场地、地下储存罐污染场地、化学品堆放污染场地、工厂搬迁遗址污染场地、突发事故污染场地
	农业类污染场地	种植污染场地、养殖污染场地
	市政类污染场地	污水处理污泥处置污染场地、垃圾填埋场污染场地
	特殊类污染场地	交通事故泄漏污染场地、化学武器遗弃污染场地、军事基地污染场地
污染物类型	无机污染场地	氮污染、磷污染、铬污染、污染、矿化度、砷污染、硬度等
	有机污染场地	LNAPL 污染场地 DNAPL 污染场地
	复合物污染场地	无机与有机或几种污染物的混合污染
污染源形状	点源污染场地	垃圾填埋场渗滤液泄漏、地下储罐及管道破裂泄漏的污染
	线源污染场地	排污渠道、污染河流两岸、地下水污染
	面源污染场地	化肥、农药以及大气沉降
污染源类型	污水泄漏污染	工业污水、生活污水、污染地表水体的泄漏污染
	固体废物污染	城市固体废物、工业固体废物、危险废物
	农业灌溉污染	不适当的化肥、农药施放，污水灌溉
	矿产开发污染	石油与固体矿产开采
	地下储存罐泄漏	加油站、地下储存罐

续表

划分标准	场地类型	亚　类
污染物迁移方式	对流型	脉冲-对流型、连续-对流型、间歇-对流型
	弥散型	连续-弥散型、脉冲-弥散型、间歇-弥散型、机械弥散与分子弥散
污染物泄漏方式	脉冲形式	脉冲-对流型、脉冲-弥散型；事故泄漏
	连续泄漏	连续-对流型、连续-弥散型；垃圾渗漏液
	间歇性释放	间歇-对流型、间歇-弥散型；化肥农药，污水灌溉

二、按污染物类型划分

（1）重金属污染场地。主要来自钢铁冶炼企业、尾矿，以及化工行业固体废弃物的堆存场，代表性的污染物包括砷、铅、镉、铬等。

（2）持久性有机污染物（Persistent Organic Pollutants，POPs）污染场地。中国曾经生产和广泛使用过的杀虫剂类 POPs，主要有滴滴涕、六氯苯、氯丹及灭蚁灵等，有些农药尽管已经禁用多年，但土壤中仍有残留。中国农药类 POPs 场地较多。此外，还有其他 POPs 污染场地，如含多氯联苯（PCBs）的电力设备的封存和拆解场地等。

（3）以有机污染为主的石油、化工、焦化等污染场地。污染物以有机溶剂类，如苯系物、卤代烃为代表。也常含符合有其他污染物，如重金属等。

（4）电子废弃物污染场地等。粗放式的电子废弃物处置会对人群健康构成威胁，这类场地污染物以重金属和 POPs（主要是溴代阻燃剂和二噁英类剧毒物质）为主要污染特征。

三、按污染场地污染源类型划分

按照污染源类型划分，污染场地主要划分为污水泄漏污染场地与固体废物污染场地。

（一）污水泄漏污染场地

企业排污不经处理直接排入地表坑塘，污水排放、垃圾堆放和农药的大量使用，远远超出了环境系统的自净能力（环境容量），不仅对地表水，而且对土壤和地下水产生严重污染，水质日趋恶化，使水资源紧缺形势更加严峻。所以，对于土壤和地下水的修复应该引起重视，以减少对城市土壤和地下水的污染，减轻对居民健康的损害。

农村种植业中不合理地使用农药、化肥导致土壤污染。农药污染主要体现在将农药直接施入土壤或者拌、侵种等形式施入土壤，也有向作物喷洒农药或者农药经过雨水溶解和淋湿掉落到土壤等，从而使得土壤携带了许农药残留。

动物粪便和污水未经处理而直接排入水体，会引发水生生物过度繁殖以及水体富营养化，而用富营养化的水源去灌溉农田会导致土壤还原性过强，有机酸过量，最终造成对土壤污染。

城市生活垃圾处理基本上是采取卫生填埋、堆肥、焚烧、热解、生物降解和露天堆放等方式。而未经处理或者未经过严格处理的生活垃圾堆放在农田，垃圾在堆积和填埋过程中由于发酵和雨水的淋溶、冲刷，以及地表水和地下水浸泡出来的污水，含有多种污染物，造成土壤污染。

（二）固体废物污染场地

随着城市化的发展、城市规划和城乡一体化发展，建筑垃圾年产量呈逐渐递增趋势，使得建筑垃圾已经成为单一品种排放量最大和最集中的固体垃圾。然而，我国建筑废料的回收利用率却很低，如建筑垃圾中的窗帘、木材、金属及其他装修过程中产生的垃圾，这些直接增加了回收利用的难度。而且建筑物的结构和材料也不相同，有砖混结构、框架结构和木质结构等，都增加了回收难度。我国绝大部分建筑垃圾未经任何处理，便被施工单位运往郊外、城市或乡村，采用露天堆放、填埋或可燃物直接就地燃烧等简易的处置方式，这样的处置方式耗用大量的征用土地费、垃圾清运等建设经费。同时，大量的建筑垃圾掺杂在土壤中，给环境造成很大的污染，包括周边河流、地下水污染、大气污染和影响城市生态卫生等。

第四节　场地重金属污染的危害

重金属污染物一旦进入场地土壤中，将直接影响土壤微生物的生长繁殖及其新陈代谢能力，同时还将影响土壤代谢、土壤酶活性、土壤肥力等正常功能。随着重金属的逐级积累，将危害生长植物或农作物；部分重金属通过挥发、饮用水或农作物食物链进入人体，长期接触和富集后，将对人体产生不可逆转的巨大危害。

一、重金属污染对场地土壤微生物的影响

（一）重金属污染对场地土壤微生物群落的危害

研究表明，重金属污染物进入场地土壤后，将显著影响土壤中的细菌、真菌和放线菌等微生物的数量，然后使土壤微生物群落结构发生变化，导致土壤微生物的生态功能下降甚至丧失。众多研究显示，受到重金属污染的场地土壤中微生物总生物量和种群数显著低于未污染土壤的微生物量。有研究表明，在含镉较少的土壤中加入镉可使土壤中的细菌数量由 4.8×10^7 个/g 减少至 2.0×10^3 个/g；当土壤中的二价铜含量小于 100mg/kg 时，土壤中的真菌种类可达 35 种，当浓度升至 10000mg/L 时，真菌种类仅剩 13 种；当土壤中砷、镉、铅、铜和锌的总浓度小于 8μmol/L 时，每 $100m^2$ 土地中平均约有真菌五种，而当总浓度达到 50μmol/L 时，每 $100m^2$ 土地中仅有一种真菌。土壤受汞、镉、铅、铬和砷污染后还会对固氮菌、纤维分解菌、枯草杆菌等起显著抑制作用。

（二）重金属污染对场地土壤酶活性的影响

土壤酶是存在于土壤中各酶类的总称，是土壤的组成成分之一。土壤酶活性既包括已积累于土壤中的酶活性，也包括正在增殖的微生物向土壤释放的酶活性。它主要来源于土壤中动物、植物根系和微生物的细胞分泌物以及残体的分解物。这些酶参与了土壤中一切生物化学过程；腐殖质的合成与分解；有机化合物、动植物和微生物残体的水解与转化；以及土壤中有机、无机化合物的各种氧化还原反应等。这些过程与土壤中各营养元素的释放与储存、土壤中腐殖质的形成与发育，以及土壤的结构和物理状况都是密切相关的。也就是说，它们参与了土壤的产生和发育以及土壤肥力的形成和演化的全过程。重金属污染

物的加入对土壤酶活性产生显著影响。一方面，重金属直接与酶结构上的基团结合，对土壤酶活性直接产生影响，使酶活性基团减少、空间结构受到破坏，从而降低土壤酶活性；另一方面，重金属可抑制土壤中微生物或植物的生长繁殖，减少微生物或植物体内酶的合成和分泌量，最终导致酶活性降低。研究发现，重金属污染物可显著抑制参与土壤中氮、磷、硫循环的酶活性，如脲酶、碱性磷酸酶、蛋白酶、硫酸酯酶等。

（三）重金属污染对场地土壤生化过程的影响

重金属污染物对场地土壤生化过程的影响主要包括土壤对有机质的降解作用、对土壤呼吸代谢的影响等。土壤有机质的降解主要是通过矿化等作用完成的。众多研究表明，多种重金属可抑制土壤中有机质的降解，最终影响土壤中腐殖质的含量。例如，铬能抑制土壤中纤维素的降解，当六价铬的质量浓度大于 5mg/kg 时，纤维素的分解速率降低了 26%；当六价铬的质量浓度超过 40mg/kg 时，纤维素基本未降解。土壤呼吸（Soil Respiration）是指土壤释放二氧化碳的过程，严格意义上讲是指未扰动土壤中产生二氧化碳的所有代谢作用，包括土壤微生物呼吸、根系呼吸、土壤动物呼吸三个生物学过程和一个非生物学过程，即含碳矿物质的化学氧化作用，是衡量土壤微生物总的活性指标，或者作为评价土壤肥力的指标之一。重金属污染是降低土壤呼吸强度的主要影响因素之一。研究表明，镉、铜、铅、砷这几类重金属元素均可抑制土壤呼吸强度，其中砷对土壤呼吸作用的抑制效率最显著。

二、重金属污染对场地植物的影响

当场地土壤中的重金属含量超过某一临界值时，将会对植物产生一定的毒害作用，轻则植物体内的代谢过程发生紊乱，生长发育受到限制，重则导致植物的死亡。土壤重金属对植物的影响主要包括形态、生理生化、遗传、细胞超微结构等各个方面。

（一）重金属污染对植物生长发育的影响

重金属对植物毒害效应的表观现象之一是阻止植物生长。重金属污染首先影响植物对各类营养元素的吸收。重金属污染物通过影响土壤微生物和酶活性，从而影响土壤中某些营养元素的释放和生物可利用性，如镉能抑制植物根系亚硝酸还原酶的活性，直接影响植物对氮素的吸收；另外重金属污染物可显著抑制植物根系的呼吸作用，最终影响根系对营养元素的吸收能力；重金属还可通过拮抗作用显著影响植物对某些营养元素的吸收，如锌、镍、钴等元素能严重抑制植物对磷元素的吸收。

（二）重金属污染对植物细胞超微结构的影响

植物在受到重金属的影响而尚未出现可见症状之前，在组织和细胞中已发现生理生化和亚细胞显微结构等微观方面的变化。研究表明，汞、镉对黑藻叶细胞超微结构产生了显著影响，在受污染初期，叶细胞内高尔基体消失，内质网膨胀后解体，叶绿体的内囊体和线粒体中的脊突膨胀或成囊泡状，核中染色体凝集；随着叶细胞遭受毒害程度的加重，核糖体消失，染色体呈凝胶状态，核仁消失，核膜破裂，叶绿体和线粒体解体，质壁分离使胞间连丝拉断，细胞壁部分区域的壁物质松散游离，最后细胞死亡。这些研究均表明，汞、镉对细胞的膜结构和非膜结构都产生毒害作用，只是不同的结构对毒性的耐受性有一定的差异。重金属对植物细胞超微结构的影响是不可逆的，细胞结构的破坏导致细胞正常生理功能的丧失，从而导致植物的生长发育受到影响。

（三）重金属污染对植物光合作用的影响

众多实验证明，重金属污染对植物的光合作用有抑制作用，并且与抑制时间的延长和处理浓度的加大呈正相关。重金属污染后，植物的叶绿体受到严重的影响，对植物的叶片色素也产生明显效应。研究发现，玉米受镉、铅污染后，叶绿体结构发生明显变化，叶绿体内膜系统遭到破坏，低浓度处理下，叶绿体基粒片层稀疏，层次减少，分布不均；在高浓度条件下，膜系统开始崩溃，叶绿体球形皱缩，出现大而多的脂类小球。过量的铜也可引起类囊体结构和功能的破坏，使光合作用受阻，可使某些植物退绿，生物产量下降，叶绿素 a/b 的比率也受 Cd 的影响，对水生维管植物而言，叶绿素 a 降幅大于叶绿素 b。

（四）重金属污染对植物呼吸作用的影响

重金属对植物呼吸作用的影响十分显著。研究发现，水稻种子萌发时的呼吸强度随铅浓度的增加而降低，但这种抑制效应随萌发天数的延长而减弱。低浓度汞在小麦种子的萌发初期起促进作用，但随作用时间的延长，呼吸作用降低，表现为抑制作用。研究认为，低浓度刺激植物呼吸酶和三羧酸循环以产生能量，是呼吸增加的原因，随着浓度的增加，酶活性受抑制，呼吸作用下降。重金属胁迫下，植物呼吸作用紊乱，供给生命活动的能量减少，而且还会有一部分能力转移到对重金属胁迫的应用过程中，如损伤修复和重金属络合物的合成，从而导致植物生长发育被抑制。

三、重金属污染对人体健康的影响

（一）镉

土壤中镉污染的主要以水溶性和非水溶性形式存在。水溶性的镉主要以离子态或者络合物的形式存在于土壤之中，非常容易被植物所吸收；而非水溶性的镉包括锯的沉淀物、胶体吸附态镉等，不容易迁移，也不容易被植物所吸收。农作物里，以叶菜类作物，如菠菜、白菜等对镉的吸收能力比较强，而禾谷类、豆类、禾本科牧草对镉的累积量较低。如果人长期食用遭到镉污染的食品（大米和叶类蔬菜的镉微生标准为 0.2mg/kg），其临界反应器官首先是肾，主要症状是低分子蛋白尿；对骨骼的影响是镉中毒的另一主要症状，以骨质软化症为主的骨痛病是主要病例。

（二）汞

汞在土壤中以金属汞、无机化合态汞的形式存在，并且在一定条件下互相转化。金属汞在常温下呈液态，挥发性高，容易被植物吸收。大部分的无机汞由于溶解度低，在土壤中的迁移转化能力十分弱，但它能在土壤微生物的作用下，转化成具有剧毒性且容易被植物所吸收的甲基汞。在氧化的条件下，汞能以任何形态存在于土壤中，使土壤中汞的可给量大大降低，迁移能力变弱。汞通常以有机汞的形式被人体吸收，可随血液循环进入脑部，并在脑部积累；进入脑部的甲基汞衰减缓慢，常引起神经系统损伤及运动失调，严重时致死。其主要原因是甲基汞能够抑制神经细胞膜上 $Na^{+}-K^{+}-ATP$ 酶的活性，这种酶受到抑制后将导致膜去极化，从而影响神经细胞之间的神经传递。甲基汞也能使髓神经纤维出现鞘层脱节和分离，最终影响神经电信息传递的进程和速度。

（三）铅

土壤中的可溶性铅含量一般比较低，约占土壤总铅量的1/4。土壤中的无机铅主要是以二价的难溶性化合物存在，所以铅的移动性及其对作物的有效性都较低。土壤中的黏土矿物与有机质对于铅的吸附能力很强，铅可与络合剂、螯合剂形成络合物或螯合物，且这些物质具有稳定性，以致植物难以吸收。植物对铅的累积与吸收，是由环境当中铅的浓度、土壤的条件、植物叶片的大小和形状等所决定的。铅是一种对人体危害极大的重金属，进入机体后对神经、造血、消化及内分泌等多个系统造成伤害，对尚处于神经发育敏感期的儿童伤害尤为严重。

（四）铬

铬在环境中不同条件下有不同的价态，其化学行为和毒性大小也不同，如水体中三价铬可吸附在固体物质上而存在于沉积物（底泥）中；大价铬则多溶于水中，比较稳定，但在厌氧条件下可还原为三价铬。三价铬的盐类可在中性或弱碱性的水中水解，生成不溶于于水的氢氧化铬而沉入水底。铬是人和动物所必需的一种微量元素，躯体缺铬可引起动脉粥样硬化症。铬对植物生长有刺激作用，可提高收获量。但如含铬过多，对人和动植物都是有害的。三价铬和六价铬对人体健康都有害，被怀疑有致癌作用。一般认为六价铬的毒性强，更易被人体吸收，而且可在体内蓄积。六价铬的毒性比价铬高100倍，是强致突变物质，可诱发肺癌和鼻咽癌。

（五）砷

砷在土壤中以水溶性、难溶性和交换性形式存在。水溶性的砷一般只占总量的5%～10%，大部分砷是以交换性及难溶性的形式存在的。土壤中砷的可溶性受pH值的影响较大，pH值升高显著增加其溶解度。砷属于植物易富集的重金属元素，植物地上部分累积更显著。人体内砷的过度积累可干扰细胞的正常代谢，影响呼吸不氧化过程，使细胞发生病变，同时可直接损伤小动脉和毛细血管壁，导致血管渗透性增加，引起血容量降低，加重脏器损害。

第五节　场地有机物污染的危害

随着油田大规模开发及石化加工业的快速发展，石油类污染物已经成为最典型的场地污染物，其主要污染成分包括各种烷烃和芳香烃的混合物。石油类污染物进入土壤后对土壤中微生物群落的影响很大。一方面，石油类污染物进入土壤后改变了土壤有机质的组成和结构，导致土壤中C/N或C/P比不同，土壤中微生物群落发生改变；另一方面，大量的石油类污染物进入土壤后，将严重影响土壤的通透性，进而促进了土壤中厌氧微生物的繁殖，同时抑制了好氧型微生物的正常生长和代谢，例如，研究表明，石油类污染物显著抑制了土壤中硝化细菌的生长。

不同的PAHs污染物对土壤微生物的影响差异显著。例如，苯乙烯、间-二氯苯、邻-二氯苯、氯苯、邻苯二甲酸二丁酯、十六烷六种有机污染物对污染土壤中褐球固细菌、纤维单胞菌及放线菌、霉菌、酵母菌的影响各不相同，邻苯二甲酸二丁酯在10ppm和50ppm两种浓度下均使纤维单胞菌无一存活，而其他五种污染物在两种受试浓度下对土

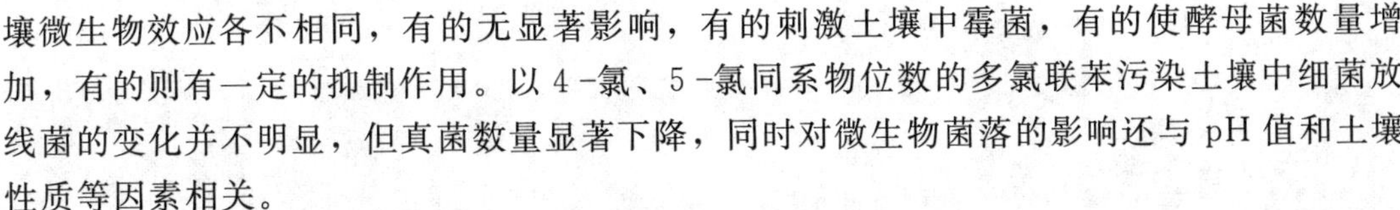

壤微生物效应各不相同，有的无显著影响，有的刺激土壤中霉菌，有的使酵母菌数量增加，有的则有一定的抑制作用。以 4 -氯、5 -氯同系物位数的多氯联苯污染土壤中细菌放线菌的变化并不明显，但真菌数量显著下降，同时对微生物菌落的影响还与 pH 值和土壤性质等因素相关。

有机类农药同样也与微生物呈现相互作用，如果毒性太大，且常年具有累积作用也会影响土壤中微生物的分布，造成土壤板结，肥力下降。农药一方面对提高农作物产量起了非常重要的作用，另一方面由于农药残毒引发了不同程度的环境污染，这也促进了对农药安全性及其在环境中（特别是土壤环境中）动态和生态效应的研究，农药的使用是否会对土壤微生物及土壤肥力产生持续有害影响，是人们普遍关注的问题。目前比较一致的观点是按推荐浓度正常使用农药不会影响土壤的物质循环和微生物过程，也不会改变土壤肥力。大多数土壤熏蒸剂和杀真菌剂对土壤微生物及其活性能产生短暂的影响（抑制或促进），但这种影响一般会很快消失，它们比杀虫剂和除草剂对土壤微生物的作用更强。长期效应研究也表明，长期使用农药不致使土壤微生物数量和活性受到明显影响，因而对土壤肥力也无不利影响。

课 后 拓 展

我国土地利用类型主要根据《土地管理法》《土地利用现状分类》(GB/T 21010—2017) 相关要求进行划分。目前我国土地利用类型分为农用地、建设用地和未利用地。其中，农用地包括耕地、园地、林地、草地；建设用地包括商服用地、工矿仓储用地、住宅用地、公共管理与公共服务用地、特殊用地、交通运输用地等；未利用地包括滩涂、盐碱地、沼泽地、沙地、裸地等。

复 习 与 思 考 题

1. 污染场地的基本概念是什么？
2. 简述污染场地是怎么形成的？有哪些主要类型？
3. 简述污染场地的危害主要有哪些？
4. 污染场地对环境和人体的危害主要表现为哪些方式？
5. 污染场地的危害主要体现在哪些方面？

第二章 污染场地发展历史与现状

本 章 简 介

场地污染具有隐蔽性与滞后性，累积性与不可逆性，潜伏性与长期性，缺乏统一的治理技术，修复成本高、周期长等主要特点。污染场地修复行业在中国的发展是一个复杂的博弈过程，也是一个循序渐进的过程，但目前还未形成真正的工程化和商业化的实用技术。通过学习我国污染场地发展历史和现状，有意识的培养学生环保意识、树立爱国主义精神和职业理想信念，为修复我国污染场地做贡献。

2-1
我国污染场地发展历史与现状

第一节 我国污染场地概况

一、我国污染场地发展历史

自20世纪90年代以来，我国社会经济发展迅速、城市化进程加快、产业结构调整深化。随着“退二进三”和“产业转移”等政策的实施，我国工业企业搬迁遗留遗弃场地是近年来城市发展的产物。当时，大多数工厂建在城市的周边，如今，这些生产历史悠久、工艺设备相对落后的老企业，经营管理粗放，环保设施缺少或很不完善，导致城市工业污染场地问题十分突出，土壤污染状况十分严重，污染土壤的环境问题导致土地再开发难以进行，有些场地污染物浓度非常高，有的超过有关监管标准的数百倍甚至更高，污染深度甚至达到地下十几米，有些有机污染物还以非水相液体（Non-Aqueous PhasLiquid，NAPL）的形式在地下土层中大量聚积，成为新的污染源，有些污染物甚至迁移至地下水并扩散导致更大范围的污染。然而，我国污染场地类型多且复杂，与其建设时间、生产活动、生产历史等有关；有历史遗留的，也有改革开放后新产生的；有的是国有企业带来的；有的是乡镇企业造成的；也有的来自合资或私营企业。这些污染场地的存在带来了双重问题，一方面是环境和健康风险；另一方面则阻碍城市建设和经济发展。

我国污染土壤及地下水修复技术的研究主要起始于20世纪90年代，涉及场地修复的时间很短，正处于从实验室向实用规模研究的过渡阶段，技术正在逐步走向成熟。我国开展污染场地调查时间较晚，尚未建立分类体系，有开发利用价值的污染场地被很快治理修复，而其他场地的环境风险和危害可能被忽略。

污染场地修复行业在中国的发展是一个复杂的博弈过程，涉及中央及地方政府和环保主管部门、污染责任方、业主、从业公司之间能否达到“帕累托最优”的过程。同时，污染场地修复行业在中国的发展也是一个循序渐进的过程。但是，针对前述问题，仅靠单一方面的推进无法破解行业整体发展的困局。为此，在充分借鉴国外成熟技术和经验的基础上，国内环保主管部门需要重视行业政策导向，积极地进行大框架的顶层设计，开创新的污染场地调查与修复的融资模式，通过指南、政策法规等形式引导市场有序竞争，良性发展。对于污染场地修复行业从业者而言，在修复决策上应将治理思维从“彻底修复”转向“基于风险的修复”，重视环境影响评价在整个调查与修复过程中的指导作用，在治理技术上，应积极主动吸收国外有益经验和先进技术，从单一修复方法转向复合修复方法联用，并在保证达成修复目标的前提下提高修复技术效费比，推动修复技术进步，在修复设备上，应从基于固定式设备场外修复转向移动式设备的现场原位修复，尽量减少污染场地调查与修复过程对周边环境的影响。在修复对象上，应从单纯修复土壤和地下水转到涵盖土壤、地下水、土壤气以及周边的微环境的修复等方面。

同时，我国当前的污染场地修复业务基本上集中于修复施工，缺乏大量必要的前期场地调查和后期跟踪监测工作。这一缺陷直接导致了污染场地修复项目仓促上马，修复热点设定盲目，修复结果追求“短、平、快”等诸多问题。随着修复市场的进一步规范和发展，修复行业的产业链必将进一步拓展和细分，逐渐向前端和后端延伸，形成和美国类似的具备完备产业链的修复格局。面临前述的各种问题，只有全行业参与，并且各方齐心协力，才能形成一整套有机的产业发展机制，逐步解决现存问题，弥补各项投入不足，推动污染场地修复这一新兴领域持续、健康向前发展。

2004 年北京宋家庄地铁工程施工工人的中毒事件，成为我国重视污染场地的环境修复与再开发的开端。2008 年 6 月，原环境保护部颁布了《关于加强土壤污染防治工作的意见》，提出了土壤污染的重大问题，政府的具体要求、实施方案及相应的行动措施。2012 年国家“十二五”规划中再次提出加强土壤环境保护，并首次提到污染场地一词，污染场地研究得到进一步发展。2014 年 2 月环境保护部正式批准颁布了《场地环境调查技术导则》（HJ 25.1—2014）、《场地环境监测技术导则》（HJ 25.2—2014）、《污染场地风险评估技术导则》（HJ 25.3—2014）、《污染场地土壤修复技术导则》（HJ 25.4—2014）和《污染场地术语》（HJ 682—2014）等五项污染场地系列环保标准，为推进土壤和地下水污染防治法律法规体系建设提供了基础。2014 年 10 月，环境保护部参考国外工业场地污染修复的相关经验，结合国内现有污染场地修复的成功案例，制定了《2014 年污染场地修复技术目录（第一批）》（以下简称《技术目录》）。

2018 年 8 月 1 日起，《土壤环境质量　农用地土壤污染风险管控标准（试行）》（GB 15618—2018）与《土壤环境质量　建设用地土壤污染风险管控标准（试行）》（GB 36600—2018）两项标准的出台，为开展农用地分类管理和建设用地提供技术支撑。

2019 年生态环境部在 2014 年批准的技术导则的基础之上，第一次进行了修订并正式批准颁布《场地环境调查技术导则》修改为《建设用地土壤污染状况调查技术导则》（HJ 25.1—2019），增加了规范性引用文件《土壤环境质量 建设用地土壤污染风险管控标准》（GB 36600—2018），更新了规范性引用文件的相关标准内容，完善了制定样品分析方案中关于检测项目等要求；《场地环境监测技术导则》修改为《建设用地土壤污染风险管控和修复监测技术导则》（HJ 25.2—2019），完善了监测项目和洗井要求的相关内容，细化了土壤垂向采样间隔和修复效果评估监测布点等内容；《污染场地风险评估技术导则》修改为《建设用地土壤污染风险评估技术导则》（HJ 25.3—2019）；发布了《建设用地土壤修复技术导则》（HJ 25.4—2019），以上修订的五项导则在2019年12月5日实施。同时，环保部还批准颁布了《建设用地土壤污染风险管控和修复术语》（HJ 682—2019）；《工业企业挥发性有机物泄漏检测与修复技术指南》（HJ 1230—2021）。2021年，《中共中央国务院关于深入打好污染防治攻坚战的意见》（以下简称《意见》）印发实施，对“十四五”时期进一步加强生态环境保护作出了全面部署，对以更高标准打好净土保卫战提出了具体要求，《意见》明确，到2025年，受污染耕地安全利用率达到93%左右。

《中华人民共和国国民经济和社会发展第十四个五年规划和二〇三五年远景目标纲要》表明，在十四五期间，我国深入打好污染防治攻坚战，建立健全环境治理体系，推进精准、科学、依法、系统治污，协同推进减污降碳，不断改善空气、水环境质量，有效管控土壤污染风险。推进受污染耕地和建设用地管控修复，实施水土环境风险协同防控。

2-2
污染场地发展历史与法律法规

二、我国场地污染的法律、规章与制度

我国染场地防治和修复的责任与义务是分散在各类政策法规中，比如《环境保护法》等综合法律，《中华人民共和国土壤污染防治法》等单行法，《大气污染防治法》《水污染防治法》《固体废物污染环境防治法》等其他单行法律中。另外还有一些部门和地方规章制度中也有所涉及。

（一）宪法

《中华人民共和国宪法》（2018年3月11日修正实施）第二十六条规定国家需要采取一定措施来保护和改善生活环境和生态环境，防治污染和其他公害。

（二）环境保护法

《中华人民共和国环境保护法》（2014年4月24日修订实施）第五条确定了环保工作的基本原则：“保护优先、预防为主、综合治理、公众参与、损害担责”。第三十二条规定各级政府采取一定措施，加强对大气、水、土壤等的保护，需要建立和完善大气、水、土壤等环境的调查、监测、评估和修复制度。第三十九条、第四十一条详细规定了环境与健康的监测、调查和风险评估制度，鼓励开展环境质量与工作健康之间的影响研究，对建筑工程污染防治设施提出来“同时设计、同时施工、同时投产使用、不得擅自拆除或者闲置”的具体要求。第四十二条规定了责任担当的制度，明确要求污染物排放的企事业单位要建立环保责任制度和环保责任人制度。第五十条规定了“各级人民政府在环保方面的资金投入义务，明确其在农村饮用水水源地保护、生活污水和其他废弃物处理、土壤污染防治等方面的义务。”

（三）单行法

《中华人民共和国土壤污染防治法》（2019年1月1日实施）第七条规定国务院生态环境主管部门对全国土壤污染防治工作实施统一监督管理；国务院农业农村部、自然资源部、住房和城乡建设部、林业草原部等主管部门在各自职责范围内对土壤污染防治工作实施监督管理。第十三条制定土壤污染风险管控标准，明确应当组织专家研究确定相关指标，并征求有关部门、行业协会、相关单位以及公众的意见。第三十五条确定土壤污染风险管控和修复工作应该包括土壤污染调查和土壤污染风险评估、风险管控、修复、风险管控效果评估、修复效果评估、后期管理等活动。第三十九条、第四十六条规定，各级地方政府有权要求土壤污染责任人、土地使用权人采取必要措施移除污染源、防治污染扩散，并承担由此产生的调查、评估、修复、管控费用。第四十条规定实施风险管控、修复活动中产生的废水、废气和固体废物，应当按照规定进行处理、处置，并达到相关环境保护标准。

《中华人民共和国水污染防治法》（2018 年 1 月 1 日实施）第六条规定国家实行水环境保护目标责任制和考核评价制度，将水环境保护目标完成情况作为对地方人民政府及其负责人考核评价的内容。第十条规定排放水污染物，不得超过国家或者地方规定的水污染物排放标准和重点水污染物排放总量控制指标。第十四条规定国务院环境保护主管部门根据国家水环境质量标准和国家经济、技术条件，制定国家水污染物排放标准。第二十一条规定直接或者间接向水体排放工业废水和医疗污水以及其他按照规定应当取得排污许可证方可排放的废水、污水的企业事业单位和其他生产经营者，应当取得排污许可证；城镇污水集中处理设施的运营单位，也应当取得排污许可证。排污许可证应当明确排放水污染物的种类、浓度、总量和排放去向等要求。排污许可的具体办法由国务院规定。第四十条规定化学品生产企业以及工业集聚区、矿山开采区、尾矿库、危险废物处置场、垃圾填埋场等的运营、管理单位，应当采取防渗漏等措施，并建设地下水水质监测井进行监测，防止地下水污染。

（四）我国污染场地相关标准

1. 国家标准

《地表水环境质量标准》（GB 3838—2002）。

《地下水质量标准》（GB 14848—2017）。

《土壤环境质量标准》（GB 15618—2018）。

《环境空气质量标准》（GB 3095—2012）。

《土壤环境质量　建设用地土壤污染风险管控标准》（试行）（GB 36600—2018）。

《土壤环境质量　农用地土壤污染风险管控标准》（试行）（GB 15618—2018）。

2. 行业标准

《建设用地土壤污染状况调查技术导则》（HJ 25.1—2019）。

《建设用地土壤污染风险管控和修复监测技术导则》（HJ 25.2—2019）。

《建设用地土壤污染风险评估技术导则》（HJ 25.3—2019）。

《建设用地土壤修复技术导则》（HJ 25.4—2019）。

《污染地块风险管控与土壤修复效果评估技术导则（试行）》（HJ 25.5—2018）。

《污染地块地下水修复和风险管控技术导则》（HJ 25.6—2019）。

《建设用地土壤污染风险管控和修复术语》（HJ 682—2019）。

《工业企业挥发性有机物泄漏检测与修复技术指南》（HJ 1230—2021）。

《污染土壤修复工程技术规范　原位热脱附》（HJ 1165—2021）。

《污染土壤修复工程技术规范　生物堆》（HJ 1283—2023）。

《污染土壤修复工程技术规范　固化/稳定化》（HJ 1282—2023）。

三、我国污染场地发展趋势

我国虽然初步建立了基于风险管控的土壤环境管理制度体系，但是由于土壤污染防治起步较晚、基础薄弱，土壤污染防治制度体系、协同监管机制、风险管控技术体系、多元投入机制等仍不健全。土壤环境管理将逐步从管控风险向促进土壤生态系统改善和可持续利用转变，不断推动依法治土、科学治土、系统治土，提高管控措施的针对性和有效性，逐步保障土壤健康。

（一）提供风险管控措施的针对性和有效性

我国从国家层面初步建立了基于不同地类的土壤污染风险分级分类的差异化防控制度，但是土壤污染具有明显的区域特征，“一刀切”的管理模式难以适应不同区域管控要求。因此，今后土壤环境管理的重点是提高土壤环境管理措施的可操作性、科学性和有效性。另外，土壤污染风险管控一般不能彻底消除环境风险，分类识别、长效监管也是推动管控措施有效落实的重要手段。当前，我国已完成了土壤污染状况详查，基本查明了农用地和建设用地土壤环境风险，为实施精细化管理奠定了基础。下一步需从分区管理制度设计、标准规范体系、管控措施适宜性评价等方面完善管理体系，依据区域、行业、污染物、种植结构等，不断完善风险分级分类分区管理相关技术体系。

（二）“以管代治”推动土壤污染防治责任落实

近年来，在国家法规政策支持下，我国实施了一批历史遗留土壤污染治理工程。但是土壤污染治理成本高、见效慢、周期长，结合国内外工作实践，将预防为主、保护优先作为土壤污染防治的基本原则之一，通过前期管理代替后期治理。“以管代治”就是通过“谁污染谁治理”、污染物达标排放、总量控制等法律约束，引导企业加强内部环境管理，采取污染物减排、生产设施改造升级、污染防治设施建设、完善日常环境管理等措施，降低后端土壤污染治理的风险。推动“以管代治”，依法治土是基本前提，法律作为土壤污染防治的底线和基本要求，倒逼企业主动担起污染治理的社会责任，防止因土壤污染威胁生态环境安全。同时，政府对土壤污染防治工作负总责，通过日常执法检查、生态环境保护督察等对工矿企业责任落实情况进行监管。

（三）逐步推动多要素多领域系统治理

一方面，土壤是大气、水、固体废物等污染物的最终受体，大气沉降、地表水、工业固体废物堆存、重点污染源周边地下水等中污染物可通过淋溶、渗漏等进入土壤。另一方面，污染土壤也是重要的污染源，会通过大气降水或灌溉水的入渗淋滤下污染地下水。土壤环境管理涉及多要素、多部门，通过大数据研判、系统管控制度设计、污染综合防控是土壤环境管理的发展趋势，也是有效提升土壤环境监管效益和能力的重要手段。《中华人民共和国国民经济和社会发展第十四个五年规划和二〇三五年远景目标纲要》也提出建立地上地下、陆海统筹的生态环境治理制度，实施水土环境风险协同防控。因此，土壤环境管理要突出系统协同的思想，强化地上地下协同防控，既要管控好水、大气、固体废物等土壤污染的源，又要管控好土壤这个污染源，防止地下水、地表水等污染。

（四）创新绿色可持续风险管控技术体系

绿色可持续修复的概念是指以安全、及时的方式消除或控制不可接受风险，同时最优化修复的环境、社会和经济价值。发达国家从最早的以严格标准值和完全处理处置为修复目标，到基于风险的治理修复和管控策略，已逐步建立起了一套相对完善的管理制度、评价方法和决策工具，并开展了大量的绿色可持续修复实践，例如美国发布《超级基金绿色修复战略》，推动形成绿色修复技术评估框架及标准导则。当前我国环境管理的要求不断加强，通过技术创新管控污染土壤风险、降低修复成本、提升环境效益是土壤污染风险管控的必然要求，也是我国污染土壤修复技术的发展趋势。

依托国家重点研发计划等科研专项，我国也开展了污染场地绿色修复技术方法研究探索。2020 年 4 月，中国环境保护产业协会发布《污染地块绿色可持续修复通则》，规定了污染地块绿色可持续修复的原则、评价方法、实施内容和技术要求。今后需进一步完善土壤污染绿色可持续修复的管理框架和技术体系，构建绿色可持续修复与管理制度体系。

第二节　我国污染场地的基本管理框架

一、形成以风险管控为核心的污染场地管理总体思路

土壤采取优先保护投入比例远低于后期风险管控和治理成本，因此我国借鉴发达国家土壤污染防治经验，结合近年来土壤污染防治实践探索，综合考虑现阶段土壤污染现状和社会经济发展实际，不同于大气、水环境质量达标管理的思路，形成以风险管控为核心的土壤环境管理思路，即通过采取源头减量、污染阻断等措施，消除或管控土壤环境风险，降低对周边环境的影响。土壤污染风险管控的要求主要体现在四个方面：①“防”，即通过合理空间布局管控、土壤环境准入等措施，预防土壤污染产生；②“控”，即通过企业生产过程环境管理、污染物排放控制、提标改造升级、农业面源污染治理等，管控土地利用过程环境风险；③“治”，即针对污染的土壤，采取以风险管控为主的措施，例如，农用地农艺调控、替代种植，污染地块禁止人员进入、建设污染阻隔工程等；④“管”，即利用环境执法、定期土壤环境监测等管理手段，保障污染防治措施落实，降低土壤环境风险。

我国土壤环境管理的目标是保障农产品质量和人居环境安全。基于风险管控的总体思路和要求，现阶段土壤污染防治的三大重点是防控新增污染、管控农用地和建设用地两大地类环境风险，并以《土壤污染防治行动计划》《土壤污染防治法》实施为基础，建立土壤污染防治的基本框架和政策体系（图 2－1）。在防控新增污染方面，建立土壤污染预防和保护制度，重点对工业、农业、生活三大污染源进行管理，做好土壤环境准入、过程监管、地块退役等环节的全过程管理；在农用地管理方面，建立农用地分类管理制度，即根据农用地土壤环境和农产品质量等分类实施土壤环境管理；在建设用地管理方面，建立准入管理制度，开发利用的地块必须符合相应用地土壤环境质量要求，从而推动污染土壤的风险管控和修复。此外，我国还以法律形式规定了土壤污染风险防控实施的保障机制。例如，实行统一的土壤环境监测制度，建立覆盖生态环境、农业农村、自然资源等的全国土壤环境监测体系，并每十年至少组织一次土壤污染状况普查；建立土壤调查和评估制度，对存在环境风险的地块开展土壤污染状况调查和风险评估，并实施后期风险管控和修复等

活动；建立省级土壤污染防治基金制度，解决责任主体不清晰的历史遗留污染、专项资金投入模式渠道窄等问题。

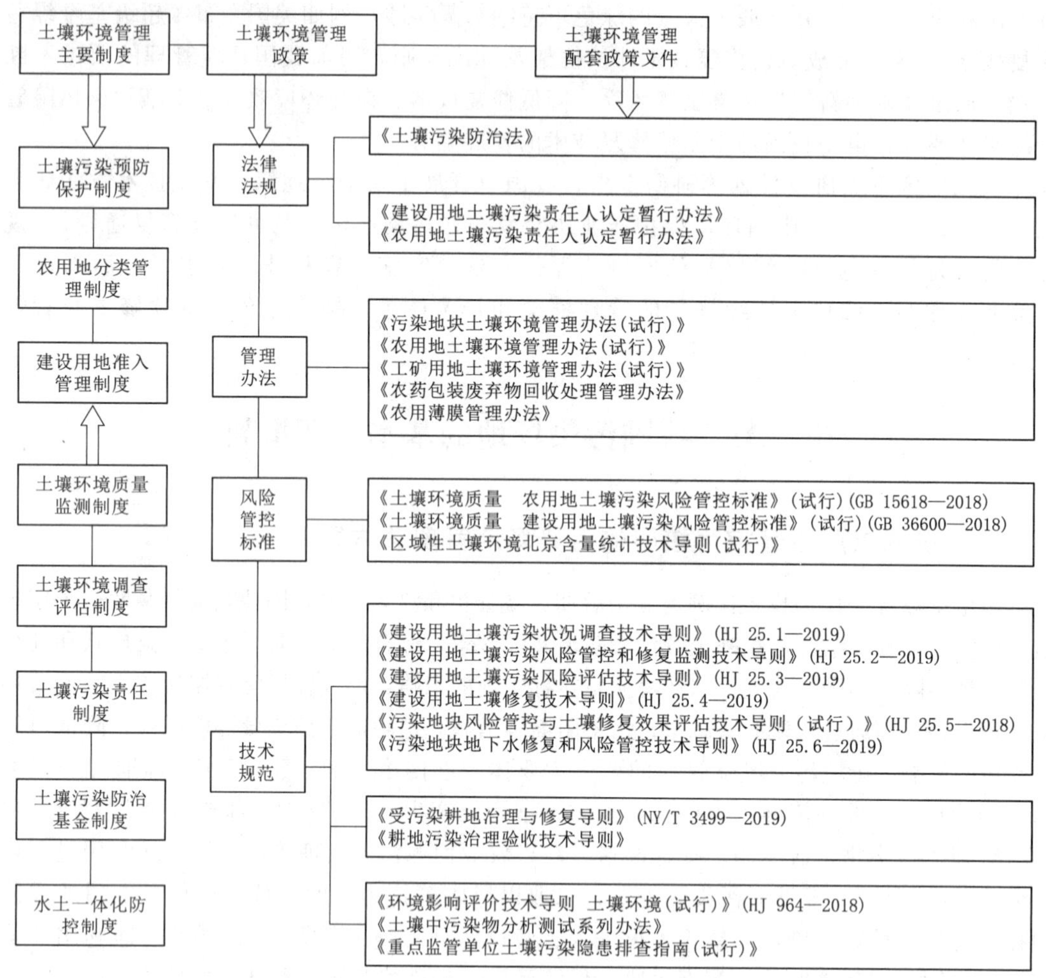

图 2－1 我国土壤环境管理制度体系

二、明确了全过程防控的地块污染预防和保护政策

土壤污染预防和保护通过加强前期土壤环境管理，减少污染物排放，显著降低土壤环境风险和后期治理成本，以最小投入获得最大的环境效益。从地块准入、使用过程、地块退役等环节，形成基于地块全生命周期管理的全过程防控机制：在地块准入环节，提出合理空间布局管控，排放有毒有害物质的重点行业企业开展土壤环境影响评价，符合相应用地土壤环境质量要求方可进行开发利用等预防措施；在地块使用环节，采取土壤和地下水自行监测、土壤污染隐患排查、提标改造、在产企业风险防控、合理使用农药化肥等措施，防止新增污染；在地块退役环节，生产过程终止的重点行业企业用地进入土壤调查评估和风险管控程序，涉及生产设施设备拆除活动的采取防止土壤污染的措施。土壤污染源头防控是综合性的系统工程，还包括农业投入品、畜禽养殖等农业面源污染综合治理，重

点保障未污染的耕地、林地、草地和饮用水水源地环境风险。因此，建立了区域尺度的土壤污染源综合防控制度，开展区域土壤污染源解析和监测预警，识别土壤污染的重点区域、重点行业、重点污染源，研判土壤污染变化趋势，作为区域土壤环境保护政策、地块尺度污染源管控策略制定的依据。

三、制定了基于农用地土壤环境和农产品质量的分类管理政策

长期以来，我国农用地土壤环境管理是对照农用地土壤环境质量相关标准进行超标评价，并根据超标倍数划分污染等级，未考虑农产品质量状况。近年来逐渐开展农产品风险和农用地土壤生态风险协同评价，以保护食用农产品质量安全为主要目标，出台了农用地土壤环境质量标准，划出了筛选值和管制值两条标准线。土壤中污染物含量低于筛选值的，对农产品质量安全、农作物生长或土壤生态环境的风险低，一般情况下可以忽略；高于管制值的，食用农产品不符合质量安全标准等的农用地土壤污染风险高；土壤污染物含量介于筛选值和管制值之间的，对农产品质量安全、农作物生长或土壤生态环境可能存在风险。根据土壤环境质量和农产品质量情况等，我国建立了农用地分类管理制度，即将农用地划分为优先保护类、安全利用类和严格管控类三个类别，分类实施土壤环境管理。优先保护类农用地土壤环境质量较好，以保护措施为主，例如将符合条件的优先保护类耕地划为永久基本农田、严格新建可能造成土壤污染的建设项目。安全利用类农用地存在农产品超标风险，可通过采取农艺调控、替代种植等措施，降低农产品超标风险。严格管控类农用地难以通过安全利用措施降低污染风险，因此采取划定特定农产品严格管控区域、土壤和农产品协同监测与评价、调整种植结构、退耕还林还草、轮作休耕等风险管控措施。

四、形成了以准入管理为核心的建设用地风险管控和修复制度

我国逐步建立了涵盖用地准入、污染预防、调查评估、风险管控或修复、效果评估、再开发利用等全过程的建设用地土壤环境监管体系，并建立了建设用地土壤污染风险管控和修复名录制度（图 2 - 2）。实施建设用地准入管理，即开发利用的土地必须符合相应用地土壤环境质量要求。经普查、详查和监测等表明存在土壤污染风险、用途变更为住宅和公共管理与公共服务用地、土壤污染重点监管单位用途变更或土地使用权变更的地块，需开展土壤污染状况调查；存在污染的需进一步开展风险评估。风险评估结果表明需要实施风险管控、修复的地块，纳入建设用地土壤污染风险管控和修复名录，结合土地利用规划，采取相应的风险管控和修复措施，并开展效果评估及后期环境管理。

建设用地风险管控措施包括提出划定隔离区域的建议、土壤及地下水污染状况监测等，修复技术包括固化稳定化、热脱附、水泥窑协同处置等，通常情况下需同时采取多种管控措施。为保障建设用地调查和修复报告质量，建立了相关报告分级评审制度，分别由地市级、省级生态环境主管部门会同自然资源主管部门，组织对土壤污染状况调查报告、风险评估报告、风险管控效果评估报告、修复效果评估报告等进行评审。建立土壤污染责任人认定制度，由土壤污染责任人实施土壤污染风险管控和修复；土壤污染责任人无法认定的，土地使用权人实施风险管控和修复。

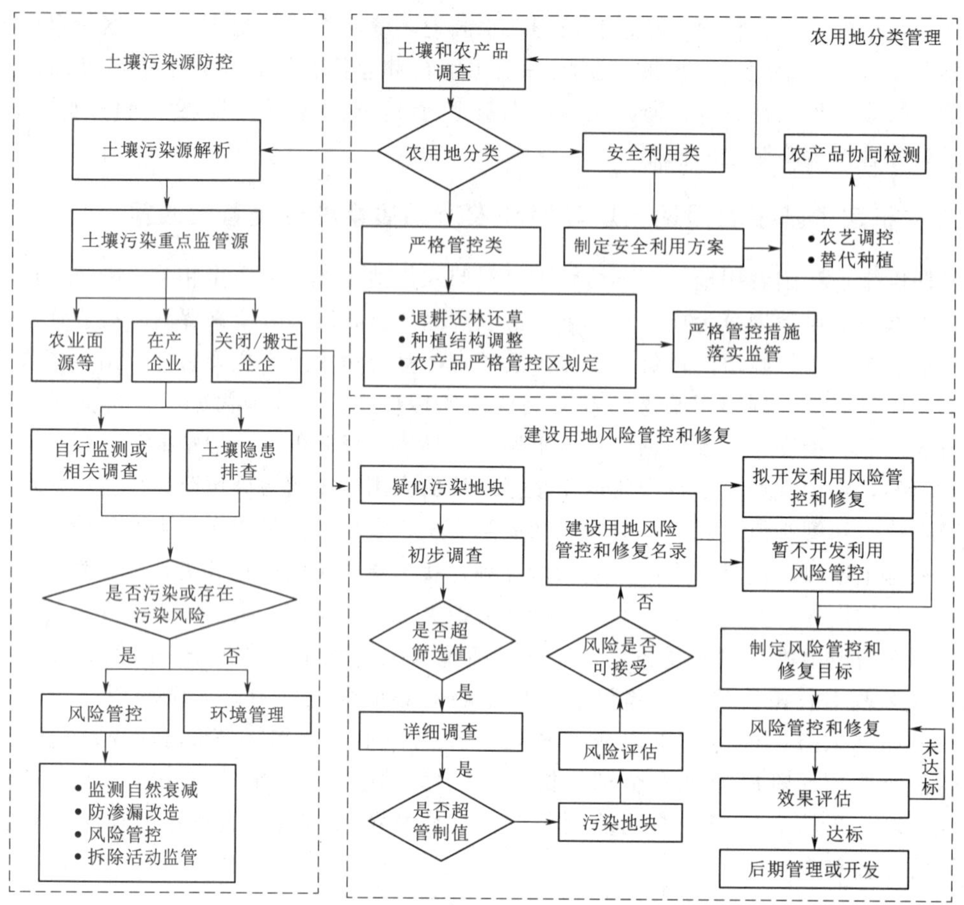

图 2-2 我国土壤环境管理工作流程框架

阅 读 拓 展

"环保公司不环保"非法倾倒、填埋污泥和危险废物，导致地块环境风险突出

一、基本情况

新景源公司原名遂宁市翔泰生物环保有限公司，成立于 2012 年 8 月，以生活污泥、农作物秸秆、畜禽粪便等固体有机废弃物为原料，采用好氧发酵—蚯蚓养殖—蚓粪筛分生产有机肥的方式处置生活污泥，涉及年消纳生活污泥 5 万 t。经查，2014 年至 2021 年 3 月，该环保公司长期租用四川省兴宇生物科技有限公司（以下简称生物公司）土地，在未采取任何无害化措施的情况下，以"土壤改良"的名义，将 10 万余 t 生活污水处理污泥和 230t 灰白色固体废物直接倾倒或填埋于租用土地内。涉事灰白色固体废物为遂宁市赛思科天然气有限责任公司产生的天然气脱硫产物，经鉴定为危险废物。

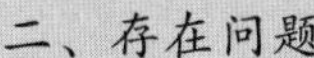

二、存在问题

（一）非法倾倒填埋污泥毁坏大片农田，严重污染周边环境

督察发现，该公司租用的687.9亩土地内受污染地块多达19处，面积193.9亩，其中基本农田115.4亩。现场采样监测显示，场地内两个坑塘污水化学需氧量浓度分别超地表水Ⅲ类标准27.3倍、20.4倍；氨氮浓度分别超地表水Ⅲ类标准122倍、83.8倍。抽样检测发现周边地块土壤中铜、锌含量超标，周边环境受到污染。

（二）监管层层失职失责问题突出

2015年以来，新景源公司因违法倾倒填埋污泥先后被群众投诉14次，但当地相关职能部门严重失职失责，既不认真调查处理群众投诉问题，也不按规定查处新景源环保公司违法行为，导致企业有恃无恐、问题愈演愈烈。

思考：请结合本章内容，简述将未采取任何无害化处理的情况下直接倾倒、填埋污泥和危险废物，会造成哪些污染场地危害？违反了我国污染场地哪些相关法律法规。

复习与思考题

1. 污染场地具有哪些特点？
2. 污染场地识别方法主要有哪些？
3. 我国污染场地的危害主要体现在哪些方面上？
4. 目前我国污染场地亟待解决的主要问题有哪些？

第三章 场地中污染物的环境行为

本 章 简 介

污染物在环境中的迁移是指污染物在环境中发生的空间位置相对移动所引起的污染物的富集、扩散和消失的现象。污染物的迁移可以使局部污染形成区域性污染，并伴随着污染物形态的变化。污染物在环境中的迁移方式主要有：机械迁移、物理-化学迁移和生物迁移。污染物在环境中的迁移主要受污染物本身的物理化学性质和外界环境的物理化学条件（包括区域自然地理、水文地质条件等）的制约。学习过程中要始终坚持真理，修正错误，自我完善，自我革新；坚持开拓创新的科学发展观，以及创新、协调、绿色、开放、共享的新发展理念。

3-1
土壤基本特性

第一节 场地的基本特性

一、土壤基本特性

土壤是指位于地球陆地表面，具有一定肥力，能够生长植物的疏松层。土壤是一种非常重要的生态资源，是介于生物界和岩石圈之间的一个复杂的开放体系，是所有陆地生态系统的基底或基础。对植物来说，植物的根系与土壤有着极大的接触面，在植物和土壤之间进行着频繁的物质交换，因此，通过控制土壤因素就可影响植物的生长和产量。对动物和微生物来说，土壤是比大气环境更为稳定的生活环境，其温度和湿度的变化幅度要小得多，因此，土壤常常成为其极好的隐蔽所，在土壤中可以躲避高温、干燥、大风和阳光直射。与此同时，植物、动物及微生物也对土壤的形成和演化产生了重要的影响，它们之间相互联系、相互制约，使得土壤环境成为一个复杂多变的综合体系。

（一）土壤的组成

土壤是由固体、液体和气体三相共同组成的综合体系。土壤的固相包括土壤矿物质和土壤有机质，其中矿物质占固相重量的90%以上，有机质占固相重量的1%～10%，一般的可耕种土壤有机质约占5%，且主要位于土壤的表层。土壤具有无数空隙的疏松结构，其中充满了空气和水，土壤的液相和气相容积约占总容积的50%，且两者处于此消彼长的状态。

（1）土壤矿物质。土壤矿物质是土体的骨架，对土壤性质有极大的影响。土壤矿物质有的来自于岩石的风化残积，有的则是经过搬运沉积而来。土壤矿物质按其成因类型可分成两类，即原生矿物及次生矿物。原生矿物是指那些在风化过程中未改变化学组成的原始成岩矿物。土壤中的粗粒部分，如石砾、砂粒等主要都由原生矿物组成；粉粒中的大部分成分也为原生矿物，主要包括石英、长石、云母、角闪石和辉石等。次生矿物是指在原生矿物的基础上经过化学风化形成的新矿物。土壤中的黏粒部分，除少量属于石英、长石等原生矿物外，主要由次生矿物组成，如高岭石、蒙脱石、方解石、石膏、水铝石、针铁矿等都是常见的次生矿物。

（2）土壤有机质。土壤有机质是土壤的重要组成部分，虽然含量少，但会对土壤肥力和结构产生极大的作用，它富含多种营养元素，还是土壤微生物生命活动的能源。土壤有机质包括土壤中各种动、植物残体，微生物体及其分解合成的有机物质。土壤中有机化合物的种类繁多，性质各异，大致可以分为非腐殖质和腐殖质两大类。非腐殖质是指组成有机体的各种有机化合物，如蛋白质、糖类、有机酸等。腐殖质是指动植物残体经过微生物作用，形成的暗色、无定形、难以分解的复杂的高分子有机化合物，包括富里酸、胡敏酸、胡敏素等。

（3）土壤水分。土壤水分是土壤与环境发生物质交换的基础，是土壤中许多化学、物理和生化反应的必要条件，也是土壤中物质迁移和运动的载体。土壤水分并非纯水，它是土壤中各种成分和污染物溶解形成的溶液，即土壤溶液。土壤溶液的组成在一定程度上反映了土壤中各类物质的反应情况。土壤水分主要来源于大气降水、灌溉和地下水。水进入土壤以后，由于土壤颗粒表面的吸附力和微细孔隙的毛细管力，可将一部分水保持住。但不同土壤保持水分的能力不同。砂土由于土质疏松，孔隙大，水分容易渗漏流失；黏土土质细密，孔隙小，水分不容易渗漏流失。

（4）土壤空气。土壤空气存在于未被水占据的土壤孔隙中。在一定容积的土壤中，如果孔隙度不变，土壤含水量提高，土壤空气的量必然减少；反之亦然。由于土壤空气特别是表层空气经常处于与大气交流中，因此其主要的组成与大气基本相似，但也存在部分差别，如土壤中的含量显著低于大气，而 CO_2 和水分的含量则比大气高很多，另外，土壤中还含有少量的还原性气体。如果土壤受到污染，则土壤空气中还可能存在相应的污染物，因此，土壤空气的组成也在一定程度上反映了土壤的状况。

（二）土壤的粒级与质地

土壤的固体部分称为土粒，土粒的大小很不均一。在自然状况下，这些大小不一的土粒，有的单个地存在于土壤中，称为单粒。有的则相互黏结成一个聚集体，称为复粒。根据土壤单粒粒级大小的不同，土壤颗粒一般可分为石砾、砂粒、粉粒、黏粒四个基本级别。在该基本分级的基础上，世界各国又发展出了各自的土粒分级标准，主要包括国际制土粒分级标准、卡庆斯基制（苏联制）土粒分级标准和美国制土粒分级标准等。各制式土粒分级标准比较见表 3-1。

表 3-1　各制式土粒分级标准比较

粗分粒级	国际制		卡庆斯基制（苏联制）		美国制	
	细分粒级	单粒直径/mm	细分粒级	单粒直径/mm	细分粒级	单粒直径/mm
石砾	石砾	＞2	石块 石砾	＞3 1～3	石块 粗砾	＞3 2～3

续表

粗分粒级	国际制		卡庆斯基制（苏联制）		美国制	
	细分粒级	单粒直径/mm	细分粒级	单粒直径/mm	细分粒级	单粒直径/mm
砂粒	粗砂粒 细砂粒	0.2～2 0.02～0.2	粗砂粒 中砂粒 细砂粒	0.5～1 0.25～0.5 0.05～0.25	细砾 粗砂粒 中砂粒 细砂粒 极细砂粒	1～2 0.5～1 0.25～0.5 0.1～0.25 0.05～0.1
粉粒	粉粒	0.002～0.02	粗粉粒 中粉粒 细粉粒	0.01～0.05 0.005～0.01 0.001～0.005	粉粒	0.002～0.05
黏粒	黏粒	<0.002	粗黏粒 细黏粒 胶体	0.0005～0.001 0.0001～0.0005 <0.0001	黏粒	<0.002

我国现有的土粒分级标准是在卡庆斯基制（苏联制）土粒分级标准上修订而来的，但该标准仍处于适用阶段，还没有得到较为广泛的应用。国际制土粒分级标准是目前使用最为广泛的标准，由于粒径的尾数均为2，使得该标准较易记忆并推广，发展水平较低的国家可直接采用该标准的简版，发展水平高的国家可在此基础上对相应的粒级进行细分。

由于单粒粒径的不同，各粒级土壤表现出不同的特色：

（1）石砾和砂粒。石砾和砂粒是风化碎屑，其所含的矿物成分和母岩基本一致，不能充分反映土壤形成条件，由于其基本没有塑性和黏结力，因而砂粒多的土壤是松散的。由于单体体积土体中土粒的总表面积较小，所以土粒的表面吸湿性和附着污染物的能力都较弱。又因为它们的粒间孔隙大，所以该类土壤排水快、通透性好，污染物也易于扩散。

（2）黏粒。黏粒属于化学风化产生的细小颗粒，其所含的矿物质成分和原母质层有所不同，属于次生矿物。由于颗粒较细，表面吸湿性极强，导致该类土壤排水困难，通气性差。黏粒具有很强的黏结力，常常黏结成土团或片状，使黏土具有较强的可塑性和膨胀性。黏粒中的微细颗粒还存在胶体的特征，巨大的比表面积能够吸附大量的污染物，使得污染物在该类土壤中不易扩散。

（3）粉粒。粉粒的大小介于黏粒和砂粒之间，它具有微弱的可塑性和膨胀性，黏结力在湿时明显，在干时减弱。粉粒的很多特性都介于黏粒和砂粒之间，它对污染物具有一定的吸附性能。

颗粒组成基本相似的土壤，常常具有相似的特性。因此，根据土壤颗粒组成的不同，将土壤划分的土壤类型，称为土壤质地。通过土壤质地的描述，可以大致反映土壤内在的某些基本特性。目前，各国的质地分类标准也有所不同，常见的土壤质地分类标准有国际制、美国制和卡庆斯基制（苏联制）。国际制土壤质地分类标准见表3-2。

表 3-2 国际制土壤质地分类标准

质地分类		各级土粒重量/%		
类别	质地名称	黏粒（<0.002mm）	粉粒（0.02～0.002mm）	砂粒（2～0.02mm）
砂土类	砂土及壤质砂土	0～15	0～15	85～100
壤土类	砂质壤土	0～15	0～45	55～85
	壤土	0～15	35～45	45～55
	粉砂质壤土	0～15	45～100	0～55
黏壤土类	砂质黏壤土	15～25	0～30	55～85
	黏壤土	15～25	20～45	30～55
	粉质黏壤土	15～25	45～85	0～40
黏土类	砂质黏土	25～45	0～20	55～75
	壤质黏土	25～45	0～45	10～55
	粉质黏土	25～45	45～75	0～30
	黏土	45～65	0～35	0～55
	重黏土	65～100	0～35	0～35

（三）土壤的离子交换

土壤中普遍存在离子交换的现象，这是土壤重要的电化学性质之一。土壤之所以能够对离子进行吸附和交换，其根本原因是土壤中的胶体提供了大量的电荷。土壤胶体是指直径小于 1μm，在土壤中呈相互分散状态的固体颗粒。在土壤胶体表层（扩散层）中，带电离子可以与溶液中相同电荷的离子以离子价为依据做等价态交换，称为离子交换。离子交换作用包括阳离子交换吸附作用和阴离子交换吸附作用。

（1）土壤的阳离子交换吸附。土壤中阳离子的交换吸附是指胶体吸附的带正电离子与土壤溶液中的带正电离子进行交换的现象，如图 3-1 所示。

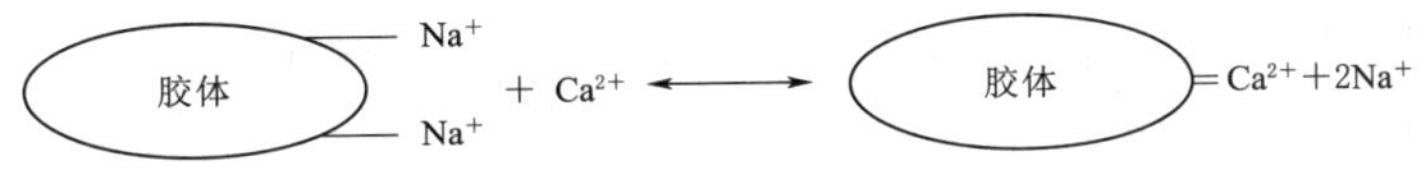

图 3-1 土壤的阳离子交换吸附

在离子价等价交换的基础上，土壤的阳离子交换能力还受到以下因素的影响：

1）电荷数。根据库仑定律，离子电荷数越高，阳离子交换能力就越强。

2）离子的半径及水化程度。在同价的离子中，离子半径越大，水化离子半径越小，其离子交换能力越强。土壤中常见阳离子的交换能力排序如下：

$Fe^{3+} > Al^{3+} > H^{+} > Ba^{2+} > Sr^{2+} > Ca^{2+} > Mg^{2+} > Cs^{+} > Rb^{+} > NH_4^{+} > K^{+} > Na^{+} > Li^{+}$。

3）离子浓度和数量因子。离子交换作用也受到质量作用的支配，离子浓度越高，其表现出的交换能力越强。

土壤阳离子交换量（Cationex Change Capacity，CEC）是指每千克土壤中所能吸附各种阳离子的总量，基本上代表了土壤保肥能力的高低，也可用于评价土壤对重金属污染物的吸附稳定能力。不同类型土壤的阳离子交换量不同，它受以下三个因素的影响：①土壤质地越黏，所含的黏粒越多，其交换量越大；②胶体的性质和结构的差别也会影响阳离子交换量，一般来说，土壤中氧化硅与氧化铝、氧化铁的物质的量比越大，代换量也越大，常见的黏土矿物的阳离子交换量的排序如下：有机胶体>蒙脱石>伊利石>高岭石>水合氧化铁（铝）；③土壤 pH 值的大小也对阳离子交换量产生影响，一般情况下，土壤 pH 值增加，土壤的可变负电荷也会增加，土壤的阳离子交换量也会上升。

（2）土壤的阴离子交换吸附。土壤中阴离子交换吸附是指带正电的胶体所吸附的阴离子与溶液中的阴离子交换的现象。土壤胶体在一般情况下是带的负电荷多于正电荷，但在特定情况下，也可以带上正电荷（如氧化铁铝矿物），因此，也可以对阴离子产生吸附。阴离子的交换吸附相比阳离子交换吸附更为复杂，因为它可以与胶体或溶液中的阳离子形成难溶的沉淀而被强烈地吸附。如 PO_4^{3-}、HPO_4^{2-}；能够与 Ca^{2+}、Fe^{3+}、Al^{3+} 形成 $Ca_3(PO_4)_2$、$FePO_4$、$AlPO_4$ 等难溶化合物。土壤中常见的阴离子被胶体吸附能力排序如下：F^{-1}>草酸根>柠檬酸根>$H_2PO_4^-$>HCO_3^->$H_2BO_3^-$>CH_3COO^->SCN>SO_4^{2-}>Cl^->NO_3^-。

（四）土壤的酸碱性

土壤的酸碱性是土壤在形成过程中受生物、气候、地质、水文等因素综合作用所产生的重要属性。土壤的酸碱性不仅会影响土壤中植物和微生物的生长，还会影响土壤中污染物的有效性。根据土壤中氢离子的存在方式不同，土壤酸度可分为活性酸度和潜性酸度。根据土壤中碱性物质类型的不同，土壤碱度可分为碳酸盐碱度和重碳酸盐碱度，两者合称为总碱度。

（五）土壤的缓冲能力

土壤缓冲能力是指土壤具有减缓酸碱度发生变化的能力，它可以保持土壤的相对稳定性，为植物和微生物的生长提供相对稳定的环境。土壤的缓冲能力是土壤的重要特性之一。土壤的缓冲能力主要来自于三个方面：①土壤溶液中存在碳酸、磷酸、腐殖酸等弱酸及其盐类，能够对酸、碱产生良好的缓冲；②由于阳离子交换作用，胶体上吸附的各类盐基离子能够对土壤中的 H^+ 产生缓冲作用，而胶体上吸附的 H^+ 及 Al^{3+} 能够对 OH^- 起缓冲作用；③酸性土壤中的活性铝或可交换态铝对碱具有缓冲作用。

（六）土壤的氧化还原性

氧化还原反应是土壤环境系统中重要的化学过程，直接影响着无机物和有机物的迁移转化。土壤中主要的氧化剂有氧气、硝酸根离子、高价金属离子（如 Fe^{3+}、Mn^{4+}、V^{5+}）等。土壤中主要的还原剂有有机质、低价金属离子等。另外，土壤中的微生物活动及植物根系的生长也对土壤氧化还原反应产生重要的影响。土壤氧化还原能力的大小一般采用土壤的氧化还原电位（*Eh*）来衡量，一般旱地土壤的 *Eh* 为＋400～＋700mV，水田的 *Eh* 值为－200～＋300mV。根据土壤的 pH 值可以判断土壤中有机和无机污染物的环境行为和反应方向。

3-2
地下水基本特性

二、地下水的基本特性

存在于地表以下岩土空隙（孔隙、裂隙、溶穴）中的水，特别是饱水带中的水称为地下水。地下水是人类生存、发展的重要物质基础，属于一种地质资源。同时，它又是地质环境系统的重要构成要素。地下水是按系统分布的，在天然条件下，地下水系统中的地下水形成宏观稳定的渗流场、水化学场、温度场。如果受到人为活动的干扰，如抽取地下水、农田灌溉、地表排放废弃物等都可能引起地下水状态的异常涨落，最终导致地下水组分的改变，影响其资源的可利用性，并出现环境的负面效应。因此，长期以来，人们对地下水水质的异常变化予以高度重视，并作为场地环境问题的一种专门课题——地下水污染，加以研究。

（一）地下水的赋存

地下水赋存于岩石孔隙中，岩石孔隙提供了地下水的贮存场所，也为地下水的运动提供了通道。孔隙的大小、多少及分布规律决定了地下水的运动特征。当孔隙足够大时，孔隙中存在着少量的结合水和大量的重力水，结合水受静电作用的影响被束缚于固体表面，不能在重力作用下自由地运动，而重力水远离固体表面，能够随着重力的作用方向自由地流动；当孔隙越来越小时，孔隙中结合水比例提升，则地下水的流动性也随之减弱。如砾石和砂质土中，几乎充满了重力水，其地下水的渗透较好，而黏土中几乎全是结合水。因此，孔隙的大小对岩石的透水性能起到了决定性的作用，即在一般情况下，孔隙越大的岩石透水性越强，孔隙越小的岩石透水性越弱。

渗透系数是反映岩石透水性能的重要指标，其体现了流体通过多孔介质时的难易程度，常见岩性的渗透系数经验值见表 3-3。

表 3-3　常见岩性的渗透系数经验值

岩　性	渗透系数/(m/d)	岩　性	渗透系数/(m/d)
重黏土	<0.001	细砂	1.0～5.0
黏土	0.001～0.05	中砂	5.0～20
砂质黏土	0.05～0.10	粗砂	20～50
砂质壤土	0.10～0.50	砾石	50～150
壤质黏土	0.50～1.00	卵石	150～500

根据岩石透水性能的高低，为方便地下水流动性的研究，人为地将地下水限以下的岩层划分为含水层和隔水层。含水层是指能够透过并给出相当数量水的岩层，是饱和水的透水层。隔水层是指不能透过与给出水、或者透过与给出水量微不足道的岩层。由此可见，隔水层和含水层的划分标志并不在于岩层是否含水，而在于岩层中所含水的性质，当岩层中含有较多的重力水时，即构成了含水层。含水层的构成通常需要满足三个条件：①存在贮存水的空间；②周围有隔水的岩石；③具有水的来源，且含有大量的重力水。

隔水层和含水层的定义存在相对性，例如粗砂层中所夹的粉质黏壤土层具有相对较弱的透水性，可视为隔水层，而当其夹在黏土层中时，则又由于其相对较强的透水性而被视为含水层。隔水层和含水层在一定条件下还存在着可转换性，例如黏土层在一般情况下不能够实现透水与给水，表现为隔水层，但当存在较大水头差时，黏土层便能实现一定程度的透水和给水，该种现场称为越流渗透，该类岩层则称为弱透水层。

（二）地下水的埋藏条件

地下水的埋藏条件是指含水岩层在地质剖面中所处的部位及受隔水层限制的情况，如

图 3-2 所示。根据所处部位及限制情况的不同，可将地下水层分为包气带、潜水层和承压水层。

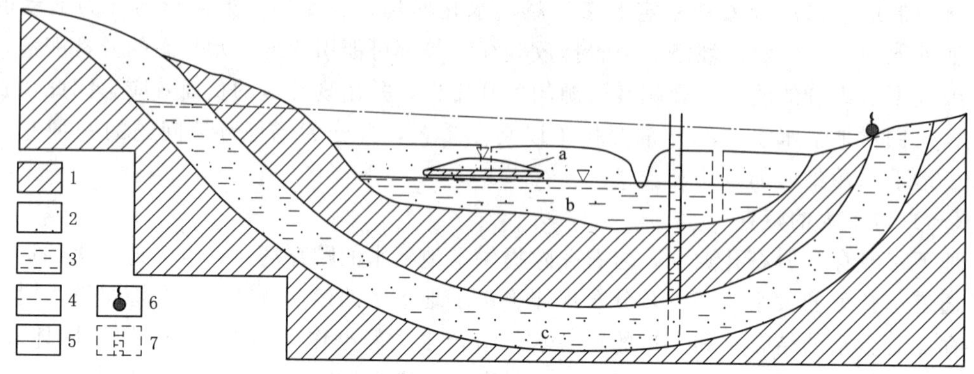

图 3-2 地下水的埋藏条件

1—隔水层；2—透水层；3—饱水部分；4—潜水位；5—承压水测压水位；6—泉；7—水井；a—上层滞水；b—承压水；c—承压水

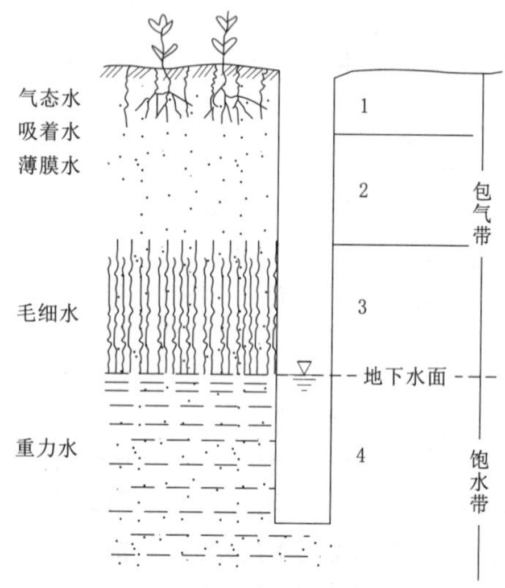

图 3-3 包气带与饱水带

1—土壤水带；2—中间带；3—毛细水带；4—饱水带

(1) 包气带。地表以下一定深度，岩石中的空隙被重力水所充满，形成地下水面，地下水面以上称为包气带，地下水面以下称为饱水带，如图 3-3 所示。

(2) 包气带水即储存在包气带中以各种形式存在的水，包括空隙壁面吸附的结合水，细小孔隙中的毛细水等。包气带自上而下可分为土壤水带，中间带和毛细水带，如图 3-3 所示。包气带中植物根系发育与微生物活动的地带，含有土壤水，称土壤水带。包气带底部由地下水面支持的毛细水构成毛细水带，其下部是饱水的，高度与岩性有关。包气带厚度较大时，在土壤水带和毛细水带之间还存在中间带。若中间带由粗细不同的岩性构成时，细粒层中可含有成层的悬挂毛细水，细粒层之上局部还可滞留重力水。包气带中最重要的就是土壤水和上层滞水。

由于包气带是大气水、地表水和地下水相互转换的交界带，所以包气带中发生着大量的地下水补给、排泄、挥发以及污染物的吸附解析、沉淀溶解和各类化学反应，这些运动和反应都会对地下水环境产生重要的影响。

(3) 潜水层。潜水层是指饱和水带中的第一个具有自由表面的含水层，即第一个稳定隔水层以上具有自由表面的地下水层。潜水层厚度是指从自由表面到隔水层底板的距离。由于潜水层没有隔水顶板，直接与包气带相连，所以其能够与大气和地表水通过包气带进行多种形式的物质交换，包括大气的降水、地表水的回渗、地下水的径流排泄和地下水的蒸发等。与此同时，大气、地表水以及包气带的污染物也极易进入潜水层，导致潜水层水质的污染。

潜水层的水面并不是水平的，它会向着排泄方向形成一个倾斜的曲面。潜水水面上各点的高程称为潜水位，潜水位会随着季节、降水情况等的变化升高或降低，而将相邻两条等水位线的水位差除以其水平距离则可以得到潜水面的水面坡度，即潜水层水力梯度。

(4) 承压水层。承压水层是指位于两个隔水层之间的含水层。承压含水层的厚度是指从隔水层顶板到底板之间的距离。由于承压水层位于隔水层顶板以下，它与大气、地表水和包气带的联系较弱，因此承压水层不易受到污染，但一旦受到污染后则极难修复，如图 3-4 所示。

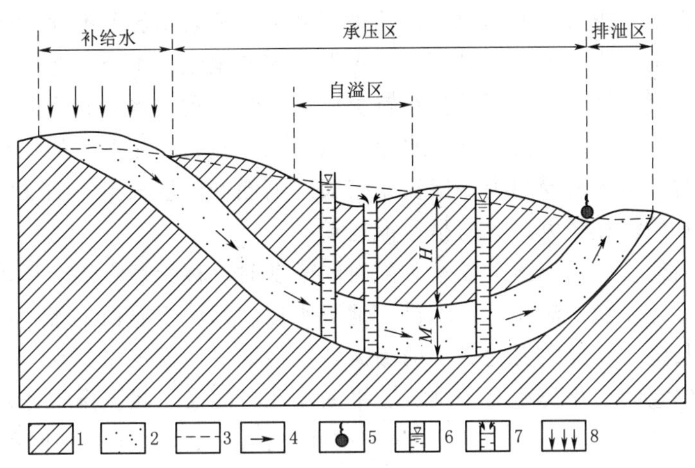

图 3-4 基岩自流盆地中的承压水

1—隔水层；2—含水层；3—潜水位及承压水测压水位；4—地下水流向；5—泉；6—钻孔；7—自流井；8—大气降水补给；H—承压高度；M—含水层厚度

由于埋藏条件的限制，承压含水层与外界的联系相对较弱，它主要通过含水层露出地表的补给区获得大气和地表水的补给，并通过范围有限的排泄区进行排泄。承压水层不易受到气候和水文条件的影响，其水量和水位相对较为稳定。

(三) 地下水的运动规律

地下水在多孔介质中的运动非常复杂，大致可概括为两类：一类为地下水在多孔介质和孔隙或遍布于介质中的裂隙中的运动，具有统一的流场，运动方向基本一致。另一类为地下水沿着大裂隙和管道的运动，不具有统一的流场和一致的运动方向。这两种运动分别描述了孔隙水和裂隙岩溶水的特点。其中第一类孔隙水的运动是在污染场地调查与修复中碰到较多也是地下水动力学中研究较为成熟的部分，因此下面简要介绍地下水在岩石孔隙中的运动规律。

1. 渗流的基本概念

地下水在岩石空隙中的运动称为渗透。由于岩石的空隙形状、大小和连通程度的变化，因而地下水在这些空隙中的运动是十分复杂的，要掌握地下水在每个实际空隙通道中水流运动的特征是不可能的，同时也无必要。于是，人们用一种假想的水流去代替岩石空隙中运动的真实水流的方法来研究水在岩石空隙中的运动。这种假想的水流，一是认为它是连续地充满整个岩石空间（包括空隙空间和岩石骨架占据的空间）；二是不考虑实际流动途径的迂回曲折，只考虑地下水的流向，这种假想的水流称为渗流。为了使渗流符合渗透的真实情况，它必须满足下面的条件：

（1）渗流通过任一过水断面的流量等于通过该断面的实际渗透流量。

（2）渗流在任一过水断面的水头等于实际渗透水流在同一断面的水头。

（3）渗流在运动中所受到的阻力等于实际渗透水流所受的阻力。

发生渗流的区域称为渗流区或渗流场。渗透速度 V，渗流量 q，水头 h 等这些描述渗流场特征的物理量，称为渗流的运动要素。

由于岩石的空隙在一般情况下都很细小，且空隙通道又迂回曲折，因而地下水在其中流动过程中受到的阻力很大，所以地下水流动速度远比地表水流动的速度缓慢。

地下水在岩石空隙中渗透时，有两种流态即层流和紊流。水流质点有秩序地、互不混杂的流动，称为层流。地下水在岩石狭小空隙中流动时，重力水受介质的吸引力较大，水的质点排列较有秩序，故作层流运动。水流质点无秩序地、互相混杂的流动，称为紊流运动。作紊流运动时，水流所受阻力比层流状态大，消耗的能量较多。地下水在宽大的空隙岩石中流动时，水的流速较大，容易呈紊流运动。

水在渗流场内运动，各个运动要素不随时间改变时，称为稳定流。运动要素随时间变化的水流运动，称为非稳定流。严格地讲，地下水运动都属于非稳定流；但是为了便于分析计算，可以将某些运动要素变化微小的渗流，近似地看作稳定流。

地下水运动的空间变化类型有一维流、平面流和空间流。渗流场中任意点的速度变化只与空间坐标的一个方向有关时称为一维流或线状流。渗流场中任意点的速度变化与空间坐标的两个方向有关时称为平面运动或二维流运动。渗流场中任意点的速度变化与空间坐标的三个方向有关时称为空间流或三维流运动。

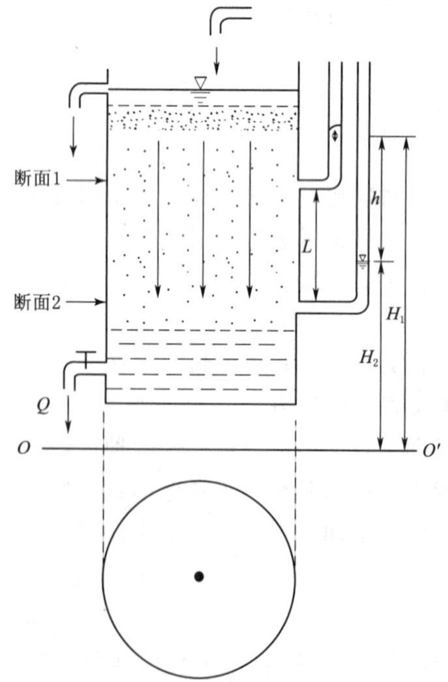

图 3-5　达西试验示意图

2. 渗透的基本定律——达西定律

线性渗透定律反映了地下水作层流运动时的基本规律，是法国水力学家达西，1852—1855年，在实验室中对水在砂中的渗透进行大量实验后建立的，所以称为达西定律。实验是在装有砂的圆筒中进行的（图 3-5）。水由筒的上端加入，流经砂柱，由下端流出。上端用溢水口控制水位，使实验过程中水头始终保持不变。在筒的一侧上端、下端各设一根测压管，分别测定上、下两个过水断面的水头。另一侧下端出口处设出水开关以测定流量。

根据实验结果，得到下列关系式：

$$Q=K\omega\frac{h}{L}=K\omega I \tag{3-1}$$

式中 Q——渗透流量（出口处流量，即为通过砂柱各断面的流量），m^3/d；

ω——过水断面（实验中相当于砂柱横断面积），m^2；

h——水头损失（$h=H_1-H_2$，即上、下游过水断面的水头差），m；

L——透途径（上、下游过水断面间的距离），m；

I——水力坡（梯）度（相当于 h/L，即水头差除以渗透途径的长度），无量纲；

K——渗透系数。

式（3-1）即达西公式。

从水力学已知，通过某一过水断面的流量 Q 等于流速 V 与过水断面面积 ω 的乘积，即

$$Q=\omega V \tag{3-2}$$

因此有 $V=Q/\omega$。据此及式（3-1），达西定律也可用另一种形式表达为

$$V=KI \tag{3-3}$$

式中 V——渗透流速；

其余各项符号意义同前。

它说明渗流速度等于渗透系数与水力坡度的乘积。V 与 I 的一次方成正比，故称达西公式为线性渗透定律。

3. 地下水的流网

渗流场内的水头及流向是空间的连续函数，因此可作出一系列水头值不同的等水头线（面）和一系列流线（面），由一系列等水头线（面）与流线（面）所组成的网格称为流网。

在各向同性介质中，地下水必定沿着水头变化最大的方向即垂直于等水头线的方向运动，因此，流线与等水头线构成正交网格。显然，此时的等水头面与过水断面是一致的。

为了讨论上的方便，在此仅限于分析各向同性介质中的稳定流网。

渗流场内的流网分布，形象地刻画了渗流的特征，同时也反映着形成此种渗流特征的水文地质背景。因此，正确地绘制渗流区的流网对分析该地区的水文地质条件、了解地下水运动规律、进行水文地质计算都具有重要意义。

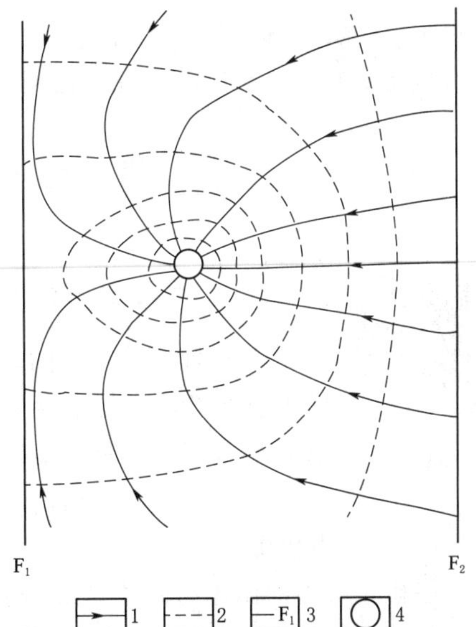

图 3-6 断层附近各向同性岩层中的流网
1—流线；2—等水头线；3—断层及其编号；4—抽水井

平面上的流网一般能清楚地说明渗流边界的性质和特点。如图 3-6 所示，表示在各向同性的带状含水层中进行抽水试验时所形成的平面流网。含水层两侧分布有 F_1 与 F_2 断层，断层能否构成水文地质边界及边界的性质，往往开始并不清楚，

但通过流网图并加以分析，问题就很容易解决。图中 F_1 断层垂直于等水头线而与流线平行，说明该断层起隔水边界作用。F_2 断层情况相反，它与等水头线平行而与流线垂直，说明断层本身是一条补给边界。自然界中一些导水性良好的断层，若与区域强含水层发生联系，或与地表水体连通，往往都可以构成补给边界。

如果流网图的线间距是按等量绘制的，即相邻两根等水头线的水头差相等，相邻两根流线之间的流量相等，则根据流网图上等水头线的疏密变化，可以判断含水层厚度或岩层透水性的变化，也可判断渗流场内不同部位渗流强度的差异。如图 3－7 所示，含水层向河流方向流线密度逐渐加大，反映了渗流强度逐渐加强。

在潜水的流网剖面图上，可以根据水头线（浸润曲线——潜水面与剖面的交线）与流网的关系来判断潜水的补给条件。如图 3－7 所示，浸润曲线为一流线，说明有稳定的侧向补给，而无入渗补给。如图 3－8 所示，浸润曲线既非流线，亦非等水头线，这反映潜水有来自地面的入渗补给。

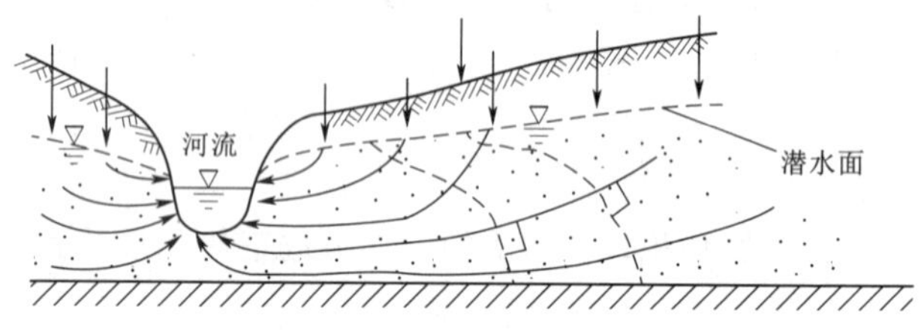

图 3－7 有入渗的潜水流网剖面图

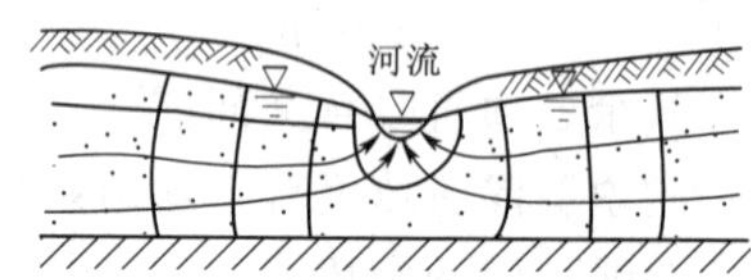

图 3－8 无入渗补绘的潜水流网剖面

总之，对地下水的定性或定量研究往往都是以流网分析为基础的。在实际问题中诸如供水与排水的设计和预测、水化学找矿、水污染研究以及在水工建筑中坝下渗漏量及坝身浮托力计算等方面，流网被广泛应用。在绘制流网图时，应有一定数量的观测孔水位和地表水水位的实测资料作为依据。同时又必须充分分析水文地质条件，只有两者很好结合，才有可能绘制出合乎实际情况的流网。

第二节 污染物在场地中的迁移转化

3－3
污染物在场地环境中的迁移

一、场地中污染物的转化与衰减

污染物在场地中的转化是包含了物理、化学和生物作用的复杂过程。转化作用发生常伴随着污染物毒性或迁移性能的升高或降低，或使其从一种污染物转变成另一种污染物。常见的污染物转化过程包括吸附作用、挥发作用、化学反应和生物作用，这些作用过程又存在相互联系、相互制约的关系。

（一）吸附作用

多孔介质中的流体与固体骨架相接触时，流体中某一组分或多个组分进入固相产生蓄积，这种现象称为吸附。反之，当固相中蓄积的组分重新进入流体，这种现象则被称为解吸。吸附过程涉及了物理吸附、化学吸附和离子交换吸附等多个作用过程，这些吸附作用的定义如下：

物理吸附：土壤胶体颗粒巨大的表面能产生的分子间作用力（即范德华力），把某些分子态的物质吸附在自己的表面。

化学吸附：土壤颗粒表面的物质与污染物之间发生了电子转移，生成了化学键，使得污染物附着于土壤颗粒表面。

离子交换吸附：胶体表面所带的电荷对相反电荷的离子产生吸附，胶体每吸附一部分相反电荷离子，同时也要向溶液中释放出等量的相反电荷离子。

实际上，这些吸附过程通常伴随发生、相互影响且在现象上难以区分。因此，在实际工作中更多考虑的是污染物在固体和流体之间分布的结果。

1. 等温吸附平衡

在实验室中，吸附作用是采用测定特定土壤、沉积物或岩石能够吸附多少溶质来确定的。固体吸附溶质的能力是溶液中溶质浓度的函数，实验研究的结果可以用溶质浓度与固体所吸附的溶质的量的关系曲线即等温线来描述。当吸附过程比溶液流速明显快时，溶质将与吸附相达到平衡状态，这一过程称为等温吸附平衡。常见的吸附等温线有三类，即Henry 型、Freundlich 型和 Langmuir 型。

（1）Henry 型等温线。

方程为

$$G=kc \tag{3-4}$$

式中 G——单位固体表面吸附的溶质质量，mg/kg；

c——溶液中溶质的平衡浓度，mg/L；

k——分配系数。

Henry 型等温线为线性吸附等温线，其模型简单易于求解，但却存在两个重要缺陷。首先该模型没有限制固体所能吸附溶质的量，这显然与实际情况不符；另外，仅根据少数的几个数据点判断原为曲线的吸附等温线为直线，进而对其进行吸附量的外推极易导致结论错误。

（2）Freundlich 型等温线。

方程为

$$G=kc^n \tag{3-5}$$

若两侧取对数则有

$$\lg G=\lg k+n\lg c$$

式中 n——常数，它决定了吸附等温线的形状，若 $n=1$ 时，Freundlich 型等温线退化成了线性吸附等温线。

Freundlich 型吸附等温线在土壤对各种金属和有机化合物的吸附研究上有广泛的应用，但其也面临着与 Henry 型等温线相同的问题，即该模型无法得出吸附容量的上限。

（3）Langmuir 型等温线。

方程为

$$G=G^0c/(A+c) \tag{3-6}$$

若两侧取倒数则有

$$1/G=1/G^0+(A/G^0)(1/c)$$

式中　G^0——单位固体表面上的最大吸附量，mg/kg；

　　A——常数，为吸附量达到 $G^0/2$ 时溶液的平衡浓度。

Langmuir 型等温吸附模型是建立在固体表面吸附位点有限这一概念上的，其假设了固体表面存在固定数量的可吸附点位，各吸附点的吸附能相同且与其在吸附质表面的覆盖程度无关。

等温吸附曲线在一定程度上反映了吸附剂与吸附溶质的特征，不同的等温线模型的选用与其所用的溶质浓度区段有关。一般来说，当溶质浓度较低时，初始区段中易呈现出 Henry 型等温吸附；当浓度较高时，可能会出现 Freundlich 型等温吸附，而 Langmuir 型等温吸附则更适用于对整个吸附过程的描述。

2. 有机物分配平衡

有机污染物在土壤和地下水中发生吸附作用与土壤颗粒中的有机物含量密切相关，大量的研究表明，当土壤有机质含量为 0.5%～40%时，其分配系数与有机质的含量成正比，并由此提出了非离子性有机化合物在土壤和水体之间的分配理论。该理论提出了非离子性有机化合物可通过溶解作用分配到土壤有机质中，并经过一定时间达到分配平衡，此时有机化合物在土壤有机质和水中含量的比值称为分配系数。

由于土壤或含水层矿物表面的有机化合物的溶质分配基本都发生在有机碳部分，因此分配系数随着土壤中有机碳含量的增加而增大，可以用以下公式表示：

$$K_d = K_{oc} f_{oc} \tag{3-7}$$

式中　K_{oc}——标化分配系数，即以有机碳为基础的分配系数；

　　f_{oc}——土壤有机碳含量。

当土壤有机碳上的溶质吸附量等于矿物质上的溶质吸附量时，该土壤存在一个临界的有机碳含量值 f_{oc}^*，当土壤有机碳含量低于该值时，有机分子将主要吸附于矿物表面。临界有机碳值主要和两个因素有关。一个是土壤颗粒的表面积（S_a），它与土壤质地有关；另一个是有机污染物自身的疏水性能，即化合物的辛醇-水分配系数（K_{ow}）。

$$f_{oc}^* = \frac{S_a}{200 K_{ow}^{0.84}} \tag{3-8}$$

辛醇一水分配系数（K_{ow}）是化合物疏水程度的重要指标，它与标化分配系数 K_{oc} 之间存在一定关系。由于 K_{oc} 不易测得或测量值不可靠，则可通过 K_{ow} 推算 K_{oc} 的值。常用的经验公式为 $K_{oc} = 0.63 K_{ow}$。

（二）化学反应

土壤和地下水是一个复杂的化学反应体系，其中包括着地球化学反应进程和生物化学反应进程，人类活动产生的污染物进入土壤和地下水系统，也会参与到环境系统的化学反应中，而地下水的水质就是一系列化学反应及综合作用的结果。

1. 化学反应类型

J. Rubin 将溶质迁移转化过程中发生的化学反应类型归为六类。首先大致可以分为两类（A 级）。一类是快速且可逆的反应，其反应速度“足够快”，比可能引起污染物浓度变化的其他任何反应的速率都要快。对于快速可逆反应而言，可以认为流体中的化学反应在局部均能迅速达到平衡。另一类化学反应为慢速或不可逆的反应，其反应速率不够快，不能达到局部的反应平衡状态。第二级（B级）化学反应分为均相反应和非均相反应，均相反应是指发生在单一固相、气相或液相中的化学反应。第三级（C级）非均相反应是指反应过程中涉及多相的化学反应，可以分为表面反应（如有机物疏水吸附和表面离子交换等）和经典化学反应（如沉淀和溶解等）。

根据以上分类方法，溶质迁移转化过程中发生的六种化学反应类型分别为：①均相快速可逆反应；②非均相快速可逆表面反应；③非均相快速可逆经典化学反应；④均相慢速反应或均相不可逆反应；⑤非均相慢速表面反应或非均相不可逆表面反应；⑥非均相慢速经典化学反应或非均相不可逆经典化学反应，如图 3-9 所示。

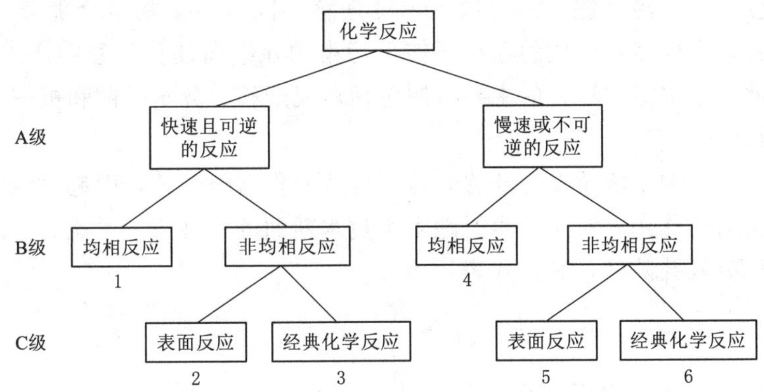

图 3-9 溶质转化过程中常见的化学反应类型

2. 化学平衡

如果溶液中的两种化合物 A、B 经过快速反应生成 C，而 C 能够分解成 A 和 B，那么这个反应是均相快速可逆反应，表示为

$$aA + bB \rightleftharpoons cC \tag{3-9}$$

式中 a、b 和 c——达到反应平衡时所需的各化合物的分子数。

当反应正向和反向的反应速率相同时，反应就达到了平衡。此时反应物和生成物的浓度 $[A]$、$[B]$ 和 $[C]$ 三者之间存在一定的关系：

$$K_{eq} = \frac{[C]^c}{[A]^a[B]^b} \tag{3-10}$$

K_{eq} 称为化学平衡常数，其值越大说明反应平衡时生成物所占的比例越大，反应的转化效率越高，因此，化学平衡常数的大小也可以用于衡量一个化学反应的限度。

（三）生物作用

污染物在场地中的生物作用包括生物降解、生物摄取和生物积累，其中生物降解作用对场地污染物的迁移转化过程具有重要的意义。生物降解是指通过生物的酶系统分解有机质的过程，一般指微生物对有机物的分解作用，它将复杂的有机物转化为简单的产物，例如烃类物质经过微生物分解转化为 CO_2 和 H_2O。

根据微生物在对有机物的降解过程中电子受体和供体的不同，将生物降解类型分为好氧生物降解和厌氧生物降解。1942 年，Monod 提出了细胞生长动力学，并建立了描述细胞的比生长速率与限制性底物浓度的关系的 Monod 方程。

在好氧生物降解过程中，场地中微生物对烃类污染物的去除、降解过程中氧的消耗以及含水层中微生物的生长可用修正的 Monod 方程求解。

在实际场地中，通常同时存在多种碳氢化合物，这些碳氢化合物都可以作为底物被微生物分解，并且当多种碳氢化合物同时存在时的分解量要大于每种碳氢化合物单独存在时的分解量。

3-4 污染物的迁移原理与模拟

二、地下水污染迁移过程

地下水污染物在多孔介质中的迁移存在多种因素的驱动，首先溶质的浓度差导致污染物会沿着浓度梯度迁移，同时污染物也会随着水流向下游迁移，另外多孔介质的存在还使得污染物在纵向迁移过程中产生横向的弥散。地下水中溶质迁移的主要机制包括对流迁移、分子扩散和机械弥散。

（一）对流迁移

地下水在运动中携带溶质发生迁移，这个过程叫作对流迁移，引起对流迁移的作用称为对流作用。对于垂直于地下水过水断面的一维流，水流的实际流速等于平均渗流速度除以有效孔隙度，其公式表达为

$$u_x=\frac{KJ}{n}=\frac{v}{n} \tag{3-11}$$

式中 u_x——实际流速，它不是指水分子沿单个流动路径运动的平均值，由于弯曲度的影响，这个平均值要大于平均渗流速度，m/d；

K——渗透系数，m/d；

J——水力梯度，无量纲；

v——平均渗流速度，m/d。

对于一维流质量通量 F_x 等于水流的实际流速乘以溶解固体的浓度（c），其公式为

$$F_x=u_x nc \tag{3-12}$$

对流迁移作用是污染物在地下水中迁移的重要驱动力。当地下水含水层具有较好的渗透性时，地下水流速较快，对流迁移作用就会更加显著，并起到主导的作用。因此，对于渗透性较好的地下水层，可以通过对流的情况估算污染物的迁移距离和扩散范围。

（二）分子扩散

分子扩散是指在浓度差或其他推动力的作用下，由分子、原子等的热运动引起的物质在空间的迁移现象，它最终将导致物质从高浓度区域向低浓度区域的迁移，这种以浓度差为推动力的扩散是自然界中最为普遍的扩散现象，也发生在地下水流体中。当地下水中存在着物质浓度的梯度，这种扩散现象就会发生，即使地下水是静止的。

德国科学家 A. E. Fick 于 1855 年提出了描述分子扩散规律的基本定律——Fick 定律，描述了单位截面积的扩散速度与该截面处的浓度梯度的正比关系。

$$J_A=-D_{AB}\frac{\Delta c_A}{\Delta x} \tag{3-13}$$

式中 J_A——扩散通量，即单位时间内通过垂直于扩散方向的单位截面积的扩散物质流量，$kg/(m^2 \cdot s)$；

D_{AB}——组分 A 在组分 B 中的分子扩散系数，指单位面积沿扩散方向传递的物质量，m^2/s；

Δc_A——扩散距离 W 上的浓度差，kg/m^3；

Δx——扩散距离，m。

组分在液体中的扩散系数为 $10^{-10} \sim 10^{-9}\ m^2/s$，当流体中存在多孔介质时，由于存在固体颗粒的阻隔，物质需要通过更长的扩散通道，其扩散系数显著小于纯液体中的扩散系数，这两个扩散系数的转换关系如下：

$$D^* = \tau D \tag{3-14}$$

式中 D^*——有效扩散系数，即多孔介质中的扩散系数；

τ——弯曲因子，无量纲，取值为。0～1，其值可以通过扩散试验确定。

（三）机械弥散

在纯流体条件下，流体依照某一平均速度流动，但当流体流过多孔介质时，由于孔隙、缝隙分布得不均匀，导致流体在多孔介质中流动的流速和方向都呈现非均一性。导致机械弥散的机制可以归结为以下三种：①当流体流经孔隙时，由于固体颗粒表面的摩擦作用，孔隙中心的流速会大于孔壁周边的流速；②由于孔隙大小的不同，孔隙对流体的阻力也不同，通道较大的孔隙其阻力较小，流速较大；③由于孔隙大小和形状的不一，流体在不同孔隙中的流动方向并不相同。

机械弥散有两个分量：纵向机械弥散和横向机械弥散。在沿着水流的方向上，污染物由于快速流的作用使得流体携带污染物迁移的距离比平均流速所得的距离更远，该作用称为纵向机械弥散。在垂直水流方向上，由于孔隙中水流方向各异，使得流体在平均水流方向上产生偏移，该作用称为横向机械弥散。弥散作用也可以用 Fick 定律来表示：

$$J_m = -D' \frac{\Delta c}{\Delta x} \tag{3-15}$$

$$D'_i = \alpha_i |u| \tag{3-16}$$

式中 J_m——机械弥散通量，$ML^{-2}T^{-1}$；

D'——机械弥散系数，$L^{-2}T^{-1}$；

α_i——i 方向上的动力弥散度，L，主要取决于多孔介质的均质性，介质的均质性越好则弥散度越小，反之则越大；

$|u|$ 为实际流速的绝对值，L/T。

（四）水动力弥散

在地下水流动过程中，地下水中污染物的分子扩散和机械弥散过程往往同时发生，且难以直观地分离。因此，在实际应用过程中常将两者联合起来考虑，并将分子扩散和机械弥散合称为水动力弥散，也称为对流一弥散。

$$D = D' + D^*$$

$$D_L = D'_L + D^* = \alpha_L |u| + D^*$$

$$D_T = D'_T + D^* = \alpha_T |u| + D^* \tag{3-17}$$

式中 D_L——纵向水动力弥散系数，L^2T^{-1}；

D_T——横向水动力弥散系数，L^2T^{-1}；

α_L——纵向弥散度，L；

α_T——横向弥散度，L。

污染物的水动力弥散同样可以用 Fick 定律表示：

$$F=-D\frac{\Delta c}{\Delta x} \tag{3-18}$$

式中 F——水动力弥散通量，$ML^{-2}T^{-1}$；

D——水动力弥散系数，$L^{-2}T^{-1}$。

三、场地中非水相液体的迁移

（一）多相流的基本概念

非水相液体（Non-Aqueous Phase Liquids，NAPLs）是指不能与水混溶的液态物质，可以是一种也可以是几种化学物质的混合物。由于不溶于水，非水相液体在土壤中的存在方式、运移特点、污染机制等与水溶性污染物有很大的不同，形成了多相流体系。如在地下水水面以下，水相与非水相液体可以同时存在，形成了两相流。在包气带中可能存在水、空气和非水相液体三相，即形成了三相流。在多相流体系中非水相液体的饱和度、毛管压力及相对渗透率会对其在地下水中的运移产生重要的影响。

1. 饱和度和毛管压力

饱和度 S 和毛管压力 P 是描述非水相流体在多孔介质中的持留特征的重要参数。流体填充体积占总孔隙空间的比例称为饱和度，饱和度的最大值为 1。在两相流系统中，首先与固体接触的液体将优先将固体表面湿润，称为湿润流体，而后进入系统的流体称为非湿润流体。在自然的土壤和地下水系统中，土壤颗粒通常为水所湿润，即使在较为干燥的土壤中，由于毛管压力，其中仍然含有毛管水，这些水尽管不能流动，但仍然能覆盖矿物颗粒，因此通常将水作为湿润流体，而后进入环境的非水相液体污染物作为非湿润流体。当两种不相混流体在多孔介质中接触时，由于界面张力和湿润性的作用，使得在分界面上两侧流体的压力是不相等的，其接触面会发生弯曲，湿润相的压力减去非湿润相的压力就称为毛管压力，其值在包气带为负值。

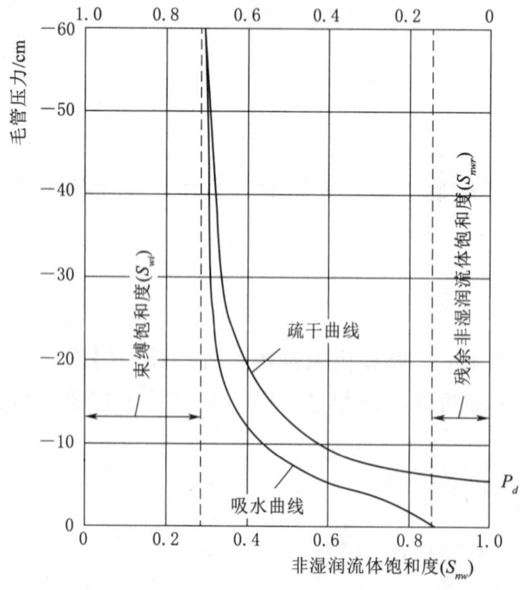

图 3-10 两相流毛管压力-湿润流体饱和曲线

对于给定的多孔介质，典型的毛管压力和饱和度之间的关系曲线如图 3-10 所示。

当多孔介质开始由湿润流体浸润，此时 S_w 为 1.0，毛管压力为 P_d，称为阈值，也叫取代值。当非湿润流体缓慢替代湿润流体，随着 S_w 的下降和非湿润流体饱和度 S_{nw} 的上升，毛管压力会越来越负，当毛管压力继续减小到一定程度，将会没有湿润流体可以被非湿润流体取代，这时湿润流体的饱和值为束缚饱和度 S_{wi}，该曲线为疏干曲线。当注入湿润液体取代非湿润液体时，S_w 变大而 S_{nw} 减小，毛管压力不断变大，当毛管压力为 0 时，仍然残余有部分非湿润流体，此时非湿润流体的饱和值为 S_{nwr}，该曲线为吸水曲线。这种疏干曲线和吸水曲线不重合的现象称为滞后现象。

2. 相对渗透率

绝对渗透率是指多孔介质 100%被一种流体所饱和时测得的渗透率，它是多孔介质本身的一种属性，与流体的性质无关。有效渗透率是指在多相流体的条件下，多孔介质中某一相流体的通过能力大小。

$$K=\frac{Q\mu L}{A\Delta P}\times 10^{-1} \tag{3-19}$$

式中 K——渗透率或有效渗透率，L^2；

Q——渗流体积或某一相的渗流体积，L^3；

μ——动力黏滞系数，kPa·s；

L——渗透途径，L；

A——渗流截面积，L^2；

ΔP——压力差，Pa。

而相对渗透率是指在给定饱和度的情况下，某一相流体的有效渗透率与多孔介质中总的固有渗透率之比。当两种不能相溶的液体同时流动时，两种流体将充满并分配有效的孔隙空间。由于两种流体存在对孔隙空间的竞争，所以每种流体可获得的总有效孔隙截面积要小于固有的总孔隙面积。

$$K_{r0}=K_0/K$$
$$K_{rw}=K_w/K \tag{3-20}$$

式中 K——固有渗透率，L^2；

K_0 和 K_w——油相和水相液体的有效渗透率，L^2；

K_{r0} 和 K_{rw}——油相和水相液体的相对渗透率。

湿润流体和非湿润流体均存在相对渗透率，它与流体饱和度之间的关系如图 3-11 所示。当多孔介质中湿润流体的饱和度小于束缚饱和度，则水将不会流动，直到束缚饱和度被超越。当多孔介质中非湿润流体的饱和度小于残余饱和度，水能够自由流动，而油将不能作为独立的相进行流动。

对于两相流的稳定饱和体系，其达西定律可以表示为

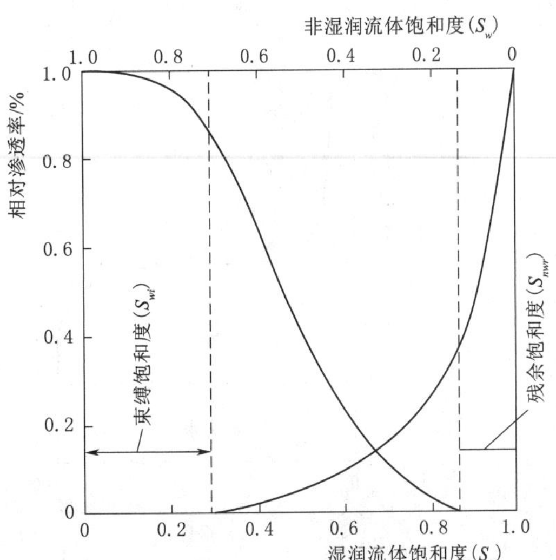

图 3-11 两相系统典型相对渗透率曲线

$$Q_w = \frac{-K_{rw} K \rho_w}{\mu_w} A \frac{\Delta H_w}{L} \tag{3-21}$$

$$Q_{nw} = \frac{-K_{rnw} K \rho_{nw}}{\mu_{nw}} A \frac{\Delta H_w}{L} \tag{3-22}$$

式中 Q_w 和 Q_{nw}——湿润和非湿润液体的渗流体积，L^3；

ρ_w 和 ρ_{nw}——湿润和非湿润液体的密度，kg/L；

μ_w 和 μ_{nw}——湿润和非湿润液体的动力黏滞系数，kPa·s。

（二）轻质非水相液体（LNAPLs）的迁移

轻质非水相液体（Light Non-Aqueous Phase Liquids，LNAPLs）是指相对密度小于1的非水相液体，常见的包括汽油和柴油等。当LNAPLs渗漏在地表时，在重力和毛细管力的共同作用下，它会做垂直的迁移运动。当LNAPLs的量大于其在土壤中的残余饱和度时，由于LNAPLs的密度比水小，它将下迁移至毛细水带的顶部，而一部分LNAPLs将残留在包气带中，其迁移过程如图3-12所示。

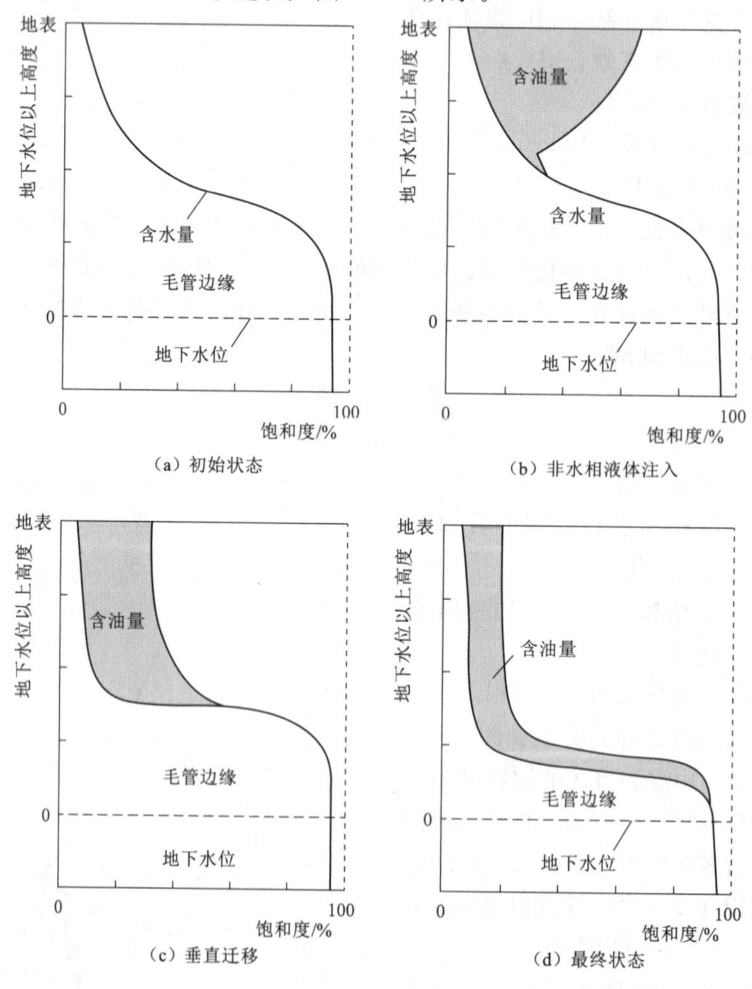

图3-12 LNAPLs注入后含油量和含水量分布随时间的变化

当 LNAPLs 向下运动到达毛细水带，LNAPLs 会逐渐在毛细水带积聚。在开始阶段，LNAPLs 受张力作用，主要积聚于毛细水带的上方，当积聚的量越来越多时，由于重力的作用使得 LNAPLs 的表面开始展开，并不断压缩毛细水带的空间，导致毛细水带越来越窄。最后毛细水带将整体消失，LNAPLs 将直接漂浮于潜水面上，而 LNAPLs 层较厚部分甚至能将潜水面压得凹陷，如图 3-13 所示。

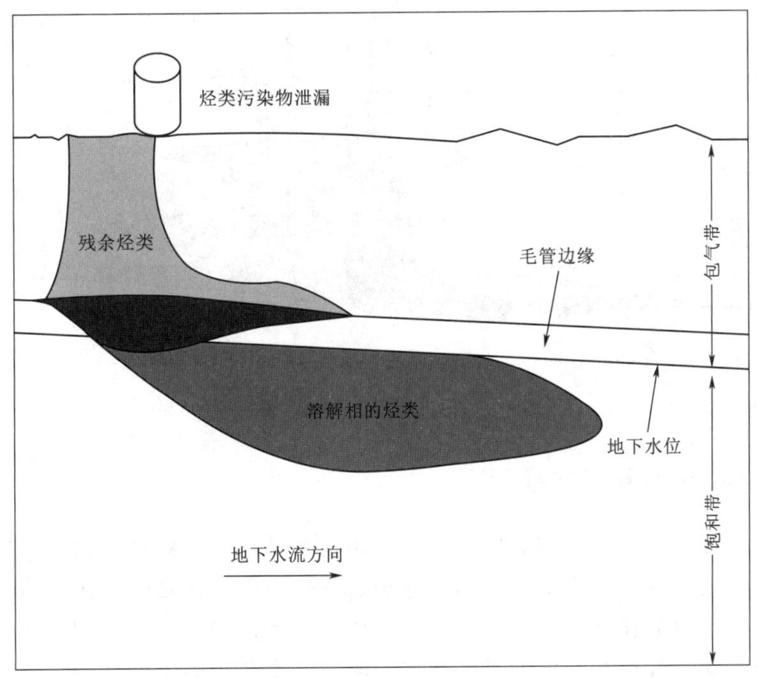

图 3-13　LNAPLs 在地下的分布

(三) 重质非水相液体 (DNAPLs) 的迁移

重质非水相液体（Dense Non-Aqueous Phase Liquids，DNAPLs）是指相对密度大于 1 的非水相液体，常见的包括氯代烃、氯代芳香化合物、煤焦油等。当 DNAPLs 渗漏到地表时，它会在重力的作用下向下迁移。当 DNAPLs 的量大于其在土壤中的残余饱和度时，由于 DNAPLs 的密度比水大，其会迅速地穿过土壤孔隙，并取代包气带中原有的水和空气。由于常见的 DNAPLs 密度大于水且黏度小于水，其在包气带中的渗透率要比水大。

如果 DNAPLs 的量足够多，它可以克服毛细管压力在饱和带中继续向下移直到弱透水层。由于弱透水层的孔隙很小，使得 DNAPLs 无法克服该层孔隙水的毛细管压力继续向下迁移，而在该层的顶部形成积聚。在弱透水层顶部的 DNAPLs 积聚区中仅存在束缚水，因此仅有 DNAPLs 可以移动。即使潜水层的水力梯度为零，DNAPLs 也可以沿着弱透水层的斜坡方向侧向流动，最终 DNAPLs 会在弱透水层表面低的地方积聚。在该积聚区的上方存在含水量超过束缚饱和度的层，该层存在可移动的 DNAPLs 和水，而从该层的上方直到潜水面，由于孔隙中 DNAPLs 的含量小于残余饱和度，其中只存在可移动的水，如图 3-14 所示。

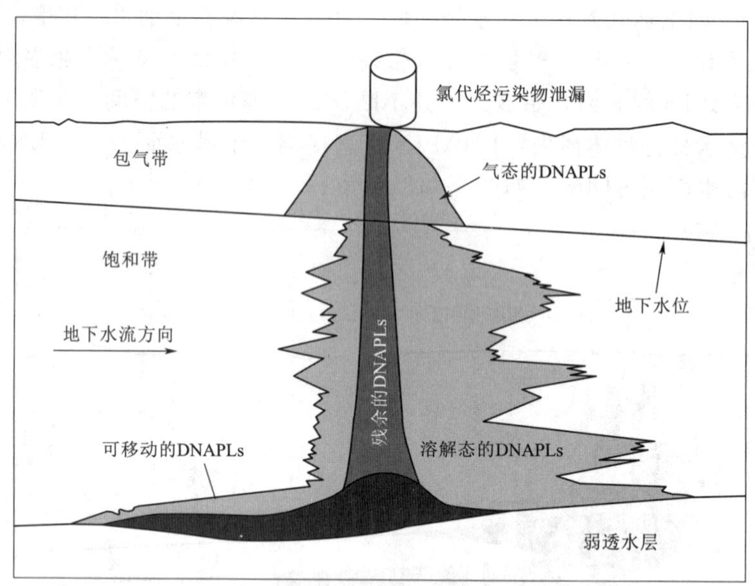

图 3－14　DNAPLs 在地下的分布

四、污染物迁移原理与模拟

（1）机械迁移大气对污染物的机械迁移作用主要是通过污染物的自由扩散和气体对流的搬运携带作用而实现，主要受到地形、地貌、气候条件、污染物的排放量和排放高度等影响。污染物在水中的迁移主要是污染物的自由扩散和水流的搬运作用。水对污染物的机械迁移作用受水文、气候和污染物排放浓度、距离污染源等因素的影响。重力迁移作用也是污染物迁移的一种重要迁移方式。

（2）物理-化学迁移污染物进入土壤与地下水后的传质迁移过程主要为一系列物理过程，大致可分为气固传质过程、液固传质过程、气液传质过程、液液传质过程。土壤颗粒表面的巨大表面能导致气相或液相中的污染物与土壤介质间发生吸附与解吸作用。液液两相间的传质迁移主要为挥发与溶解、溶解-沉淀、氧化-还原、水解、配合和螯合、吸附-解吸、化学分解、光化学反应、生物化学分解等作用。配合与氧化还原作用是地下水-岩系统中复杂而重要的化学作用。物理-化学迁移是污染物迁移最重要的形式，决定了污染物在环境中的存在形式、富集状况和潜在的危害程度。

（3）生物性迁移是指通过生物体的吸收、代谢、生长、死亡等过程而实现的迁移。某些生物体对污染物具有选择吸收和累积作用或降解能力。生物体可通过食物链的传递而发生富集现象，发生明显的放大积累效果。

（4）挥发污染物在环境介质中通过对流扩散、机械弥散和分子扩散等作用呈现由排放点扩散成的带状称为污染羽。蒸气压是有机溶剂在气体中的溶解度，污染物的气液两相分率由亨利定律确定：

$$P_g = HC_t \tag{3-23}$$

式中　P_g——气相分压；

H——亨利常数；

C_t——污染物的液相浓度。

当地下存在 NAPL 相时，污染物很少为单一化合物，需要利用拉乌尔定律来确定多组分 NAPL 相污染物的气相浓度。

（5）溶解 NAPL 在饱和带进入水相的溶解传质过程可采用推动力的一级表达式作为总传质动力学方程：

$$I_{nw}=\phi S_w \lambda_{nw}(C_w-C_{we}) \tag{3-24}$$

式中 I_{nw}——NAPL 进入水中的溶解速率；

ϕ——土壤总孔隙率；

S_w——水饱和度；

λ_{nw}——NAPL 的溶解速率常数，可通过现场实验数据由实验回归获得；

C_w——水中 NAPL 浓度；

C_{we}——水中 NAPL 平衡浓度或饱和浓度。

吸附与解吸多孔介质的表面积和表面性质是决定吸附容量的主要因素。固体对溶质的亲和吸附作用主要通过静电引力、范德华力和化学键力的作用。吸附作用包括机械过滤作用、物理吸附作用、化学吸附作用、离子交换吸附作用等。

土壤中阳离子交换能力大小顺序为：

$Fe^{3+}>Al^{3+}>H^{+}>Ba^{2+}>Sr^{2+}>Ca^{2+}>Mg^{2+}>Cr^{3+}>Rb^{+}>NH_4^{+}>K^{+}>Na^{+}>Li^{+}$。

阳离子交换反应表示为

$$aA+bB_x \longleftrightarrow aA_x+bB$$

$$K_{A-B}=\frac{[A_x]^a[B]^b}{[A]^a[B_x]^b} \tag{3-25}$$

式中 K_{A-B}——阳离子交换平衡常数；

A、B——水中的离子；

A_x、B_x——吸附在固体表面的离子；

[ ]——活度。

对阴离子起吸附作用的是带正电荷的胶体。岩土颗粒表面多带负电荷，阴离子吸附比阳离子吸附弱很多。PO_4^{3-} 易被高岭土吸附，硅质胶体易吸附 PO_4^{3-}、AsO_4^{3-}，不吸附 SO_4^{2-}、Cl^-、NO_3^-。随着土壤中 Fe_2O_3、$Fe(OH)_3$ 等铁的氧化物与氢氧化物的增加，SO_4^{2-}、Cl^-、F^- 的吸附增加。阴离子吸附大小顺序为

$F^->PO_4^{3-}>HPO_4^{2-}>HCO_3^{2-}>H_2BO_3^->SO_4^{2-}>Cl^->NO_3^-$。

有机物分配系数 K_d 随着固相吸附剂中有机碳含量增加而增大：

$$K_d=K_{oc}f_{oc} \tag{3-26}$$

式中 K_d——有机物分配系数；

K_{oc}——有机物在水和纯有机碳间的分配系数；

f_{oc}——介质中有机碳的含量，为单位质量多孔介质中有机碳的含量。

在饱和水介质中，有机碳的吸附主要发生在小颗粒上。在包气带中，有机碳的含量从

地表向下逐渐降低，表层土壤中有机碳的含量最高。假设介质中有机质含量为 f_{om}，则 $f_{oc}=f_{om}/1.724$；如果土壤中的含氮量为 f_N，则 $f_{oc}=11f_n$；有机物的值通常由该有机物在疏水溶剂辛醇和水之间的分配系数来推算：

$$K_{oc}=aK_{ow}^b \text{ 或 } \lg K_{oc}=b\lg K_{ow}+\lg a \tag{3-27}$$

式中 K_{ow}——有机物在辛醇和水之间的分配系数，为有机物在辛醇中的浓度与在水中的浓度之比；

a，b——实验常数。

对于多种有机物，K_{oc} 是有机物在水中的溶解度的函数：

$$K_{oc}=\alpha S_w^\beta \text{ 或 } \lg K_{oc}=\beta p\lg S_w+\lg\alpha \tag{3-28}$$

式中 S_w——溶解度；

α、β——实验常数。

（6）平衡吸附液相浓度与固相浓度的数学表达式称为吸附模式，其相应的图式表达为吸附等温线。在土壤与地下水研究中常用线性 Henry、非线性 Freundlich、Langmuir 和 Temkin 吸附模式。

（7）非平衡吸附（动态吸附模式）假设吸附速率与液相污染物的浓度成正比，污染物一旦被吸附则不再发生解吸，吸附是不可逆的。

（8）化学反应地下水系统可视为一个化学处理系统，地下水水质变化是由于地下水在流动过程中经受地球化学和生物化学反应引起的，即任意一点的水质是水沿流动途径运动至该点前所经历的一系列化学反应及综合作用的结果。典型的反应过程分别为单相反应（化学平衡反应和动态化学反应）、多组分快速反应。

（9）生物作用生物作用包括生物降解、生物积累、植物摄取。

第三节 重金属污染物的环境行为

一、铬

铬（Cr）是一种被广泛应用于冶金、电镀、制革、油漆等生产行业的金属元素，这些行业排放的废物中往往夹杂含铬物质。这些含馅物质若得不到妥当处置就很有可能导致环境污染。

铬的环境毒性与其价态有直接关系，常见的 Cr(Ⅲ）对大部分生物几乎没有毒性，也是哺乳动物需要的一类微量元素；Cr(Ⅵ）物质的生物毒性很高，低剂量时对水生物有致死作用，人体吸收后有较高的致癌风险和其他健康损害风险。研究表明，Cr(Ⅵ）在生物系统内部的还原过程会导致 DNA 损伤和其他一些毒性效应。

自然界中，铬赋存的主要价态是三价和六价，其中，Cr(Ⅲ）多存在矿石中，性质较为稳定；自然界中的 Cr(Ⅵ）则主要来自人工合成。相比 Cr(Ⅲ)，Cr(Ⅵ）溶解性较强，因而更容易迁移进入土壤和地下水环境。Cr(Ⅲ）溶解性差，易发生沉淀，迁移性较弱。现有研究表明，土壤中铬的价态和迁移性受 pH 值、有机质、矿物质等因素影响，如低 pH 环境下可促进 Cr(Ⅵ）向更稳定、毒性更低的 Cr(Ⅲ）转化；土壤中的有机质被氧化时会还原 Cr(Ⅵ)，使之转化为 Cr(Ⅲ)；含 Fe 矿物的还原特性可促进 Cr(Ⅵ) 发生还原，高岭石、蒙脱石对 Cr(Ⅵ) 有较好的吸附性。

由于铬在环境中的形态常常发生互相转化，植物对其的吸收和转运主要决定于其形态、浓度和植物的器官和类别。有些植物，比如小麦和菜豆对 Cr(Ⅲ) 和 Cr(Ⅵ) 的吸收差异较小，大麦幼苗通过木质部转运 Cr(Ⅵ) 的能力明显强于 Cr(Ⅲ)。

二、铜

土壤中的铜（Cu）含量与诸多因素有关，不同类型的土质铜的差异也较大。除天然来源以外，土壤中的铜还来自采矿行业、工业“三废”（废气、废水、废渣）以及波尔多液和部分地区土地使用污泥堆肥等。铜是动植物生产的重要微量元素，也是具有一定毒性的重金属，当铜的含量超过一定限值导致污染发生时，它就有可能进入食物链危害到人体健康。同时，铜污染物会对土壤中的微生物生态系统造成影响，纳米级别的氧化铜细颗粒也会对植物的 DNA（脱氧核糖核酸）造成损害。

按照 Tessier 经典的五步提取法，土壤中的铜可分为可交换态、有机结合态、铁锰氧化态、碳酸盐结合态和矿物残留态五种形态。自然土壤中铜的主要形态一般为残留态，可占到全铜的 20%以上，其次为碳酸盐结合态、有机结合态和铁锰氧化态三种形态的铜，占比一般为 10%～30%，相比之下自然环境下的可交换态铜含量一般低于 1%。但是，当土壤环境受到外来活动干扰时，土壤中的铜形态会发生变化，例如磷肥的使用可促进铜向可交换态转化。此外，铜的化学形态还受到土壤 pH 值、有机质、含水率等多个因素的影响。

实验室研究表明，铜在进入土壤环境时，首先会被表层土壤的黏土矿物持留在土壤表层环境发生积累，进而在垂直方向发生迁移。在包气带环境中，铜的迁移速度会随着土壤深度的增加而变慢，并且其迁移行为还受到土壤中有机质的吸附影响。最新的研究还表明，在实际土壤环境中，铜的迁移行为还受到酸雨淋溶、土壤腐殖质分解和土壤残留四环素等因素影响。

三、铅

环境中的铅（Pb）分为自然来源和人工来源，其中自然来源包括方铅矿、白铅矿、硫酸铅矿和绿铅矿等。铅的人工来源主要为人类的矿石开采、熔炼、铅酸蓄电池制造、油漆生产等多个行业。

元素铅属于“五毒”元素（汞、镉、铅、铬、砷）之一，其蒸气或粉尘可通过呼吸途径进入人体内，后随吞噬细胞带入血液；也可经消化道吸收，进入血液循环系统导致人体中毒。急性铅中毒可导致疝痛、贫血、神经系统等疾病，对人体机能的损害表现为多器官性、多样性。含铅土壤不仅会影响到人体健康，也会影响土壤微生物的酶活性，并威胁到地表水和地下水质量。

土壤中铅的形态主要有吸附态、矿物态、有机络合态和水溶态，其中土壤中的铅绝大部分以氢氧化铅、碳酸铅和磷酸铅等溶解度较小的盐类和有机络合态存在，因此铅在土壤中的迁移能力较弱。

铅进入土壤环境后，绝大部分都会停留在表层土壤，较易被包气带的介质吸附，逐渐发生长期性的积累。随着时间的推移，铅会缓慢向土壤深处迁移。铅在土壤中的积累、迁移和转化受土壤中的微生物、物理作用和化学反应等因素影响，特别是土壤的液固界面的铅环境行为受制于土壤固相组分对铅离子的吸附-解析特性，而这一特性与土壤环境中的有机质含量、矿物质类别、pH 值、温度及竞争性离子等因素有关。此外，铅在土壤中的化学形态也是铅迁移的控制因素之一，研究表明，水溶态和离子交换态的铅有较强的迁移性，而残渣态的铅迁移性极弱。

四、镍

镍（Ni）的使用和排放涉及燃煤、石化、合金制造、电池生产、电镀及采矿等多个行业。研究表明，一些含镍元素（含量为 16.8～50.4mg/kg）的土壤改良剂和肥料的长期使用也是土壤中镍的一个重要来源。

学术界对于镍的植物性毒性研究已有较长的时间。镍对植物的毒性症状包括萎黄病、根系发育不良，甚至会造成部分种类植物根系出现棕色的情况。毒性高低与镍含量之间的关系比较复杂，例如早稻内镍含量达到 8mg/kg 时即出现中毒症状，但是当早稻内的镍浓度达到 90mg/kg，谷粒产率仍未出现明显变化。

液相中低浓度的镍可以被土壤固相界面快速吸附。吸附过程的主导因素有 pH 值、含水氧化物和有机物等，另外也受液相中镍的浓度、环境温度等因素影响。

镍在土壤环境中较为稳定，但不代表完全不发生迁移。同样，镍的迁移行为也受到镍的环境形态、包气带地下水流动、土壤 pH 值、黏土含量、有机物含量以及土壤能与镍形成可溶性配位体能力强弱等诸多因素相关。Davis 等人研究发现，砂质土壤中几种金属的迁移能力强弱顺序如下：Cu＞Zn＞Mo＞Cd＞Ni＞Pb＝Cr，石灰质土壤中的迁移能力强弱顺序则为：Cu＞Mo＞Cd＝Pb＞Cr＝Ni＝Zn。

镍在土壤中的形态和活泼性与植物对其吸附和转运能力息息相关。植物吸附的镍主要是溶解态的 Ni^{2+}，在植物根系区域，Ni^{2+} 会从配合物中分离以转化成更易被植物所吸收的形态。Ni^{2+} 被植物吸收的过程与 Zn^{2+}、Mn^{2+} 等大多数二价金属相似。

五、汞

汞（Hg）是自然状态下唯一呈现液态的金属，具有较高的蒸气压，对环境和人体有较大的危害，因而被各国和联合国环境规划署（UNEP）、世界卫生组织（WHO）和联合国粮食及农业组织（FAO）列为优先控制的环境污染物。土壤中汞的主要来源有天然释放和人为活动污染（人为活动污染又分为工业污染和农业污染两个方面）。其中，工业污染是指含汞的“三废”排放进入土壤环境，而农业污染指的是含有机汞农药的使用。汞及其化合物的毒性会因吸入、食入方式的不同或量的不同而不同。对人体的损害以慢性神经毒性居多，急性中毒为少数。二甲基汞［$(CH_3)_2Hg$］是毒性较大的一类有机汞化合物，皮肤接触仅几微升二甲基汞就可以使人致死。著名的日本水俣病即甲基汞中毒，是一类对人体危害极为严重的汞中毒病症。

汞在自然界中有多种赋存形态，土壤中的汞在价态上可分为 0、＋1、＋2 三种，并在一定的 pH 值和氧化还原条件下，能以单质形态存在于土壤中（单质汞占比一般低于 1%）。汞进入土壤环境后，其形态会在土壤固相体系内重新分配，可分为金属汞、无机化合态汞和有机化合态汞三类。生物体对不同形态的汞的可利用性和生物毒性差异也较大：单质汞不仅可以被植物叶片吸收，也能被植物的根系直接利用；甲基汞的生物毒性大，容易被植物吸收并在食物链中逐级累积富集，最终对人和动物造成健康危害；无机化合态汞中的硫化汞（HgS）则难以被植物吸收。

从影响因素考察，pH 值是对汞有效性影响最显著的因素，它不仅影响到汞在土壤中的形态，也影响到土壤颗粒表面交换性能。当土壤呈酸性时，土壤对的吸附量较高，当土壤 pH 值超过 5，则 Hg^{2+} 的吸附量会明显降低。只有在较高 pH 值条件下，pH 值因素对 Hg^{2+} 的迁移行为影响弱化，水溶性有机质（Dissolved Organic Matter，DOM）的影响作用相对增强。

除 pH 值因素之外，DOM 作为汞在土壤中迁移的重要配位体和载体，通过土壤介质之间的离子交换、吸附和氧化还原作用改变汞的活性、迁移能力、生物毒性和空间分布，因而也是影响汞环境行为的重要因素。研究还发现，土壤中无机胶体趋于吸附有机汞，而有机质则趋于吸附无机汞。特别是腐殖质这种典型的 DOM 可以与 Hg^{2+} 和 Hg^0 形成稳定的化合物，从而改变了汞的环境行为。

除了 pH 值、DOM 等因素之外，土壤氯离子、氧化还原电位、温度等因素也会影响汞的环境行为。

六、镉

镉（Cd）的来源分为自然来源和人为来源。自然来源主要为岩石和矿物的本底值，人为来源主要为金属冶炼厂释放到大气环境中的含镉废气沉降进入土壤环境，每年大气沉降的镉总量约 1 万 t。对于场地而言，大量含镉废水的随意排放和含镉原料、工业废弃物的堆积是造成场地镉含量快速增加的重要原因之一。

镉是一种对环境有严重危害的污染物质，是我国污染情况最严重的土壤重金属污染类型。镉具有较强的毒性，和绝大多数金属相似，镉不能被微生物降解，并易在植物内累积。植物镉中毒的症状有生存迟缓、植株矮小等，对植物的碳酸酶、脱氢酶、磷酸酶和蛋白酶等产生破坏作用。土壤中的镉主要通过食物链进入人体，主要在肾和肝内累积，造成肾脏和肺部的功能损害，即便是低浓度的镉也会与人体和动物体内的带硫基、羟基和氨基的蛋白质结合，抑制酶的活性，诱发贫血、器官病变等诸多疾病。此外，有研究表明，镉对细菌、真菌和放线菌有明显的生产抑制作用，土壤环境中镉浓度越高，这三类微生物的数量越少，特别是对放线菌的抑制作用最为明显。

镉可以通过叶片或者根系进入植物体内。不同植物对于镉的吸收累积存在一定的差异，但基本相似点为镉被植物吸收之后基本在根部大量富集，往其他植物部位迁移的量较少。土壤中的镉最常见的存在状态是+2 价，可分为矿物态、有机络合态和土壤吸附态三种形态。土壤中镉的形态受到土壤 pH 值、有机质含量、腐植酸组成和碳酸钙含量等因素影响。镉在土壤的水相溶液中主要以 Cd^{2+}、$CdCl^+$ 和 $CdSO_4$ 等形态存在，分配比例因具体土壤性质不同而不同。

镉离子从水相迁移进入土壤固相体系速度较快，研究表明，15min之内即可完成90%的迁移，并在2h内完成平衡。与绝大部分金属相似，当土壤环境pH值较高时，镉的溶解度下降，迁移性变弱，土壤对镉的吸附性也相应增强。土壤环境中，镉在垂直方向上的迁移距离为60～100cm，其迁移性与溶解性有机碳（Dissolved Organic Carbon，DOC）等因素相关，可促进镉向地下水环境迁移。

七、砷

砷（As）废物的排放涉及矿物开采、加工等多个行业，土壤砷污染已经在全球范围内普遍存在。其中，As_2O_3（As_2O_3是砒霜的主要成分，也是陶瓷、玻璃、电子产品的主要原料之一）的工业生产也是重要的人为砷排放来源。除矿物开采、As_2O_3生产之外，含砷煤炭的焚烧产生的含砷废气、飞灰和炉渣也是环境中砷的重要来源之一。

砷是“五毒”元素之一，人体砷的中毒剂量为10～50mg，致死量为100～300mg。一般情况下，人体日常砷的摄入总量与排泄量基本相同，砷主要在头发、指甲和骨组织内残存，通常不会导致砷中毒。砷中毒主要发生在砷排泄量远小于摄入量的情况下。砷中毒可导致神经中枢神经系统损伤、腹泻、呕吐、体温下降、虚脱甚至死亡，中毒机制主要为三价砷与人体内的酶蛋白的巯基反应生成螯合物，从而引起正常细胞代谢出现障碍、死亡。

砷不是植物生长的必需元素，高浓度砷环境下植物的生长会受到抑制。砷会对植物体内部的水分输送产生阻碍作用，影响植物的营养吸收，累积至一定量后可造成植物叶绿素破坏。砷进入植物体内后一般在根、茎、叶中富集，不同种类的植物内部对砷的输送会存在一定的差异。

砷进入土壤环境之后可形成多种无机和有机态污染物，其中又以+3价和+5价的无机形态为主。砷在土壤中的存在方式还包括：①难溶性的砷酸盐；②包蔽在其他金属沉淀内；③吸附在土壤颗粒或其他金属沉淀内；④土壤颗粒晶体内部；⑤溶解在土壤溶液内。

砷在土壤环境中的迁移主要通过土壤的吸附和解析作用完成。其中，吸附作用又可分为化学吸附和静电吸附。例如砷氧酸离子的专属吸附过程属于化学吸附过程——砷氧酸离子与土壤成分通过化学吸附或形成配位体交换形成内表层的复合物；酸性条件下，土壤中的黏土带正电荷，静电吸附的作用则会强化。土壤对砷的吸附是一个先快后慢的过程，在中性土壤环境下，90%的砷可在15min内被吸附。一般情况下，砷在偏酸性的土壤中吸附速度较快，在碱性环境下吸附速度则相对较慢。影响砷吸附的因素包括土壤成分（黏土、有机质；Mn、Fe和Al氧化物的含量）、pH值、竞争性离子的含量等。

八、锌

锌（Zn）是人体必需的微量元素，适宜的供给量对于促进人体的生长发育和维持健康具有重要意义。但锌过量摄入可导致人体出现中毒症状。锌的适宜供给量和中毒剂量相距很近，被锌污染的空气、水源、食品等以及电子设备的辐射均可造成锌过量进入人体。

锌中毒的临床表现为腹痛、呕吐、腹泻、消化道出血、厌食、倦怠、昏睡等。在锌冶炼厂中，工人过量吸入氧化锌烟雾，会出现口中有甜味、口渴、咽痒、食欲不振、疲乏无力、胸部发紧、干咳等症状。

锌是自然界中广泛存在的一种天然元素，我国土壤锌背景值约为 100mg/kg，含量呈现出南高北低的规律。锌从土壤到人体主要是通过土壤－植物（动物）—食品—人类这一食物链所构成的迁移途径。土壤对于锌的吸附解吸作用是锌在土壤中的主要迁移机制。

锌在土壤中以水溶性锌、交换性锌、难溶性锌和有机螯合态锌等形式存在，并受土壤环境条件影响。各种形态的锌在土壤环境中保持动态平衡，如植物吸收土壤中的锌时，土壤溶液中的交换性复合体又会释放部分锌离子。

外源性锌的来源包括人为使用化肥农药和工业废物排放。外源性锌进入土壤后绝大部分可被土壤吸附，少部分以有效态存在。其中，有效态的锌中又只有一小部分容易被植物吸收，进而被植物输送至地上部分。植物主要吸收土壤中的 Zn^{2+}，基于植物的代谢系统的主动吸收。植物对锌的吸收受到锌与其他离子的交互作用影响，而植物内部锌的化学形态与 Mg^{2+}、Ca^{2+}、Mn^{2+} 不同，锌在叶片中大多以低分子化合物、金属蛋白和自由离子存在。

第四节　有机污染物的环境行为

一、石油类

石油类污染物主要来自于石油类产品开采、炼制、贮存、使用过程中的泄漏和排放，其主要为原油、石油类的产品及相关副产物。原油是一种由不同相对分子质量的烃类组成的混合物，主要包括 84%～87%的碳元素、10%～14%的氢元素以及 1%～4%的氧、氮、硫等元素，其中碳、氢元素在原油中占了绝对优势，主要以烃类形式存在，已证实存在石油中的烃类多达 600 多种。对于一份典型的原油，其化合物组成主要包括如下：①饱和烃：包括正构、异构的烷烃及环烷烃，约占总体积的 75%；②芳香烃：包括芳香烃和环烷芳烃，约占总体积的 17%；③非烃：为含硫、氮、氧的非烃类化合物，包括胶质和沥青质，约占总体积的 8%。石油中常见烃类化合物的理化性质见表 3－4。

表 3－4　石油中常见烃类化合物的理化性质

名　称	分子式	熔点/℃	沸点/℃	相对密度
正丙烷	C_3H_8	－188	－42	0.58
正丁烷	C_4H_{10}	－138	－1	0.58
正戊烷	C_5H_{12}	－130	36	0.63
正己烷	C_6H_{14}	－95	69	0.69
环丙烷	C_3H_6	－127	－33	0.72
环丁烷	C_4H_8	－91	13	0.70
环戊烷	C_5H_{10}	－94	49	0.75
环己烷	C_6H_{12}	7	81	0.78

续表

名　称	分子式	熔点/℃	沸点/℃	相对密度
甲基环戊烷	$CH_3C_5H_9$	−143	72	0.75
甲基环己烷	$CH_3C_6H_{11}$	−126	100	0.79
乙苯	C_8H_{10}	−95	136	0.87
邻二甲苯	C_8H_{10}	−25	144	0.86
三甲苯	C_9H_{12}	−45	165	0.87
丙苯	C_9H_{12}	−100	159	0.86

石油类污染物进入土壤后，由于其水溶性极小，所以更容易被土壤颗粒所吸附。土壤的吸附作用使得石油类污染物在向下迁移过程中受阻，由于其相对密度比水轻，无法穿过饱和含水层和毛细水带，因此，该类污染一般迁移深度为 20～30m，90%以上的石油污染物主要分布在距表层 10cm 内的土壤中。

挥发作用是土壤中石油类污染物一个重要的迁移途径。石油类污染物中分子量较低、易挥发的物质会溢散到土壤气相中，并随着浓度梯度向大气中扩散。少量的石油烃类物质也会溶解于地下水，使得其能够在饱和水带中扩散，形成污染羽。

在环境适宜的条件下，微生物可以在厌氧或好氧的条件下将石油烃类物质作为碳源进行利用。石油烃类化合物的碳链长度会极大地影响微生物的可生物降解性，一般来说，C1～C4 的短链烷烃具有较为稳定的结构，只有少量的微生物能够对其进行降解，而 C10～C22 的烷烃和芳香烃具有很好的生物降解性。当烷烃碳链长度长于 C22 烷烃时，其溶解度的降低和熔点的升高使得污染物难以和微生物接触，微生物的降解作用非常有限。石油烃类污染物降解的过程中，N、P 元素的缺乏是限制微生物降解的重要因素，因此在石油烃类污染物生物修复过程中，应注重 N、P 元素的补充。石油烃的光降解过程也能够在自然条件下发生，直接的光降解效率较低，而土壤中存在的一些光敏/催化物质如 Ti、Pt 等能够催化光降解作用的发生，使光解过程得到加速。

石油烃类污染物进入土壤后吸附于土壤颗粒上，由于石油烃的疏水性及较强的黏度，会导致土壤透水能力的降低和土壤的板结。石油烃污染物进入土壤会导致嗜烃微生物的大量繁殖，微生物的繁殖消耗了土壤中大量的氧气，还使得 N、P 元素被生物固定，进而使得土壤溶液中营养比例的失调。石油类物质对植物的危害主要是由于其吸附于植物根系，进而导致对植物根系呼吸和吸收功能的阻碍。石油类污染物通过吞食、呼吸、接触等方式进入动物体内，它能够破坏生物体的细胞膜结构，也会损害机体的神经系统，导致过敏和炎症的发生。

二、氯代烃类

氯代烃是一类重要的工业有机溶剂和化工中间体，由于其较低的可燃性、挥发性及较强的稳定性，氯代烃溶剂被广泛地使用。按照烃基结构的不同，可以将氯代烃分为饱和氯代烃、不饱和氯代烃、芳香氯代烃等。氯代烃与其结构相同的烃一样都不溶于水，溶于有机溶剂，但其沸点和密度都大于相同结构的烃，见表 3-5。

表 3-5 常见氯代烃化合物的理化性质

名 称	分子式	熔点/℃	沸点/℃	相对密度	水中溶解度/(mg/L)
三氯甲烷	$CHCl_3$	−64	62	1.49	8000
氯乙烯	C_2H_3Cl	−160	−14	0.91	1.1
氯乙烷	C_2H_5Cl	−138	12	0.92	5740
1，2—二氯乙烷	CH_2ClCH_2Cl	−35	−84	1.25	8690
三氯乙烯	$CHClCCl_2$	−87	87	1.46	1100
四氯乙烯	CCl_2CCl_2	−23	121	1.62	150
1，2-二氯苯	$C_6H_4Cl_2$	−18	180	1.30	156

氯代烃污染物对环境的危害性主要体现在：①氯代烃污染物较难降解，在环境中的半衰期较长；②由于氯代烃污染物较高的辛醇-水分配系数，它在被动物摄取后极易在脂肪内蓄积；③氯代烃的毒性随着氯原子数的增加而增加，且大多数氯代烃具有“三致”（致突变、致畸、致癌）作用。

当氯代烃污染物进入土壤时，首先与土壤颗粒发生吸附作用。由于氯代烃与其相同结构的烃相比具有更低的水溶性和更高的辛醇-水分配系数，所以氯代烃化合物绝大部分被分配到土壤或沉积物的有机组分中，特别是氯代芳香族化合物，它在污染区域的水体中检出极其微量。由于大部分氯代烃化合物的密度大于水，当其累积到一定量时会穿透地下水潜水面向下迁移至隔水层顶板，而大部分污染场地中 DNAPLs 带的形成都源于氯代烃的污染。

氯代烃类化合物由于氯原子的引入，使其可生物降解性大大降低，氯代程度越高，可被微生物羟基化的 C-H 键越少，微生物好氧降解的难度越大。厌氧微生物可通过生物还原作用将氯代烃的氯脱除，且随着氯代数的增加，发生脱氯反应的可能性越高。虽然脱氯作用不能使污染物直接矿化，但其可以提高氯代烃的可生物降解性。氧气含量是决定着发生好氧降解还是还原脱氯的关键因素，在实际场地中，好氧降解作用通常发生在土壤表层，而还原脱氯作用则更易发生在潜水面以下。

三、多环芳烃

多环芳烃（Polycyclic Aromatic Hydrocarbons，PAHs）是指分子中含有两个以上苯环的碳氢化合物，主要来自于煤炭、石油、木材等有机质的不完全燃烧过程。多环芳烃是一类重要的环境污染物，由于其具有持久性和长距离迁移性，在环境和食品中被广泛地检出。迄今为止已经发现 200 多种多环芳烃类污染物，包括萘、蒽、苯并［a］芘、苯并［a］蒽等，如图 3-15 所示。

多环芳烃是一类持久性的有机污染物，其半衰期少则两个月、多则几年，能够在土壤及生物体中不断蓄积。多环芳烃是一类强致癌的污染物，目前已知的 1000 多种致癌物中，三分之一为多环芳烃，是致癌物中种类最多的一类。大量的流行病学调查和动物实验证明，多环芳烃可导致皮肤、肺、肝等部位的癌症。

大气中的多环芳烃随着降水和颗粒物沉降进入土壤，土壤中的多环芳烃大多数被土壤

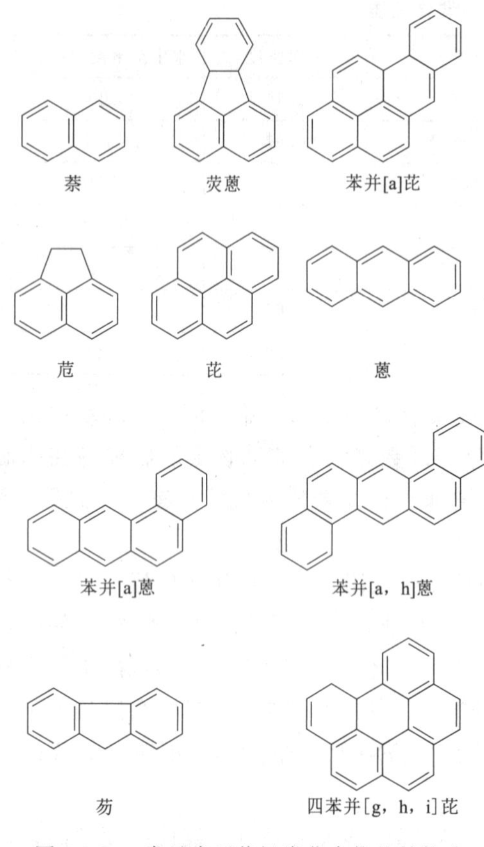

图 3-15 常见多环芳烃类化合物的结构式

颗粒所吸附，微量的多环芳烃溶解于地下水，另一部分则会以挥发的形式重新进入大气，其中以二环、三环的多环芳烃为主。多环芳烃主要吸附于距地面 0～40cm 的土壤表层，低环的多环芳烃如菲、芘等比高环的多环芳烃如苯并［a］芘和二苯并［a，b］蒽等具有更高的迁移能力。在土壤中，两环的多环芳烃主要以溶解相的形式存在，而三环及三环以上的多环芳烃主要以吸附颗粒物的形式存在并迁移。

土壤中多环芳烃的降解主要是通过生物降解实现的。微生物可以将多环芳烃作为唯一的碳源进行代谢，也可以将其与其他有机质进行共代谢分解。一般来说微生物可以将二环、三环的低分子量多环芳烃作为唯一的碳源进行代谢，而三环以上的高分子量多环芳烃由于可溶性较差，一般仅能通过共代谢的方式分解。微生物通过生成单加氧酶和双加氧酶来破坏多环芳烃的苯环结构，在苯环结构得到破坏后就能迅速地得到降解，因此苯环的破坏是多环芳烃降解的关键步骤。在无氧条件下，微生物还可以利用硝酸盐或硫酸盐作为电子受体降解多环芳烃。

四、多氯联苯

多氯联苯（Poly Chlorinated Biphenyls，PCBs）是一类典型的氯代芳香族化合物。由联苯在高温下氯代而成。由于联苯上有 10 个可以被氯代的位点，多氯联苯可由不同的氯代数和氯代位置衍生出 209 种不同的氯代同系物，为了便于研究，习惯上将这 209 种同系物编号为 PCBs1～PCBs209，每一个编号代表了一种化学结构。环境中的多氯联苯主要来自于两个方面：①人类在变压器绝缘油、润滑剂、涂料和溶剂等产品中使用了大量合成的多氯联苯，这些产品的使用和泄漏会导致环境中多氯联苯的污染；②在垃圾焚烧、水泥煅烧、造纸过程中在非故意的情况下，也会产生大量多氯联苯副产物。

多氯联苯具有较低的急性毒性，其半致死量为 0.13～0.5g/kg。多氯联苯的危害主要来自于其在生物体内的长期蓄积性和致癌性，长期接触多氯联苯物质会导致恶性肿瘤的产生以及生殖性的障碍。不同构型的多氯联苯毒性差别很大，其中有 12 种 PCBs 同系物由于具有类似于二噁英的毒性被命名为类二噁英类 PCBs，其中 PCBs126 具有最高毒性，其毒性当量因子可达到 0.1。

多氯联苯是一类具有适度挥发性的污染物，能够通过二次挥发进入大气，随着大气的循环在全球范围内迁移，最后又以干湿沉降的方式回到土壤或水体中。一般来说，低氯代或邻位的多氯联苯更易挥发，因此在全球范围内有更为平均的分布。多氯联苯在土壤中的迁移性很弱，在土壤中的有效扩散速率 D 为 $10^{-10}\sim10^{-8}cm^2/s$，又由于主要来自于大气沉降，多氯联苯主要蓄积于土壤的表层。随着时间的推移，多氯联苯在土壤中不断富集，其土壤浓度可达到当地空气含量的 10 倍以上。

多氯联苯是一类极其稳定的化合物，在自然条件下很难发生光解或水解，也仅有少量的特殊微生物能够对多氯联苯进行降解。根据代谢形式的不同，可将微生物对多氯联苯的降解分为好氧微生物的降解作用和厌氧微生物的脱氯作用。好氧降解作用主要发生在 4 氯及 4 氯以下的多氯联苯上，其机制是好氧微生物产生的联苯双氧化酶、双氧化酶等将多氯联苯开环形成苯甲酸类化合物后完全分解。合适的溶解氧含量、一定的共代谢底物，以及添加表面活性剂及其他促进发酵的引发剂，都可以促进好氧微生物对 PCBs 的降解。对于高氯代的多氯联苯，由于氯原子的存在会对氧化酶的攻击形成阻隔，几乎难以被好氧降解，因此厌氧脱氯作用对其降解更为有效，但由于多氯联苯厌氧脱氯微生物在环境中数量极少，且生长缓慢，该类型的生物降解在自然条件下发生均需要较长的时间。

五、有机杀虫剂

杀虫剂是指用于防治危害农作物的病虫的化学试剂，可以分为无机杀虫剂、有机杀虫剂和生物杀虫剂，其中有机杀虫剂占杀虫剂的大多数。有机杀虫剂包括有机氯类、有机磷类、拟除虫菊酯类、氨基甲酸酯类等，见表 3-6。

表 3-6　　常见杀虫剂种类

种　类	结构特征	毒性、残留	常见品种
有机氯杀虫剂	含有一个或几个苯环，并存在氯取代基	高毒性、高残留	六六六、滴滴涕、狄氏剂、艾氏剂等
有机磷杀虫剂	含磷的杂环化合物，通常具有磷酸酯或酰胺基团	高毒性、低残留	对硫磷、甲胺磷、乐果、敌敌畏等
拟除虫菊酯杀虫剂	含与天然除虫菊酯相似的拟除虫菊酯成分	低毒性、低残留	氯氰菊酯、甲氰菊酯、氰戊菊酯、溴氰菊酯
氨基甲酸酯杀虫剂	以氨基甲酸作为分子骨架	低毒性、低残留	仲丁威、抗蚜威、克百威、涕灭威

在有机杀虫剂中，有机氯杀虫剂是农业生产史上生产量最大、使用面积最广的有机合成杀虫剂。但有机氯杀虫剂极其难以降解，能够在环境中长期存在，且易溶于动物体脂肪并在其中蓄积，因此目前有机氯杀虫剂在全世界范围内禁用。有机磷农药易在环境中分解，但部分高毒有机磷农药由于其高毒的特性已经被禁用。

有机杀虫剂在环境中的降解可以通过多种方式完成，包括光降解、水解、生物降解等，其降解途径主要包括脱烷基作用、脱羧基作用、脱卤作用、水解作用、羟基化作用、甲基化作用、氧化作用、还原作用、环裂解作用等。

六六六（HCH）是一类典型的有机氯杀虫剂，在环境中的降解非常缓慢，有研究表明在 pH=8 和 50℃的条件下，α-HCH 降解需 26 年，γ-HCH 降解需 24 年。但在合适的环境条件下，微生物可以对六六六产生有效的降解。如在好氧条件下，微生物可利用六六六为唯一碳源进行氧化分解。在厌氧条件下，微生物可通过共代谢来转化六六六，六六六的各异构体脱氯的速度由大到小为 γ - HCH > α - HCH > δ - HCH > β - HCH。

课 后 拓 展

《地下水管理条例》已经于2021年9月15日国务院第149次常务会议通过，2021年10月29日公布，自2021年12月1日起施行。

党中央、国务院高度重视地下水管理工作。地下水具有重要的资源属性和生态功能，在保障我国城乡生活生产供水、支持经济社会发展和维系良好生态环境中发挥着重要作用。近年来，随着经济社会发展，我国地下水开发利用程度不断加大，导致部分地区地下水超采和污染问题突出。为了加强地下水管理，《地下水管理条例》从调查与规划、节约与保护、超采治理、污染防治、监督管理等方面作出规定。

复 习 与 思 考 题

1. 简述土壤的组成，并分析在自然条件下土壤组成的变化。
2. 简述地下水的基本类型和达西定律。
3. 简述场地中污染物的转化与衰减过程。
4. 简述场地中污染物的迁移过程。
5. 简述镉的环境行为。
6. 简述砷的环境行为。
7. 简述石油类污染物的环境行为。
8. 简述多氯联苯污染物的环境行为。

模块二

建设用地土壤调查

第四章 建设用地土壤调查与监测

本 章 简 介

建设用地土壤调查是指通过调研、采样、分析等系统的调查方法，确定建设用地各环境要素是否被污染、污染程度和范围的过程。本章节根据现行规范：①确定了建设用地土壤污染状况调查的原则、内容、程序和技术要求，适用于建设用地环境调查，为建设用地环境管理提供基础数据和信息。②建设用地土壤监测的原则、程序、工作内容和技术要求，适用于建设用地调查、风险评估，以及建设用地土壤修复工程环境监理、工程验收、回顾性评估等过程的环境监测。通过课程内容的学习，工作中要坚持实事求是，坚守职业道德，不忘初心，保卫家园。学习环保前辈们大公无私，不畏险阻，爱国敬业的中国精神。

在建设用地调查与监测的过程中，不仅要考虑建设用地土壤、地下水等介质的污染情况，还需根据建设用地基本情况有针对性地对建设用地地表水、建筑物设施等进行调查，从而全面掌握建设用地的污染情况。建设用地土壤调查是进行场地建设用地风险评价和建设用地修复的前提，有助于各方了解建设用地的实际环境状况，并做出正确决策。

第一节　建设用地土壤调查的基本原则

为保证建设用地调查工作的科学性和有效性，在进行建设用地调查方案设计前，需明确以下建设用地土壤调查的基本原则。

一、针对性原则

根据不同地块的特征和潜在污染物特性，有针对性地进行污染物浓度和空间分布调查，获得地块环境管理所需的数据资料。针对性原则强调建设用地调查过程中的工作目的性，在进行调查方案设计过程中，要明确调查的对象和工作内容，有针对性地设计调查采样方案，节约人力、物力成本，提高工作效率。

二、规范性原则

为保证地块调查过程的科学性和客观性，必须采用程序化和系统化的方式来规范建设用地调查过程。规范性原则强调在工作过程中需充分运用相关技术导则、建设用地调查手册等参考资料，确保调查工作在相关标准和规范的范围内进行。

三、可操作性原则

在制定地块调查方案的过程中，应紧密结合当前科技发展和专业技术水平，综合考虑调查方法、时间和经费等因素，使调查方案切实可行。可操作性原则强调在工作方案设计过程中需考虑的现实因素，在方案设计过程中需与业主、第三方采样监测单位等相关方进行充分沟通，在保证方案科学规范性的前提下，提高方案的可行性。

第二节 建设用地土壤调查的工作内容

建设用地环境介质种类繁多，污染情况复杂，不同污染物在地块中的分布范围和污染浓度不同，使建设用地环境调查工作比较复杂，若采用一次性全面调查不仅需要消耗大量的人力物力成本，且难以全面掌握建设用地的污染情况。根据建设用地调查工作的基本原则，需采用系统的方法由简到繁，首先识别存在环境问题的地块，在此基础上，有针对性地对建设用地不同介质进行采样、分析，提高调查的效率和质量。

根据生态保护部最新公布的《建设用地土壤污染状况调查技术导则》(HJ 25.1—2019)，建设用地调查工作分为三个阶段。第一阶段为污染识别阶段，该阶段的目的是对地块进行定性，识别和判断地块环境污染的可能性、可能的污染范围、暴露途径和受体等，主要方式为资料收集、现场踏勘和人员访谈等，通过这些方式来获取与地块污染活动有关的信息。第二阶段为污染证实阶段，结合第一阶段调查结果，有针对性地进行地块介质采样与分析，确认地块是否存在污染并进一步确定污染程度和范围。第三阶段为补充调查阶段，该阶段主要为后续风险评价或污染修复服务，即根据第二阶段结果，对需要进行风险评价和污染修复的区域进行深入采样分析，获得风险评估及土壤和地下水修复所需的参数。

4－1
场地调查的
基本流程

第三节 建设用地调查的基本流程

建设用地环境调查可分为三个阶段，调查的工作内容与程序如图 4－1 所示。详细介绍了建设用地调查的工作流程，对各阶段进行分步调查，并根据各阶段调查结果，决定是否需要进行后续的调查工作。建设用地调查的各个阶段可以进一步细分为不同程序，具体如图 4－1 所示，各个程序的主要工作内容分别介绍如下。

一、第一阶段土壤污染状况调查

第一阶段土壤污染状况调查是以资料收集、现场踏勘和人员访谈为主的污染识别阶段，原则上不进行现场采样分析。若第一阶段调查确认地块内及周围区域当前和历史上均无可能的污染源，则认为地块的环境状况可以接受，调查活动可以结束。

二、第二阶段土壤污染状况调查

第二阶段土壤污染状况调查是以采样与分析为主的污染证实阶段。若第一阶段土壤污

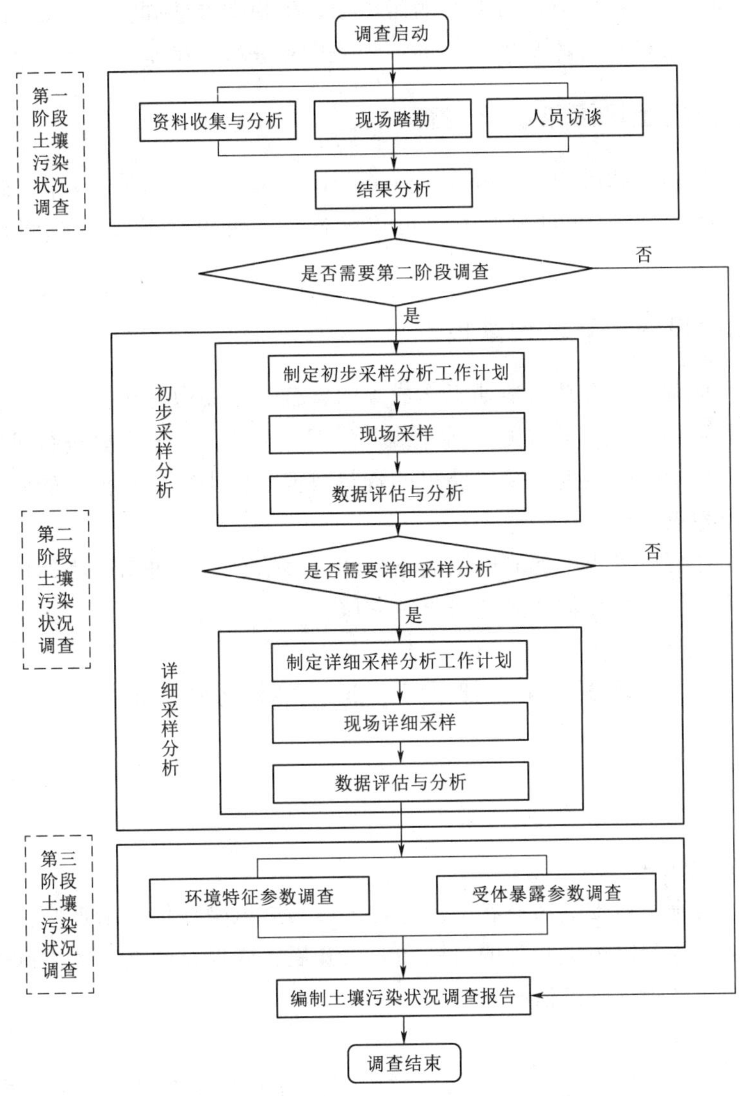

图 4－1　土壤污染状况调查的工作内容与程序

染状况调查表明地块内或周围区域存在可能的污染源，如化工厂、农药厂、冶炼厂、加油站、化学品储罐、固体废物处理等可能产生有毒有害物质的设施或活动；以及由于资料缺失等原因造成无法排除地块内外存在污染源时，进行第二阶段土壤污染状况调查，确定污染物种类、浓度（程度）和空间分布。

第二阶段土壤污染状况调查通常可以分为初步采样分析和详细采样分析两步进行，每步均包括制定工作计划、现场采样、数据评估和结果分析等步骤。初步采样分析和详细采样分析均可根据实际情况分批次实施，逐步减少调查的不确定性。

根据初步采样分析结果，如果污染物浓度均未超过 GB 36600—2018 等国家和地方相关标准以及清洁对照点浓度（有土壤环境背景的无机物），并且经过不确定性分析确认不需要进一步调查后，第二阶段土壤污染状况调查工作可以结束；否则认为可能存在环境风险，须进行详细调查。标准中没有涉及的污染物，可根据专业知识和经验综合判断。详细采样分析是在初步采样分析的基础上，进一步采样和分析，确定土壤污染程度和范围。

三、第三阶段土壤污染状况调查

第三阶段土壤污染状况调查以补充采样和测试为主，获得满足风险评估及土壤和地下水修复所需的参数。本阶段的调查工作可单独进行，也可在第二阶段调查过程中同时开展。

四、编制建设用地环境调查报告

建设用地环境调查报告是对前期工作成果的整合，主要内容包括信息核实、补充调查的相关内容，以及后续的采样监测数据和结果分析。此外，对于需要进行风险评价和修复的区域，调查报告中还需根据现阶段获得的资料数据为污染物分布范围的确定以及加密采样监测方案提出建议。

另外，对于在调查过程中遇到的限制条件和欠缺信息，报告中应明确指出，并提出相应工作建议，为后续风险评估或场地修复工作服务。

第四节 建设用地土壤污染监测

一、基本原则

（一）针对性原则

地块环境监测应针对土壤污染状况调查与土壤污染风险评估、治理修复、修复效果评估及回顾性评估等各阶段环境管理的目的和要求开展，确保监测结果的协调性、一致性和时效性，为地块环境管理提供依据。

（二）规范性原则

以程序化和系统化的方式规范地块环境监测应遵循的基本原则、工作程序和工作方法，保证地块环境监测的科学性和客观性。

（三）可行性原则

在满足地块土壤污染状况调查与土壤污染风险评估、治理修复、修复效果评估及回顾性评估等各阶段监测要求的条件下，综合考虑监测成本、技术应用水平等方面因素，保证监测工作切实可行及后续工作的顺利开展。

二、工作内容

（一）地块土壤污染状况调查监测

地块土壤污染状况调查和土壤污染风险评估过程中的环境监测，主要工作是采用监测手段识别土壤、地下水、地表水、环境空气、残余废弃物中的关注污染物及水文地质特征，并全面分析、确定地块的污染物种类、污染程度和污染范围。

（二）地块治理修复监测

地块治理修复过程中的环境监测，主要工作是针对各项治理修复技术措施的实施效果所开展的相关监测，包括治理修复过程中涉及环境保护的工程质量监测和二次污染物排放的监测。

（三）地块修复效果评估监测

对地块治理修复工程完成后的环境监测，主要工作是考核和评价治理修复后的地块是否达到已确定的修复目标及工程设计所提出的相关要求。

（四）地块回顾性评估监测

地块经过修复效果评估后，在特定的时间范围内，为评价治理修复后地块对土壤、地下水、地表水及环境空气的环境影响所进行的环境监测，同时也包括针对地块长期原位治理修复工程措施的效果开展验证性的环境监测。

三、工作程序

地块环境监测的工作程序主要包括监测内容确定、监测计划制定、监测实施及监测报告编制。监测内容确定是监测启动后按照“二、工作内容”中的要求确定具体工作内容；监测计划制定包括资料收集分析，确定监测范围、监测介质、监测项目及监测工作组织等过程；监测实施包括监测点位布设、样品采集及样品分析等过程。

第五节 监测计划制订

一、资料收集分析

根据地块土壤污染状况调查阶段性结论，同时考虑地块治理修复监测、修复效果评估监测、回顾性评估监测各阶段的目的和要求，确定各阶段监测工作应收集的地块信息，主要包括地块土壤污染状况调查阶段所获得的信息和各阶段监测补充收集的信息。

二、监测范围

（1）地块土壤污染状况调查监测范围为前期土壤污染状况调查初步确定的地块边界范围。

（2）地块治理修复监测范围应包括治理修复工程设计中确定的地块修复范围，以及治理修复中废水、废气及废渣影响的区域范围。

（3）地块修复效果评估监测范围应与地块治理修复的范围一致。

（4）地块回顾性评估监测范围应包括可能对土壤、地下水、地表水及环境空气产生环境影响的范围，以及地块长期治理修复工程可能影响的区域范围。

三、监测对象

监测对象主要为土壤，必要时也应包括地下水、地表水及环境空气等。

（一）土壤

土壤包括地块内的表层土壤和下层土壤，表层土壤和下层土壤的具体深度划分应根据地块土壤污染状况调查阶段性结论确定。地块中存在的回填层一般可作为表层土壤。

（二）地下水

地下水主要为地块边界内的地下水或经地块地下径流到下游汇集区的浅层地下水。在污染较重且地质结构有利于污染物向下层土壤迁移的区域，则对深层地下水进行监测。

（三）地表水

地表水主要为地块边界内流经或汇集的地表水，对于污染较重的地块也应考虑流经地块地表水的下游汇集区。

（四）环境空气

环境空气是指地块污染区域中心的空气和地块下风向主要环境敏感点的空气。

（五）残余废弃物

地块土壤污染状况调查的监测对象中还应考虑地块残余废弃物，主要包括地块内遗留的生产原料、工业废渣，废弃化学品及其污染物，残留在废弃设施、容器及管道内的固态、半固态及液态物质，其他与当地土壤特征有明显区别的固态物质。

（六）其他

地块治理修复监测的对象还应包括治理修复过程中排放的物质，如废气、废水及废渣等。

四、监测项目

（一）地块土壤污染状况调查监测项目

地块土壤污染状况调查初步采样监测项目应根据 GB 36600—2018 要求、前期土壤污染状况调查阶段性结论与本阶段工作计划确定，具体按照 HJ 25.1—2019 相关要求确定。可能涉及的危险废物监测项目应参照 GB 5085.7—2019 中相关指标确定。

地块土壤污染状况调查详细采样监测项目包括土壤污染状况调查确定的地块特征污染物和地块特征参数，应根据 HJ 25.1—2019 相关要求确定。

（二）地块治理修复、修复效果评估及回顾性评估监测项目

土壤的监测项目为土壤污染风险评估确定的需治理修复的各项指标。地下水、地表水及环境空气的监测项目应根据治理修复的技术要求确定。

监测项目还应考虑地块治理修复过程中可能产生的污染物，具体应根据地块治理修复工艺技术要求确定，可参见 HJ 25.4—2019 中相关要求。

五、监测工作的组织

（一）监测工作的分工

监测工作的分工一般包括信息收集整理、监测计划编制、监测点位布设、样品采集及现场分析、样品实验室分析、数据处理、监测报告编制等。承担单位应根据监测任务组织好单位内部及合作单位间的责任分工。

（二）监测工作的准备

监测工作的准备一般包括人员分工、信息的收集整理、工作计划编制、个人防护准备、现场踏勘、采样设备和容器及分析仪器准备等。

（三）监测工作的实施

监测工作的实施主要包括监测点位布设、样品采集、样品分析，以及后续的数据处理和报告编制。一般情况下，监测工作实施的核心是布点采样，因此应及时落实现场布点采样的相关工作条件。在样品的采集、制备、运输及分析过程中，应采取必要的技术和管理措施，保证监测人员的安全防护。

第六节　数据分析与质量控制

一、分析结果的表示方法

平行样测定结果在允许偏差范围之内时，则用其平均值表示测定结果。各分析项目不同监测方法的分析结果，其有效数字最多位数和小数点后最多位数按方法规定执行。当测定结果高于分析方法检出限时，按实际测定结果报值；当测定结果低于分析方法检出限时，按所使用方法的检出限值报值，并加标志位“L”。

平行双样的精密度用相对偏差表示。

一组测量值的精密度常用标准偏差或相对标准偏差表示。

二、质量保证和质量控制

在整个建设用地环境调查工作当中，对工作质量的控制是至关重要的，是建设用地土壤污染正确评估的基础。这部分工作包含了对建设用地环境调查全过程的控制，包括布点、采样、样品储运、测试、数据处理、数据审核与应用等多个过程的质量控制。其中的每一个环节都涉及大量复杂的工作，并且环环相扣。

现场质量保证和质量控制措施应包括：防止样品污染的工作程序，运输空白样分析，现场重复样分析，采样设备清洗空白样分析，采样介质对分析结果影响分析，以及样品保存方式和时间对分析结果的影响分析等，具体参见 HJ 25.2—2019。实验室分析的质量保证和质量控制的具体要求见 HJ/T 164—2020 和 HJ/T 166—2019。

监测结束后，项目组应指派专人负责调查原始资料的收集、核查和整理工作。收集、核查和整理的内容包括监测任务下达、样点布设、样品采集、样品保存、样品运输、采样记录、样品标签、监测项目和分析方法、试剂和标准溶液的配制与标定、校准曲线的绘制、分析测试记录及结果计算、质量控制等各个环节的原始记录。核查人员应对各类原始资料的合理性和完整性进行核查，如有可疑之处，应及时查明原因，由原记录人员予以纠正；原因不明时，应如实向项目负责人说明情况，但不得任意修改或舍弃可疑数据。

收集、核查、整理后的原始资料应及时提交监测报表（或报告）编制人，作为编制监测报告的唯一依据。整理好的原始资料应与相应的监测报告一起，须经技术负责人校核、审核后装订成册提交给项目负责人。

（一）质量控制指标

数据质量控制包括布点、采集、处理、保存、实验室分析和数据分析等过程的质量控制。监测布点应考虑是否能代表所有要考察场地环境的质量，所设置的各监测点之间设置条件尽可能一致和标准化，使各监测点所得数据具有可比性。特殊点位应达到该点位的设置特殊性要求。最佳监测点数在优化布点时应经过严格的数字计算，考察点位可行性及均匀性，对监测点具体位置进行复查，及时纠错。样品采集过程取样设备应符合技术规范要求，取样频率应符合有关技术规定，取样量应足够，满足测试目的要求。样品处理与保存过程，应按照各样品中特征污染物，小心保存、固定或现场监测，并防止二次污染。

数据分析的质量措施包括数据的核实、有效数字记录运算、处理检验以及结果的综合整理。应谨慎对待离群数据，采用方差分析、回归分析等方法对实验数据进行统计检验和质量分析。

精确度：指测得值之间的一致程度以及其与真值的接近程度。从测量误差的角度来说，精确度是测得值的随机误差和系统误差的综合反映。

精密度：指在受控条件下重复分析均一样品所得测定值的一致程度。它反映分析方法或测量系统所存在随机误差的大小。极差、平均偏差、相对平均偏差、标准偏差和相对标准偏差都可以用来表示精密度的大小，较常用的是标准偏差。通常实验室内的精密度在分析人员、分析设备和分析时间都相同时用平行性表示，三个因素中至少有一项不同时用重复性表示，实验室间的精密度用再现性表示。

准确度：用一个特定的分析程序所得的分析结果与假定的或公认的真值之间符合程度的度量。准确度的评价方法有两种，第一种是分析标准物质；第二种是“加标回收”法，通常在样品中加入与待测物质浓度接近的标准物质，测定其回收率，以确定准确度，多次回收实验还可以发现方法系统误差。

误差种类：误差是分析测量值与真值之间的差值，根据其性质和来源，可将误差分为系统误差、随机误差和过失误差。

系统误差指测量值的总体均值与真值之间的误差。随机误差又称偶然误差或不可测误差，是由测定过程中各种随机因素的共同作用所造成的。过失误差也称粗差，是由测量过程中犯了不应有的错误所造成的。

系统误差是由测量过程中某些恒定因素（如方法、仪器、试剂、恒定的操作人员和环境）造成的，在一定条件下具有重现性，它不因测量次数的增加而减小。随机误差由随机因素造成，虽然其符号和绝对值大小无规律且不可预料，但随着测量次数增加，一般认为随机误差呈正态分布。粗差通常属于测量错误，较易发现。在测量与数据处理中，应当剔除粗差，消除或削弱系统误差，使测量值中仅含随机误差。

误差按表示形式的不同又可以分为绝对误差和相对误差。绝对误差是测量值与真值之差。相对误差是绝对误差与真值的比值。

（二）实验室分析质量控制

实验室分析质量控制是确保分析数据可靠性的一个重要环节，也是建设用地正确评估的基础。在这方面，国内外均非常重视，其内容基本一致。实验室检测结果和数据质量分析主要包括：①分析数据是否满足相应的实验室质量保证要求；②通过采样过程中了解的地下水埋深和流向、土壤特性和土壤厚度等情况，分析数据的代表性；③分析数据的有效性和充分性，确定是否需要进行补充采样；④根据场地内土壤和地下水样品检测结果，分析场地污染物种类、浓度水平和空间分布。

实验室分析质量控制内容主要包括以下八个方面：①实验室分析基础条件，包括分析人员、实验室环境条件、实验用水、实验器皿、化学试剂等方面的要求；②监测仪器，包括分析仪器的调校、准确度以及日常维护等方面的内容；③试剂配制和标准溶液标定，包括化学试剂的等级、配置和标定方法、标准溶液的使用和保存等方面；④原始记录要求，包括记录的内容、记录的过程、记录的方法以及异常值的判断和处理等方面；⑤有效数字及近似计算要求，主要包括有效数字的判别、换算及其表达形式等；⑥校准曲线的制作要求，包括校准曲线的绘制、使用范围等；⑦监测结果的表示方法，包括监测结果的单位、精密度表示方法、准确度表示方法等内容；⑧实验室内部质量控制，包括实验室内部的质量控制、实验室间的质量控制、实验室的质量认证、分析质量控制程序等方面的内容。

设置实验室质量控制样，主要包括空白样品加标样、样品加标样和平行重复样。要求每 20 个样品或者至少每一批样品作一个系列的实验室质量控制样，也可根据情况适当调整。质量控制样品，包括土壤和地下水，应不少于总检测样品的 10%。

实验室质量控制包括空白实验、仪器设备的标定、平等样分析、加标样分析、密码样分析以及绘制和使用质量控制图等方法。

（三）质量分析

在场地监测过程中，样品测量结果可用平均数表示，包括算数平均数、几何平均数、中位数和众数。对于监测结果，当不确定测定值的总体均值是否等于真值，或者一种新的监测方法或监测仪器与现行的方法或仪器在分析测量结果的精密度上有无差异时，都需要通过统计检验，包括对测量结果进行数据的质量分析。

三、不确定性分析

不确定性是指监测结果不能被准确确定的程度，是计算风险时很重要的一步。如果不确定度没有很好地传递给使用风险评估结果的决策者，那么很可能引导决策者作出错误的决策。一般在风险评估中，不确定性来源于各个阶段，野外取样、实验分析、模型参数获取、模型的适用性和假设毒理学数据等均存在客观和主观的不确定因素。不确定因素按产生的机理不同包括模糊性因素、随机性因素和未确定性因素。参数的不确定性、模型的不确定性和情况的不确定性是影响风险评估结果的重要因素。需要在评估过程中通过相应的不确定性分析方法，对不确定性进行定性和定量表达。

（一）场地调查不确定性来源

（1）历史资料缺失，导致对潜在污染区域（生产车间、原废料存储场、污水处理和排放位置等）判断不准确，目标污染物判断不准确。

（2）土壤异质性，采样点位置和采样深度设定不能较为真实地反映污染物的空间分布。

（3）样品分析测试的不确定性，分析方法和测试机构选择导致数据准确性问题。

（4）数值模拟导致的不确定性，数值模拟与建设用地实际情景存在一定的差异，并且不同模拟方法导致的差异性更大。调查报告应列出调查过程中遇到的限制条件和欠缺的信息，以及对调查工作和结果的影响。

（5）场地概念模型构建导致的不确定性：场地概念模型构建若缺失某一环节，将导致调查的重大失误。

（二）不确定性表达方式与控制措施

对风险评估全过程的不确定性因素应进行综合分析，并作为评价报告书的正式内容记录在案，称为不确定性分析，它有助于提高风险评估的科学性、客观性和可行性。通常运用（但不局限于）蒙特卡罗方法传递参数差异，用以提出与风险评估相关的不确定性。

受采样数据的特征以及每种插值模型适用范围的影响，在土壤污染插值计算中并没有某种特定适用的插值方法。为了提高插值精度，减少由空间插值模型计算带来的不确定性，在具体的计算中，要进行多种插值计算方法的比较，通过精度评价，选择精度最高的一种。

场地环境调查是场地风险评价和环境修复的重要基础，场地环境调查的不确定性直接关系到对场地环境状况的判断和风险决策。针对不确定性控制的系统方法，采用以下几点。

（1）系统规划，确定不确定性的控制节点和方法。

（2）建立“源-路径-受体”的概念模型，指导资料收集和采样布点。

（3）建立风险决策单元和采样单元。

（4）使用现场探测和筛选技术，及时收集场地信息和调整调查方案。

（5）严格的现场和实验室质量控制。

课 后 拓 展

“滇池卫士”张正祥

张正祥老人因为保护滇池，与利益集团斗争几十年，功劳不小，影响很大，获得了很多荣誉，包括国家级的荣誉奖章，也赢得了众多良知人士的支持和尊敬。

他的敌人，私商和贪官仇恨地称他为“张疯子”；爱戴他的人们却亲切的称呼他为“滇池卫士”，称呼他为张老师。他是滇池的守护神，滇池卫士张正祥。

2002—2004 年被全国新闻媒体评选为“英雄环保卫士”、2005 年被中国十大民间环保杰出人物评选委员会评选为“中国十大民间环保杰出人物”。

2007 年被中共昆明市委宣传部授予“昆明好人”称号、2009 年度“感动中国”十大人物之一、2011 年 2 月，走入国务院新闻办制作的国家形象片，成为“中国国家形象人物”。

复 习 与 思 考 题

1. 请简要描述建设用地土壤污染调查的基本原则和各阶段工作内容。
2. 简要画出建设用地土壤污染调查的基本流程图。
3. 概述建设用地土壤污染监测的基本原则、工作内容及工作程序。
4. 请简要描述如何制定监测。

第五章 第一阶段土壤污染状况调查

本 章 简 介

第一阶段土壤污染状况调查是以资料收集、现场踏勘与人员访谈为主的污染识别阶段。学习本章节时，需要掌握第一阶段调查的内容、调查方法与调查目标；并能够对调查结果进行分析；培养学生的组织协调、沟通管理的能力，养成谨慎细致、安全、服务的职业态度。

第一节 资料收集与分析

5－1
资料收集

主要收集包括地块利用变迁资料、地块环境资料、地块相关记录、有关政府文件以及地块所在区域的自然和社会信息，可概括为场地环境信息、区域自然环境资料与社会环境资料三大类。

一、场地环境信息

地块利用变迁资料：用来辨识地块及其相邻地块的开发及活动状况的航片或卫星图片，地块的土地使用和规划资料，其他有助于评价地块污染的历史资料，如土地登记信息资料等。地块利用变迁过程中的地块内建筑、设施、工艺流程和生产污染等的变化情况。

地块环境资料：地块土壤及地下水污染记录、地块危险废物堆放记录以及地块与自然保护区和水源地保护区等的位置关系等。

地块相关记录包括：产品、原辅材料及中间体清单、平面布置图、工艺流程图、地下管线图、化学品储存及使用清单、泄漏记录、废物管理记录、地上及地下储罐清单、环境监测数据、环境影响报告书或表、环境审计报告和地勘报告等。

由政府机关和权威机构所保存和发布的环境资料，如区域环境保护规划、环境质量公告、企业所在政府部门相关的环境备案和批复以及生态和水源保护区规划等（表 5－1）。

地块所在区域的自然和社会信息包括：自然信息包括地理位置图、地形、地貌、土壤、水文、地质和气象资料等；社会信息包括人口密度和分析，敏感目标分布，以及土地利用方式、区域所在地的经济现状和发展规划，相关的国家和地方的政策、法规与标准，以及当地地方性疾病统计信息等。

表 5-1　场地环境信息收集内容与来源

名　称	内　容	来　源
场地利用变迁资料	场地开发及活动的航片或卫星图片，土地使用和规划资料，以及变迁过程中建筑、设施、工艺流程和生产污染等变化	场地所有者、网络、图书馆
生产信息	原辅材料及中间体清单、平面布置图、工艺流程图、地下管线图、化学品存储及使用清单、地上及地下储罐清单等	场地使用者
场地环境资料	场地土壤及地下水污染记录、危险废物堆放记录，以及场地与敏感区（自然保护区、水源地等）位置关系；区域环境保护规划、环境质量公告、环境备案和批复，以及环境监测数据、环境影响报告书、环境审计报告、地勘报告等	环境监管部门、安监部门、场地使用者等
自然信息	地理位置图、地形、地貌、土壤、水文地质和气象资料	图书馆、网络
社会信息	人口密度和分布，敏感目标分布、土地利用方式、区域所在地经济现状和发展规划，相关国家和地方的政策、法规与标准，以及地方疾病统计信息等	地区政府、网络、图书馆

二、资料分析

调查人员应根据专业知识和经验识别资料中的错误和不合理的信息，如资料缺失影响判断地块污染状况时，应在报告中说明（表 5-2）。

表 5-2　资料收集一览表

序号	资料名称	有/无	来源	备注
1	地块利用变迁资料			
1.1	用来辨识地块及其相邻块的开发及活动状况的航片或卫星照片			
1.2	地块的土地使用和规划资料			
1.3	其他有助于评价地块污染的历史资料如土地登记信息资料等			
1.4	地块利用变迁过程中的地块内建筑、设施、工艺流程和生产污染等的变化情况			
2	地块环境资料			
2.1	地块土壤及地下水污染记录			
2.2	地块危险废物对方处置记录			
3	地块相关记录			
3.1	产品、原辅材料和中间体清单、平面布置图、工艺流程图			
3.2	地下管线图、化学品储存和使用清单、泄漏记录、废物管理记录、地上及地下储罐清单			
3.3	环境监测数据			

续表

序号	资料名称	有/无	来源	备注
3.4	环境影响评价报告书或表、环境审计报告			
3.5	地勘报告			
4	由政府机关和权威机构所保存和发布的环境资料			
4.1	区域环境保护规划、环境质量公告			
4.2	企业在政府部门相关环境备案和批复			
4.3	生态和水源保护区规划			
5	地块所在区域的自然和社会经济信息			
5.1	地理位置图、地形、地貌、土壤、水文、地质和气象资料等			
5.2	地块所在地的社会信息，如人口密度和分布，敏感目标分布			
5.3	土地利用方式			
5.4	区域所在地的经济状况和发展规划，相关国家和地方的政策、法规与标准			

第二节　现　场　踏　勘

一、工作内容

踏勘范围以场地内为主，并包括场地周边区域，其范围根据污染物可能迁移距离判断。应观察场地及周边的地形地貌、水文、地质等环境条件，大气风向，场地边界、建筑物及地面特征，场地工作条件，影响物探仪器工作的电磁干扰环境，疑似污染或污染现象，泉及水井分布情况，场地安全隐患等。观察应敏锐、仔细、全面。

(一) 地块现状与历史情况

可能造成土壤和地下水污染的物质的使用、生产、储存，三废处理与排放以及泄漏状况，地块过去使用中留下的可能造成土壤和地下水污染的异常迹象，如罐、槽泄漏以及废物临时堆放污染痕迹。

(二) 相邻地块的现状与历史情况

相邻地块的使用现况与污染源，以及过去使用中留下的可能造成土壤和地下水污染的异常迹象，如罐、槽泄漏以及废物临时堆放污染痕迹。

(三) 周围区域的现状与历史情况

对于周围区域目前或过去土地利用的类型，如住宅、商店和工厂等，应尽可能观察和记录；周围区域的废弃和正在使用的各类井，如水井等；污水处理和排放系统；化学品和废弃物的储存和处置设施；地面上的沟、河、池；地表水体、雨水排放和径流以及道路和公用设施。

（四）地质、水文地质和地形的描述

地块及其周围区域的地质、水文地质与地形应观察、记录，并加以分析，以协助判断周围污染物是否会迁移到调查地块，以及地块内污染物是否会迁移到地下水和地块之外。

二、勘查重点

重点踏勘对象一般应包括：有毒有害物质的使用、处理、储存、处置；生产过程和设备，储槽与管线；恶臭、化学品味道和刺激性气味，污染和腐蚀的痕迹；排水管或渠、污水池或其他地表水体、废物堆放地、井等。

同时应该观察和记录地块及周围是否有可能受污染物影响的居民区、学校、医院、饮用水水源保护区以及其他公共场所等，并在报告中明确其与地块的位置关系（表 5－3）。

表 5－3　　现场踏勘重点信息核查表（示例）

序号	重点信息	是/否	备注（位置、特征等）
1	场地内有无化学品储存罐？如有是否有泄漏与保护设施？		
2	场地内是否有废弃物堆放区或临时堆放区？		
3	场地内是否有填埋场？是否有污水处理厂？		
4	是否有多氯联苯的设备及位置？是否有储存燃料油、润滑油、洗涤剂？		
5	现场是否有异味？是否有颜色异常的土壤？		
6	现场是否发现生长异常的植物？		
7	场地内外有无地表水体？有无水井（含废弃的）？如有其功能是什么？		
8	场地周边区域是否有烟囱等潜在的气体排放源？		
9	场地内是否有潜在的地下水污染源？		
10	场地周边地形地貌特征是否存在污染物迁移的可能？		
11	场地内与周边人员对场地污染的描述与指正		

三、现场勘查方法

可通过对异常气味的辨识、摄影和照相、现场笔记等方式初步判断地块污染的状况。踏勘期间，可以使用现场快速测定仪器。

5－2
人员访谈

第三节　人　员　访　谈

一、访谈内容

包括资料收集和现场踏勘涉及的疑问，以及信息补充和已有资料的考证。

二、访谈对象

主要以场地现状和历史的知情人。应该包括：场地管理机构和地方政府的官员；环境保护行政主管部门的官员；过去和现在场地生产活动的使用者，以及见证了该场地生

产、经营活动的职工；邻近场地职工；场地附近的居民和熟悉当地事务的第三方等进行访问。

三、访谈方式

主要分为座谈会访谈、面对面访谈、电话访谈、电子或者书面调查访谈等方式。在整个访谈过程提问必须依照技术规定要求，有针对性地进行，包括且不限于以下内容，示例见表5－4。

表5－4　现场访谈问题记录表

序号	问题记录表
1	本地块历史上是否有其他工业企业存在？若无，地块以前的用途的什么？
2	本地块内及周边是否闻到过由土壤散发的异常气味？
3	地块内是否从事过规模化养殖？其规模化养殖产生的废水是否用于地块内农田灌溉？
4	本地块内是否曾经有任何正规或非正规的工业固体废物堆放场？如有，堆放场的位置及堆放的废弃物种类？
5	本地块内是否有遗留的危险废物堆存？
6	地块内是否曾有暗沟、渗坑，地块下是否有管线、管道通过？
7	本地块内是否有产品、原辅材料、油品的地下储罐或地下输送管道？如有，是否发生过泄漏？
8	土地或相邻的土地在过去是否建立过加油站，汽车修理厂，广告印刷厂，干洗店，相片冲洗室，填埋场，废物处理，贮存、处置及回收厂？
9	本地块内是否曾经发生过化学品泄漏事故和环境污染事故？周边邻近地块是否发生过化学品泄漏事故和环境污染事故？是否曾见到地块内堆放外来土壤或固体废物？
10	本地块是否曾开展过土壤环境调查监测工作？是否曾开展过地下水环境调查监测工作？是否开展过场地环境调查评估工作？
11	本地块内土壤是否曾受到污染？
12	本地块内是否有工业废水排放沟渠或渗坑？如有，排放沟渠的材料是什么？是否有无硬化或防渗的情况？
13	本地块周边500m范围内是否有水井？否发生过水体浑浊、颜色或气味异常等现象？是否观察到水体中有油状物质？饮用水水井的深度是多少？
14	本区域地下水用途是什么？周边地表水用途是什么？
15	本地块或者工厂里，丢弃的汽车电池，工业电池，杀虫剂，涂料，其他化学物质是否单个体积超过19L或总体积超过190L？
16	这块土地或工厂里，是否有过工业容器或装过化学物质的容器？
17	地块周边是否曾有重污染企业和其他可能的污染隐患？
18	地块内地下水是否曾受到污染？
19	地块内是否有工业废水产生？是否有工业废水在线监测装置及治理措施？
20	本地块周边500m范围内是否有幼儿园、学校、居民区、医院、自然保护区、农田、集中式饮用水水源地、饮用水井、地表水体等敏感用地？

四、访谈内容整理

访谈结束后对相关资料进行整理，通过访谈和查阅资料，完成对前期资料的收集、对现场踏勘涉及的疑问和不完善处进行核实与补充，以此作为调查报告的附件，保证第一阶段工作结果翔实可靠。

第四节 结果与分析

一、调查内容分析

第一阶段调查原则上不进行现场采样分析。即识别主要污染物—可能的污染区域—初步建立场地概念模型。

（1）收集与场地有关的自然环境（气象、水文、地形地貌、地质、土壤类型植被、动物等），社会环境（人口、经济发展水平、产业结构、人群健康状况、环境敏感目标等）、土地利用、污染源和场地污染历史等方面的资料及相关的国家法律法规文件，了解场地的属性和国家的相关要求。

（2）访问场地及周边的产权单位和相关的政府管理部门，告知场地调查的目的、工作程序和工作内容，签订场地准入合同，为开展场地勘察和现场调查作好准备。

（3）进行现场实地勘察，了解场地的实际情况，核实已收集信息的可靠性。

（4）整理和分析调查资料，初步推断场地污染或者可能遭受污染的可能性以及污染的主要途径（如土壤、地表水、沉积物、地下水和大气等）、主要污染物种类、污染程度以及大概的污染范围，分析污染物来源。根据生产工艺、原辅材料、产品种类，以及排放废水、废气、固体废物等情况，分析场地可能存在的污染物种类；根据场地生产装置、各种管线、有毒有害化学品及石油产品储存设施、污染物排放方式、现场污染痕迹、污染物的迁移特性等，分析场地潜在污染区域；对于所识别的潜在污染场地，初步建立场地概念模型，主要包括污染源、污染区域及主要污染介质和可能对场地及周边环境的影响。本阶段调查结论应明确场地内及周围区域有无可能的污染源，并进行不确定性分析。

通过收集与场地相关资料及现场踏勘，分析和推断场地污染或潜在污染源类型、污染物构成、可能的污染途径、污染范围等。与国外发达国家相比，我国缺乏系统完整的污染场地历史档案记录，这给场地的污染调查和环境监测带来很大的困难，尤其是污染历史追踪有时甚至无法进行。在这种情况下，强化前期调查，同时结合前期调查进行适当的前期采样，将有利于准备地获取场地污染信息，识别场地的污染状况，降低场地调查的总体成本。

二、调查结果分析

本阶段调查结论应明确场地内及周围区域有无可能的污染源，并进行不确定性分析。若有可能的污染源，应说明可能的污染类型、污染状况和来源，并应提出第二阶段场地环境调查的建议。

阅读拓展

调查弄虚作假，评审沦为摆设，山东聊城市东昌府区东发制革厂地块环境风险突出

2021年9月，中央第二生态环境保护督察组督察山东发现，聊城市东昌府区东发制革厂（以下简称东发制革厂）土壤污染调查工作弄虚作假，评审工作流于形式，相关地块环境风险问题突出。

一、基本情况

东发制革厂位于东昌府区张炉集镇，2001年建成投产，用地约108亩，其中建设用地约44亩。2017年3月东发制革厂停产，2019年4月在原厂区筹建公共服务设施，目前已开挖基坑。

2020年8月，东昌府区政府批复《聊城市东昌府区张炉集镇花园村村庄规划（2020—2035年）》，将东发制革厂所在地块变更为公共服务设施用地。当月，该地块被当地有关部门纳入疑似污染地块清单，按规定需要进行土壤污染状况调查。东发制革厂委托国衡环境监测有限公司（以下简称国衡公司）对厂区建设用地部分（以下简称东发制革厂地块）进行土壤污染状况调查。

二、存在问题

（一）调查报告弄虚作假

2020年8月—2021年4月，国衡公司对东发制革厂地块进行三次土壤污染状况调查。第一次调查，土壤样品六价铬最高浓度为2.79mg/kg，接近3.0mg/kg的筛选值（不超过筛选值的地块，认为风险可接受；超过筛选值的，则可能存在风险，需要进一步调查和风险评估）。专家认为监测布点数量较少，结论存在不确定性，没有建议移出疑似污染地块清单。第二次调查布点加密至九个，但总铬和六价铬浓度仍较高，30个土壤样品中，有六个六价铬最高浓度达到3.0mg/kg的筛选值，仍需作为疑似污染地块管理。第三次调查主要针对第二次调查布点的总铬和六价铬进行复测，复测结果六价铬最高浓度大幅下降为1.3mg/kg，通过了专家评审。据此，东发制革厂地块不再按照污染地块相关要求管理。

国衡公司以“分析仪器中的铬灯长时间使用未及时更换会导致数据有偏差”等为由，对前两次调查结果不予采用，以第三次调查补充监测数据作为最终评价数据。但督察发现，前两次实验室监测质控措施均符合规范要求，且铬灯更换后仪器的精密度、准确度和灵敏度未发现显著变化，不采用前两次调查监测数据的依据不充分，属于不合理取舍数据。同时督察还发现，国衡公司分析总铬和六价铬的仪器为同一台，第三次调查监测六价铬的分析时间为2021年3月30日17：21—18：11，总铬的分析时间为同日的17：37—17：56，存在明显重合；而同一台仪器无法在同一时间对不同监测因子进行分析测试，明显属于伪造测试数据。

通过造假手段，第三次调查报告中东发制革厂地块土壤中六价铬浓度由第一、二次调查监测的0.9～3.0mg/kg，降低到未检出至1.3mg/kg，检出率由第一、二次的100%降低至第三次的26.7%，本应作为评审管理重要依据的调查报告，成为疑似污染地块洗白的工具，性质恶劣。

（二）评审工作沦为摆设

聊城市相关职能部门评审工作把关不严。国衡公司第三次调查报告仅对样品监测结果进行描述，未对地块整体土壤和地下水质量是否符合标准、能否用于公共服务设施用地作出任何明确判断。同时，第三次调查的土壤样品采集时，十个采样点位中，有四个避开快速筛查发现的总铬浓度最高位置采集样品，比例达到40%，还存在采样钻探深度不足等不符合规范的问题，漏检含有更高浓度污染物土壤的风险较为突出。但2021年4月22日，聊城市生态环境局、自然资源和规划局等相关部门组织召开评审会，却认为"调查结果表明该地块所有土壤点位污染物含量均未超过GB 36600—2018规定的一类用地筛选值，结论基本可信"，"本次技术评审予以通过"，提出"建议该地块在建筑物拆除后进行土壤、地下水补充性采集工作"。

东发制革厂和国衡公司一直未落实评审意见要求。截至督察时，危险废物仓库及污水处理站等相关区域土壤、地下水补充性采集监测均未开展，污水处理站也未拆除。相关点位应测未测、建筑应拆未拆，不具备查清地块土壤污染情况的条件。5月13—17日，有关部门在组织复核时，无视原评审意见未落实的事实，同意通过复核。据此，聊城市生态环境局在未查清土壤污染情况、没有形成明确调查结论的情况下，将该地块移出疑似污染地块清单，不再按照污染地块管理。

（三）疑似污染地块违规建设

2021年5月8日，在专家尚未签字通过调查报告，地块尚未移出疑似污染地块清单的情况下，东昌府区政府即召开会议，明确"为加快项目建设进度，确保早日投入运营，该项目采取'边建设边完善手续'的方式进行，即日起可先行进场施工"，公然为违法行为开绿灯。东发制革厂在未取得地块使用权、建设工程规划许可证的情况下，于2021年6月擅自开工建设，在原厂区生产车间等重点污染区域开挖基坑（长48.2m，宽36m，深2.1m，总土方3643.9m^3），重点污染区域的土壤被大量开挖，乱堆乱放，环境风险突出。

思考：请结合第一阶段场地环境调查的程序和内容，制定上述制革厂开展第一阶段场地环境调查的方案和任务。

复习与思考题

一、选择题

1. 第一阶段调查原则上不进行（　　）分析。

A. 现场调查　　B. 现场采样　　C. 资料收集　　D. 人员访谈

2. 第一阶段调查以（　　）为主的污染识别阶段。

A. 资料收集　　B. 现场踏勘　　C. 样品采样　　D. 人员访谈

二、判断题

1. 污染源—污染途径—污染受体是污染场地调查评价的主要内容。 （　）

2. 在进行第一阶段调查人员访谈时，可通过问卷调查的形式进行。 （　）

3. 第一阶段调查确认场地及周围地区当前或者历史上没有化工厂、加油站、化学品储罐等可能的污染源，则场地调查活动结束。 （　）

第六章
第二阶段土壤污染状况调查

本 章 简 介

第二阶段土壤污染状况调查是以制定初步采样分析工作计划和详细采样分析工作计划为主要工作内容。学习本章时，需要熟悉现场采样的点位布设、采集方法、样品保存与运输等工作要点，能够对数据进行评估和分析；培养学生团队协作、数据分析的能力，养成井然有序、谨慎细致的职业态度。

6-1
第二阶段调查

地块第二阶段调查是在初步调查的基础上，通过稳定的调查技术方法的应用，详细了解污染场地污染物及相关参数分布及变化规律的一项野外调查活动。标志性活动是：采用便携式调查技术手段、物探技术、钻探技术或其他组合方式，系统调查场地污染分布特征，采集大量水、土、气样品进行分析测试，采用的调查技术与方法相对稳定并按一定的技术规范操作。有国家标准的，执行国家标准；没有国家标准的，暂采用美国环保署（EPA）等其他分析方法。

第一节　初步采样分析工作计划

根据第一阶段土壤污染状况调查的情况制订初步采样分析工作计划，内容包括核查已有信息、判断污染物的可能分布、制定采样方案、制订健康和安全防护计划、制定样品分析方案和确定质量保证和质量控制程序等任务。

一、核查已有信息

对已有信息进行核查，包括第一阶段土壤污染状况调查中重要的环境信息，如土壤类型和地下水埋深；查阅污染物在土壤、地下水、地表水或地块周围环境的可能分布和迁移信息；查阅污染物排放和泄漏的信息。应核查上述信息的来源，以确保其真实性和适用性。

二、判断污染物的可能分布

根据地块的具体情况、地块内外的污染源分布、水文地质条件以及污染物的迁移和转化等因素，判断地块污染物在土壤和地下水中的可能分布，为制定采样方案提供依据。

三、制定采样方案

采样方案一般包括：采样点的布设、样品数量、样品的采集方法、现场快速检测方法，样品收集、保存、运输和储存等要求。

（一）布点方法及条件

采样点水平方向的布设参照表 6－1 进行，并应说明采样点布设的理由。

表 6－1　几种常见的布点方法及适用条件

布点方法	适用条件
系统随机布点法	适用于污染分布均匀的地块
专业判断布点法	适用于潜在污染明确的地块
分区布点法	适用于污染分布不均匀，并获得污染分布情况的地块
系统布点法	适用于各类地块情况，特别是污染分布不明确或污染分布范围大的情况

采样点垂直方向的土壤采样深度可根据污染源的位置、迁移和地层结构以及水文地质等进行判断设置。若对地块信息了解不足，难以合理判断采样深度，可按 0.5～2m 等间距设置采样位置。

（二）土壤采样点垂直方向布设

采样点垂直方向的土壤采样深度可根据污染源的位置、迁移和地层结构以及水文地质等进行判断位置。若对地块信息了解不足，难以合理判断采样深度，可按 0.5～2m 等间距设置采样位置。

（三）地下水采样点布设

一般情况下应在调查地块附近选择清洁对照点。地下水采样点的布设应考虑地下水的流向、水力坡降、含水层渗透性、埋深和厚度等水文地质条件及污染源和污染物迁移转化等因素；对于地块内或临近区域内的现有地下水监测井，如果符合地下水环境监测技术规范，则可以作为地下水的取样点或对照点。

四、制订健康和安全防护计划

根据有关法律法规和工作现场的实际情况，制订地块调查人员的健康和安全防护计划。

五、制定样品分析方案

检测项目应根据保守性原则，按照第一阶段调查确定的地块内外潜在污染源和污染物，依据国家和地方相关标准中的基本项目要求，同时考虑污染物的迁移转化，判断样品的检测分析项目；对于不能确定的项目，可选取潜在典型污染样品进行筛选分析。一般工业地块可选择的检测项目有：重金属、挥发性有机物、半挥发性有机物、氰化物和石棉等。如土壤和地下水明显异常而常规检测项目无法识别时，可进一步结合色谱-质谱定性分析等手段对污染物进行分析，筛选判断非常规的特征污染物，必要时可采用生物毒性测试方法进行筛选判断。

六、质量保证和质量控制

现场质量保证和质量控制措施应包括：防止样品污染的工作程序、运输空白样分析、现场重复样分析、采样设备清洗空白样分析、采样介质对分析结果影响分析以及样品保存方式和时间对分析结果的影响分析等，具体参见 HJ 25.2—2019。实验室分析的质量保证和质量控制的具体要求见 HJ/T 164—2020 和 HJ/T 166—2019。

第二节 详细采样分析工作计划

在初步采样分析的基础上制定详细采样分析工作计划。详细采样分析工作计划主要包括：评估初步采样分析工作计划和结果、制定采样方案以及制定样品分析方案等。详细调查过程中监测的技术要求按照 HJ 25.2—2019 中的规定执行。

一、评估初步采样分析的结果

分析初步采样获取的地块信息，主要包括土壤类型、水文地质条件、现场和实验室检测数据等；初步确定污染物种类、程度和空间分布；评估初步采样分析的质量保证和质量控制。

二、制定采样方案

根据初步采样分析的结果，结合地块分区，制定采样方案。应采用系统布点法加密布设采样点。对于需要划定污染边界范围的区域，采样单元面积不大于 1600m^2（40m×40m 网格）。垂直方向采样深度和间隔根据初步采样的结果判断。

三、制定样品分析方案

根据初步调查结果，制定样品分析方案。样品分析项目以已确定的地块关注污染物为主。

四、其他

详细采样工作计划中的其他内容可在初步采样分析计划基础上制定，并针对初步采样分析过程中发现的问题，对采样方案和工作程序等进行相应调整。

第三节 地块环境调查监测点位的布设

一、采样点位布设的基本原则

通过对地块进行污染识别，了解场地可能存在的污染物种类和位置，对于疑似存在污染的地块需要进行详细的采样分析。污染场地环境调查不同于常规性的环境调查，需要综合考虑场地规模、污染源特征、污染物性质及特定的保护目标等，进行有针对性的采样布点。采样点位的布设要遵循以下五个原则：

（1）目标保护原则。此原则是针对场地内及周边地区的需要特殊保护的环境敏感目标，为明确这类目标及其周边地区是否受到污染伤害，需要在目标周边设置采样点位。

（2）针对性原则。根据污染识别结果，采样点位的布设应该尽可能地设置在最有可能遭到污染的区域和污染物可能迁移的区域。对于多种污染物并存的情况，可优先针对污染风险高、易迁移的污染物进行采样布点位。

（3）污染源鉴别原则。对于每一个可能存在污染源和疑似污染源的区域都需要布设采样点位，确认场地污染的归属。

（4）背景值设定原则。由于每一个场地所处的地区地理环境差异，其土壤中各类元素的本底值也存在较大的差异，因此，在场地调查的过程中需要设置背景值采样点位，以便正确判断场地是否污染及污染程度。

（5）质量保证/质量控制原则。为保证野外采样及运输的科学性，提高样品可信度，所有土壤或地下水样品的采集和运输都必须符合相关标准要求，同时采集相应的质量保证/质量控制（QA/QC）样品，以便评价野外采样是否造成污染以及获得实验室分析结果。

二、采样点位布设方案

根据第一阶段场地环境调查情况，进行场地采样分析，采样点位的布设主要根据第一阶段调查结果而定，结合场地具体情况、污染物迁移转化特性等制订完整的采样计划，主要包括以下内容：

（1）采样目的。

（2）采样点位、采样介质、采样深度。

（3）样品采集技术、地下水监测技术。

（4）样品收集、处理、保存运输技术与样品名称和编号方式。

（5）质量控制与保证

（6）人员健康和安全防护计划。

三、采样点位布设方法

（一）土壤监测点位的布设方法

根据场地环境调查相关结论确定的地理位置、场地边界及各阶段工作要求，确定布点范围。在所在区域地图或规划图中标注出准确地理位置，绘制场地边界，并对场界角点进行准备定位。污染场地土壤环境监测常用的监测点位布设方法包括系统随机布点法、系统布点法及分区布点法等，如图 6－1 所示。

6－2
土壤样方设置方法

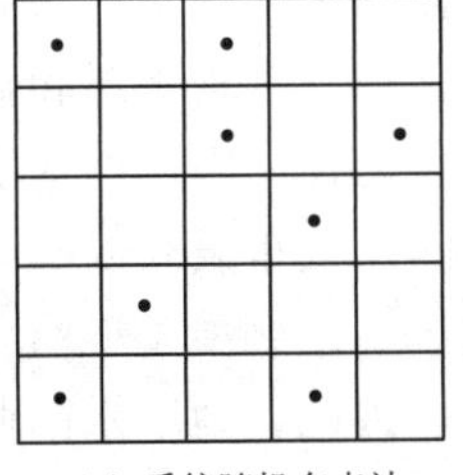

(a) 系统随机布点法

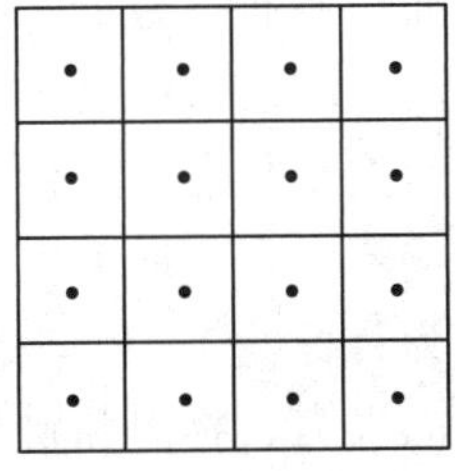

(b) 系统布点法

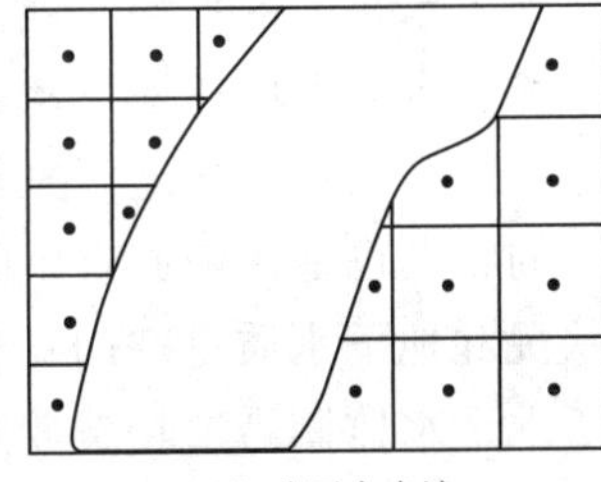

(c) 分区布点法

图 6－1 监测点位布设方法示意图

（1）对于地块内土壤特征相近、土地使用功能相同的区域，可采用系统随机布点法进行监测点位的布设。

1）系统随机布点法是将监测区域分成面积相等的若干工作单元，从中随机（随机数的获得可以利用掷骰子、抽签、查随机数表的方法）抽取一定数量的工作单元，在每个工作单元内布设一个监测点位。

2）抽取的样本数要根据地块面积、监测目的及地块使用状况确定。

（2）如地块土壤污染特征不明确或地块原始状况严重破坏，可采用系统布点法进行监测点位布设。系统布点法是将监测区域分成面积相等的若干工作单元，每个工作单元内布设一个监测点位。

（3）对于地块内土地使用功能不同及污染特征明显差异的地块，可采用分区布点法进行监测点位的布设。

1）分区布点法是将地块划分成不同的小区，再根据小区的面积或污染特征确定布点的方法。

2）地块内土地使用功能的划分一般分为生产区、办公区、生活区。原则上生产区的工作单元划分应以构筑物或生产工艺为单元，包括各生产车间、原料及产品储库、废水处理及废渣贮存场、场内物料流通道路、地下贮存构筑物及管线等。办公区包括办公建筑、广场、道路、绿地等，生活区包括食堂、宿舍及公用建筑等。

3）对于土地使用功能相近、单元面积较小的生产区也可将几个单元合并成一个监测工作单元。

（4）土壤对照监测点位的布设方法。

1）一般情况下，应在地块外部区域设置土壤对照监测点位。

2）对照监测点位可选取在地块外部区域的四个垂直轴向上，每个方向上等间距布设三个采样点，分别进行采样分析。如因地形地貌、土地利用方式、污染物扩散迁移特征等因素致使土壤特征有明显差别或采样条件受到限制时，监测点位可根据实际情况进行调整。

3）对照监测点位应尽量选择在一定时间内未经外界扰动的裸露土壤，应采集表层土壤样品，采样深度尽可能与地块表层土壤采样深度相同。如有必要也应采集下层土壤样品。

6－3
地下水监测布点方法

（二）地下水监测点位布设方法

地块内如有地下水，应在疑似污染严重的区域布点，同时考虑在地块内地下水径流的下游布点。如需要通过地下水的监测了解场地的污染特征，则在一定距离内的地下水径流下游汇水区内布点。地下水含水层和包气带中污染物的累积是场地污染物的重要归宿和迁移转化途径，因此地下水监测点位的布设也是污染调查中的重要内容。地下水监测点位布设须以明确地下水系的环境质量状况和地下水质量空间变化为目标。

（1）由于地下水监测需要耗费较多的人力、物力和财力，因此，地下水的监测布点除了要考虑采样布点的基本原则外，还需充分考虑以下几点：

1）在进行布点采样前，应收集当地相关水文、地质资料，包括当地的地质勘查报告

(地质图、剖面图、地下水埋深、含水层分布图等)、现有水井的有关参数(井位、钻井日期、井深、成井方法、含水层位置、抽水试验数据、钻探单位、使用价值和水质资料等)、地势图、地下水流向、地下水资源开发利用情况。

2)综合考虑场地污染源分布和地下水流向、污染物在地下水中的扩散形式等因素,采用点面结合的方法进行布设。

3)充分利用现存的饮用水水井或生产用水井,可将其直接作为监测用井进行采样。

4)地下水背景样品采样点位应设置在场地地下水的上游,与场地内地下水处于同一含水层。

(2)具体布设要求。

1)对于面积较大的监测区域,沿地下水流向为主与垂直地下水流向为辅相结合布设监测点:对同一个水文地质单元,可根据地下水的补给、径流、排泄条件布设控制性监测点。地下水存在多个含水层时,监测井应为层位明确的分层监测井。

2)地下水饮用水源地的监测点布设,以开采层为监测重点:存在多个含水层时,应在与目标含水层存在水力联系的含水层中布设监测点,并将与地下水存在水力联系的地表水纳入监测。

3)对地下水构成影响较大的区域,如化学品生产企业以及工业集聚区在地下水污染源的上游、中心、两侧及下游区分别布设监测点;尾矿库、危险废物处置场和垃圾填埋场等区域在地下水污染源的上游、两侧及下游分别布设监测点,以评估地下水的污染状况。污染源位于地下水水源补给区时,可根据实际情况加密地下水监测点。

4)污染源周边地下水监测以浅层地下水为主,如浅层地下水已被污染且下游存在地下水饮用水源地,需增加主开采层地下水的监测点。

5)岩溶区监测点的布设重点在于追踪地下暗河出入口和主要含水层,按地下河系统径流网形状和规模布设监测点,在主管道与支管道间的补给、径流区适当布设监测点,在重大或潜在的污染源分布区适当加密地下水监测点。

6)裂隙发育区的监测点尽量布设在相互连通的裂隙网络上。

7)可以选用已有的民井和生产井或泉点作为地下水监测点,但须满足地下水监测设计的要求。

(三)地表水监测点位布设方法

如果地块内或地块周边(距场地边界 3km 以内)有流经的或汇集的地表水,则在疑似污染严重区域的地表水布点,同时考虑在地表水径流的下游布点;地表水监测断面的布设主要考虑以下几点:

(1)应在地表水系上游设置对照断面,在地块内部设置控制断面,在水系下游设置出境断面。

(2)控制断面的设置要充分考虑地块污染源分布和水体功能区划分情况,每一个功能区域或污染源附件至少要设置 1 个控制断面采样点位。

(3)监测断面应尽量设置在河道顺直、河床稳定、水流平稳、水面宽阔、无急流、无浅滩处,避开死水区(湖泊除外)、回水区和排污口。

(4)对于湖泊、水库等地表水系,可在污染物主要输送路线上设置控制断面。

(5) 对照断面应设置在场地外，若上游存在其他可能影响水系水质的生产经营活动企业，除了进场处需设置对照断面外，在水系未受影响的上游也应设置对照断面。

(四) 环境空气监测点位布设方法

在地块中心和地块当时下风向主要环境敏感点布点。对于地块中存在的生产车间、原料或废渣贮存场等污染比较集中的区域，应在这些区域内布点；对于有机污染、恶臭污染、汞污染等类型场地，应在疑似污染较重的区域布点。如果在污染识别阶段发现地块可能遭受挥发性有机物、汞等污染物质污染，那么地块空气就有遭到污染的可能，需要进行采样确认，以评估其危害。

一般情况下，大气环境的监测应根据地块的主导风向进行布点，在地块主导风向上风向场界、主导风向的下风向场界和地块污染源下风向布设采样点，监测点位个数根据现场情况而定，不少于4个。上风向场界的采样点位可视为对照采样点位。

(五) 地块内残余废弃物监测点位布设方法

当地块内仍堆放有残余废弃物或原厂房等建筑物时，需要在疑似为危险废物的残余废弃物和与当地土壤有明显区别的可疑物质所在区域进行采样布点。

四、地块环境调查监测点位的布设

(一) 土壤监测点位的布设

1. 地块土壤污染状况调查初步采样监测点位的布设

(1) 可根据原地块使用功能和污染特征，选择可能污染较重的若干工作单元，作为土壤污染物识别的工作单元。原则上监测点位应选择工作单元的中央或有明显污染的部位，如生产车间、污水管线、废弃物堆放处等。

(2) 对于污染较均匀的地块（包括污染物种类和污染程度）和地貌严重破坏的地块（包括拆迁性破坏、历史变更性破坏），可根据地块的形状采用系统随机布点法，在每个工作单元的中心采样。

(3) 监测点位的数量与采样深度应根据地块面积、污染类型及不同使用功能区域等调查阶段性结论确定。

(4) 对于每个工作单元，表层土壤和下层土壤垂直方向层次的划分应综合考虑污染物迁移情况、构筑物及管线破损情况、土壤特征等因素确定。采样深度应扣除地表非土壤硬化层厚度，原则上应采集0～0.5m表层土壤样品，0.5m以下下层土壤样品根据判断布点法采集，建议0.5～6m土壤采样间隔不超过2m；不同性质土层至少采集一个土壤样品。同一性质土层厚度较大或出现明显污染痕迹时，根据实际情况在该层位增加采样点。

(5) 一般情况下，应根据地块土壤污染状况调查阶段性结论及现场情况确定下层土壤的采样深度，最大深度应直至未受污染的深度为止。

2. 地块土壤污染状况调查详细采样监测点位的布设

(1) 对于污染较均匀的地块（包括污染物种类和污染程度）和地貌严重破坏的地块（包括拆迁性破坏、历史变更性破坏），可采用系统布点法划分工作单元，在每个工作单元的中心采样。

(2) 如地块不同区域的使用功能或污染特征存在明显差异，则可根据土壤污染状况调

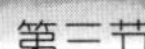

查获得的原使用功能和污染特征等信息，采用分区布点法划分工作单元，在每个工作单元的中心采样。

（3）单个工作单元的面积可根据实际情况确定，原则上不应超过 $1600m^2$。对于面积较小的地块，应不少于 5 个工作单元。采样深度应至土壤污染状况调查初步采样监测确定的最大深度，深度间隔原则上建议 3m 以内深层土壤的采样间隔为 0.5m，3～6m 采样间隔为 1m，6m 至地下水采样间隔为 2m，具体间隔可根据实际情况适当调整。

（4）如需采集土壤混合样，可根据每个工作单元的污染程度和工作单元面积，将其分成 1～9 个均等面积的网格，在每个网格中心进行采样，将同层的土样制成混合样（测定挥发性有机物项目的样品除外）。

（二）地下水监测点位的布设

（1）对于地下水流向及地下水位，可结合土壤污染状况调查阶段性结论间隔一定距离按三角形或四边形至少布置 3～4 个点位监测判断。

（2）地下水监测点位应沿地下水流向布设，可在地下水流向上游、地下水可能污染较严重区域和地下水流向下游分别布设监测点位。确定地下水污染程度和污染范围时，应参照详细监测阶段土壤的监测点位，根据实际情况确定，并在污染较重区域加密布点。

（3）应根据监测目的、所处含水层类型及其埋深和相对厚度来确定监测井的深度，且不穿透浅层地下水底板。地下水监测目的层与其他含水层之间要有良好止水性。

（4）一般情况下采样深度应在监测井水面下 0.5m 以下。对于低密度非水溶性有机物污染，监测点位应设置在含水层顶部；对于高密度非水溶性有机物污染，监测点位应设置在含水层底部和不透水层顶部。

（5）一般情况下，应在地下水流向上游的一定距离设置对照监测井。

（6）如地块面积较大，地下水污染较重，且地下水较丰富，可在地块内地下水径流的上游和下游各增加 1～2 个监测井。

（7）如果地块内没有符合要求的浅层地下水监测井，则可根据调查阶段性结论在地下水径流的下游布设监测井。

（8）如果地块地下岩石层较浅，没有浅层地下水富集，则在径流的下游方向可能的地下蓄水处布设监测井。

（9）若前期监测的浅层地下水污染非常严重，且存在深层地下水时，可在做好分层止水条件下增加一口深井至深层地下水，以评价深层地下水的污染情况。

（三）地表水监测点位的布设

（1）考察地块的地表径流对地表水的影响时，可分别在降雨期和非降雨期进行采样。如需反映地块污染源对地表水的影响，可根据地表水流量分别在枯水期、丰水期和平水期进行采样。

（2）考察地块的地表径流对地表水的影响时，可分别在降雨期和非降雨期进行采样。如需反映地块污染源对地表水的影响，可根据地表水流量分别在枯水期、丰水期和平水期进行采样。

（3）如有必要可在地表水上游一定距离布设对照监测点位。

（4）根据地表水的水文特征、功能要求与排污口的分布，按水力学原理与法规要求，布设在评价河段上的断面应包括对照断面、消减断面和控制断面。

（5）尽可能设在河流顺直、河床稳定、无急流浅滩处，非滞水区，并且是污水与河水比较均匀混合的河段。

（四）环境空气监测点位的布设

（1）如需要考察地块内的环境空气，可根据实际情况在地块疑似污染区域中心、当时下风向地块边界及边界外500m内的主要环境敏感点分别布设监测点位，监测点位距地面1.5～2.0m。

（2）一般情况下，应在地块的上风向设置对照监测点位。

（3）对于有机污染、汞污染等类型地块，尤其是挥发性有机物污染的地块，如有需要可选择污染最重的工作单元中心部位，剥离地表0.2m的表层土壤后进行采样监测。

（五）地块残余废弃物监测点位的布设

（1）地块环境调查初步采样监测阶段，应根据前期调查结果对可能为危险废物的残余废弃物直接采样。

（2）地块环境调查详细采样监测阶段，对已确定为危险废物的应按照HJ/T 298相关要求布点采样；对可疑的残余物进行系统布点采样时，应将每一种特征相同或相似的残余物划分成数量相等的若干份，对每一份进行采样，以确定残余废弃物的数量及空间分布。

第四节 现 场 采 样

一、现场采样方案

在进行现场采样工作之前，需要建立详细的现场采样工作方案，主要包括以下内容：

（1）采样目的。要求具体到每一个采样点位、每一环境介质的采样目的。

（2）采样位置。根据采样点位布设方案进行。

（3）采样数量。在进行采样工作前需根据点位布设方案计算各介质采样数。

（4）采样时间和路线。开展采样工作前，需要和相关监管部门和业主协商确定采样时间，并充分考虑天气等因素。另外，需要根据场地地理位置信息合理设计采样路线。

（5）采样人员及分工。环境采样工作需要有相关资质的单位和个人进行，采样前需要对相关人员进行培训，采样过程中也要有专业人员进行技术指导，确保采样质量。

（6）采样质量保证措施。包括正确选择采样方式、采样仪器，建立采样记录制度，采样人员的培训、监督等。

（7）采样器材和交通工具。根据现场条件和技术水平，尽量选择先进、高效的采样设备。

（8）现场监测。对于有必要进行现场监测的项目和区域要提前标示，明确监测项目、监测方式、监测仪器等信息。

（9）安全保证措施。包括对采样工作人员的防护、设备的安全操作、意外伤害等紧急情况的处理处置措施等。

二、采样准备工作

（一）采样前准备

现场采样应准备的材料和设备包括：定位仪器、现场探测设备、调查信息记录装备、监测井的建井材料、土壤和地下水取样设备、样品的保存装置和安全防护装备等。

（二）定位和探测

采样前，可采用卷尺、GPS卫星定位仪、经纬仪和水准仪等工具在现场确定采样点的具体位置和地面标高，并在采样布点图中标出。可采用金属探测器或探地雷达等设备探测地下障碍物，确保采样位置避开地下电缆、管线、沟、槽等地下障碍物。采用水位仪测量地下水水位，采用油水界面仪探测地下水非水相液体。

（三）现场检测

可采用便携式有机物快速测定仪、重金属快速测定仪、生物毒性测试等现场快速筛选技术手段进行定性或定量分析，可采用直接贯入设备现场连续测试地层和污染物垂向分布情况，也可采用土壤气体现场检测手段和地球物理手段初步判断场地污染物及其分布，指导样品采集及监测点位布设。采用便携式设备现场测定地下水水温、pH值、电导率、浊度和氧化还原电位等。

三、现场样品采集

（一）土壤样品的采集

6－4 土壤样品的采集、保存与运输

1. 表层土壤样品的采集

采集工具：正常情况下，无机污染物的土壤分析样品应采用竹片或硬塑料片采集，有机污染物的土壤分析样品应用铁锹或土钻采集。土壤分层样品可通过土壤剖面或土壤原状采样器采集。表层土壤采样工具如图6－2所示。

图6－2　表层土壤采样工具

2. 表层土壤样品的采集方式

由于土壤存在小范围内的高度变异性，因此在土壤样品的采集时，一般采集混合样品，以确保所采样品能代表指定的位置和深度，但不能将不同采样区域（或单元）或不同采样层次的样品进行混合。混合样品可采用梅花点法、对角线法、棋盘法或蛇形法（图6－3）由三个以上的采样点样品混合而成。目标污染物为挥发性和半挥发性有机物的样品宜使用具有聚四氟乙烯密封垫的直口螺口瓶收集。

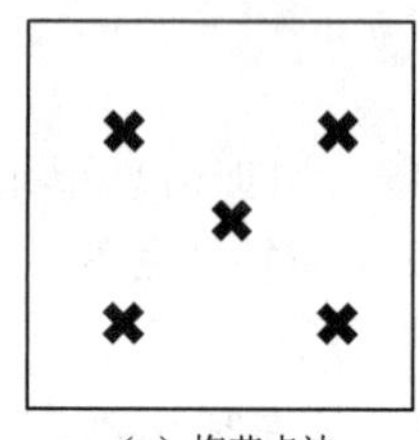
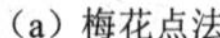
(a) 梅花点法

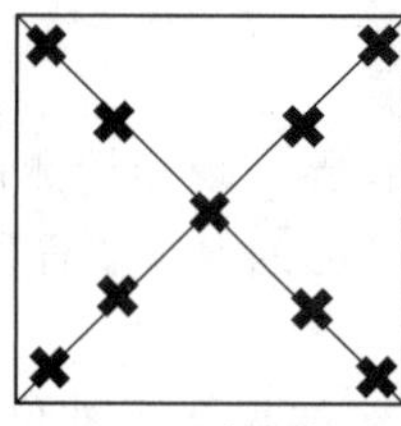
(b) 对角线法

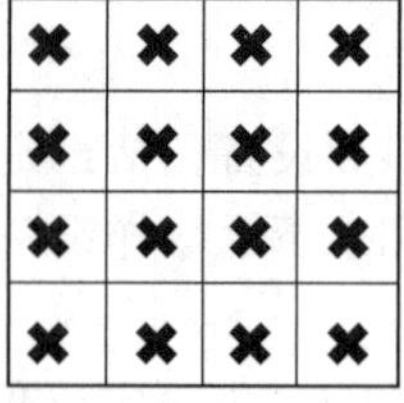
(c) 棋盘法

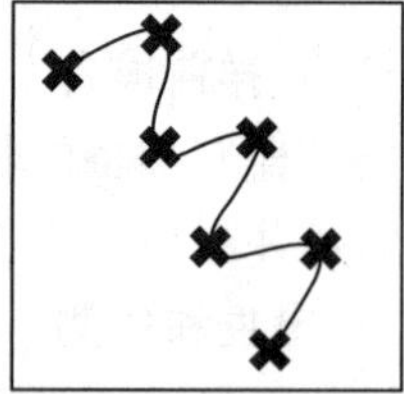
(d) 蛇形法

图 6-3 常见采样布点方式

梅花点法：适用于面积较小、地势平坦、土壤不够均匀的地块，土壤组成和受污染程度相对比较均匀的地块，设分点五个左右。

对角线法：适用于污灌农田土壤，将对角线五等分，以等分点为采样点位。

棋盘法：适用于地势平坦、土壤不够均匀的地块，设分点十个左右，受污泥、垃圾等固体废物污染的土壤，分点应在 20 个左右。

蛇形法：适用于面积较大、土壤不够均匀且地势不平坦的地块，设分点 15 个左右，多用于农业污染型土壤。

3. 深层土壤样品的采集

(1) 钻孔取样。深层土壤的采集以钻孔取样为主，应根据深部土壤的岩性与污染深度，选用适宜的钻探工具成孔，见表 6-2。

表 6-2　　不同钻探方式适用条件

钻探方法	调查深度	地层条件	应　　用
钢钎或螺旋钻	0.8～1.0m	非坚硬岩石层	表层土壤气筛查、不能取样
手（机械）动力钻	1.0～5.0m	土层	可采集土壤不扰动样
洛阳铲	2.0～10.0m	土层	可采集土壤扰动样
冲击钻	20.0～25.0m	土层及薄砂层	可采集土壤样，轻微扰动
直接压入钻	20.0～60.0m	不含大砾石土层	可采集土壤样、水样，轻微扰动
冲击-回转钻	100～150m	不受限制	可采集土壤样，轻微或不扰动
回转钻	>150m	不受限制	可采集土壤样，轻微或不扰动

钻孔取样可采用人工或机械钻孔后取样。手工钻探采样的设备包括螺纹钻、管钻、管式采样器等。机械钻探包括实心螺旋钻、中空螺旋钻、套管钻等。这些方法适用于采集重金属等非挥发性污染土壤，具有简便易行、采样成本较低的特点，然而对于挥发性有机物、易分解有机物和恶臭污染土壤并不适用。针对此类污染土壤在采集过程中应对土壤扰动少，可获得未经扰动的土壤样品，常采用直压钻孔采样法和旋转钻孔采样法，该方法是目前国际上通用的采样方法，需要配备专业的采样工具和设备（图 6-4）。

采集的完整土壤样品可保存于岩箱当中，从钻孔内取上来以后，将土样按照顺序放在岩箱内，供采样人员及时编录。

(2) 槽探取样。槽探一般靠人工或机械挖掘采样槽，然后用采样铲或采样刀进行采

(a) 锤击钻机

(b) Geoprobe钻机

图 6-4 钻探采样设备

样。槽探的断面呈长条形，根据场地类型和采样数量设置一定的断面宽度。槽探取样可通过锤击敞口取土器取样和人工刻切块状土取样。

(二) 地下水样品的采集

1. 监测井的设置

6-5
地下水调查方法与取样检测(一)

6-6
地下水调查方法与取样检测(二)

地下含水层和包气带中污染物的累积是场地污染物的重要归宿和迁移转化途径，在通常情况下，污染场地地下水的监测应设置背景井和监测井。背景井应设置在场地地下水上游、无污染的区域背景，背景井的布设应尽可能远离城市居民区、工业生产区、农药化肥施用区、污染区及交通要道。监测井应考虑场地地下水的流向、污染源的分布以及污染物在地下水中的扩散形式，采用点面结合的方法进行布设。监测井的布设方法具体如下：

(1) 监测井建设深度应满足监测目标要求。监测目标层与其他含水层之间须做好止水，监测井滤水管不得越层，监测井不得穿透目标含水层下的隔水层的底板。

(2) 监测井所采用的构筑材料不应改变地下水的化学成分，即不能干扰监测过程中对地下水中化合物的分析。

(3) 施工中应采取安全保障措施，做到清洁生产文明施工。避免钻井过程污染地下水。

(4) 监测井取水位置一般在目标含水层的中部，但当水中含有重质非水相液体时，取水位置应在含水层底部和不透水层的顶部；水中含有轻质非水相液体时，取水位置应在含水层的顶部。

(5) 监测井滤水管要求，丰水期间需要有 1m 的滤水管位于水面以上；枯水期需有 1m 的滤水管位于地下水面以下。

(6) 井管的内径要求不小于 50mm，以能够满足洗井和取水要求的口径为准。

(7) 井管各接头连接时不能用任何黏合剂或涂料，推荐采用螺纹式连接井管。

(8) 监测井建设完成后必须进行洗井，保证监测井出水水清砂净。常见的方法包括超量抽水、反冲、汲取及气洗等。

(9) 洗井后需进行至少 1 个落程的定流量抽水试验，抽水稳定时间达到 24h 以上，待水位恢复后才能采集水样。

地下水监测井示意图如图 6-5 所示。

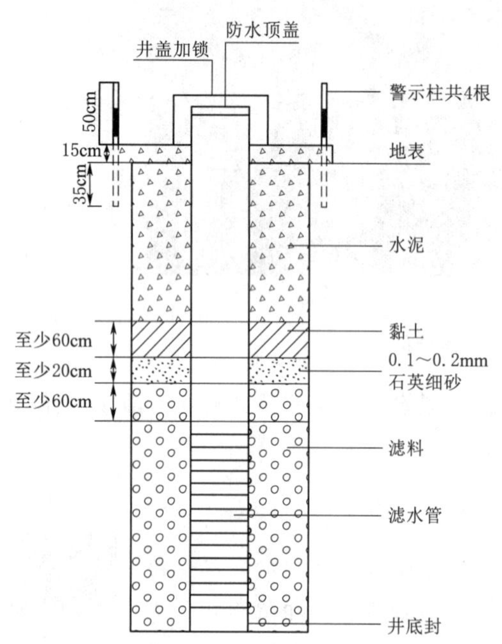

图 6-5　地下水监测井示意图

污染场地地下水采样点的布设还应考虑以下几点：①尽量利用场地及周边现有的饮用水水井或生产用水井作为采样点。如果没有，则需要构筑新的监测井进行采样；②地下水污染较为严重的区域应加大布点密度，污染小的区域应适当减少布点密度；③在没有场地地下水水文地质资料的地区，应将监测井设置在离场地或污染源较近的位置；④如场地内有饮用水水井，作为保护目标应尽量在此设置采样点；⑤背景样品应在场地地下水上游，与目标样品处于同一含水层。

2. 地下水监测布点基本要求

(1) 对于地下水流向及地下水位，可结合环境调查结论间隔一定距离按三角形或四边形至少布置 3～4 个点位监测判断。

(2) 地下水监测点位应沿地下水流向布设，可在地下水流向上游、地下水可能污染较重区域和地下水流向下游分别布设监测点位。确定地下水污染程度和污染范围时，应参照详细监测阶段土壤的监测点位，根据实际情况确定，并在污染较重区域加密布点。

(3) 应根据监测目的、所处含水层类型及其埋深和相对厚度来确定监测井的深度，且不穿透浅层地下水底板。地下水监测目的层与其他含水层之间要有良好的止水性。

(4) 一般情况下采样深度应在监测井水面下 0.5m 以下。对于低密度非水溶性有机物污染，监测点位应设置在含水层顶部；对于高密度非水溶性有机物污染，监测点位应设置在含水层底部和不透水层顶部。

(5) 一般情况下，应在地下水流向上游的一定距离设置对照监测井。

(6) 如场地面积较大，地下水污染较重，且地下水较丰富，可在场地内地下水径流的上游和下游各增加 1～2 个监测井。

(7) 如果场地内没有符合要求的浅层地下水监测井，则可根据调查结论在地下水径流的下游布设监测井。

(8) 如果场地地下岩石层较浅，没有浅层地下水富集，则在径流的下游方向可能的地下蓄水处布设监测井。

(9) 若前期监测的浅层地下水污染非常严重，且存在深层地下水时，可在做好分层止水条件下增加一口深井至深层地下水，以评价深层地下水的污染情况。

3. 地下水采样过程

地下水采样基本流程如图 6-6 所示。

(1) 地下水水位、井水深度测量。

1) 地下水水质监测通常在采样前应先测地下水水位（埋深水位）和井水深度。井水深度可按以下公式计算：

井水深度(m)＝井底至井口深度－水位面至井口深度

2) 地下水水位测量主要测量静水位埋藏深度和高程，高程测量参照 SL 58—2014 相关要求执行。

3) 手工法测水位时，用布卷尺、钢卷尺、测绳等测具测量井口固定点至地下水水面垂直距离，当连续两次静水位测量数值之差在±1cm/10m 以内时，测量合格，否则需要重新测量。

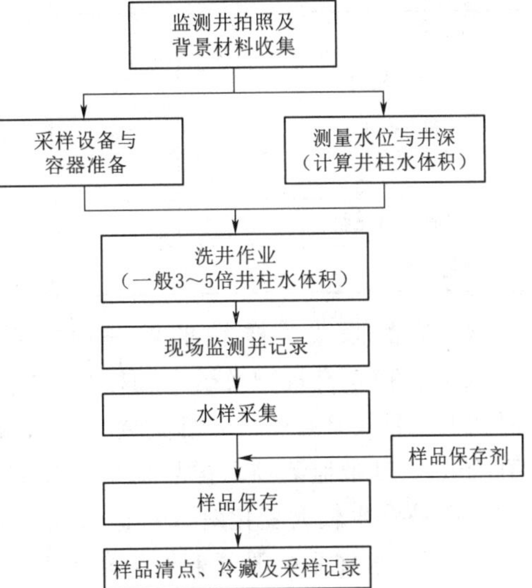

图 6-6 地下水采样基本流程图

4) 有条件的地区，可采用自记水位仪、电测水位仪或地下水多参数自动监测仪进行水位测量。

5) 水位测量结果以米（m）为单位，记至小数点后两位。

6) 每次测量水位时，应记录监测井是否曾抽过水，以及是否受到附近井的抽水影响。

(2) 洗井。采样前需先洗井，洗井应满足 HJ 25.2—2019、HJ 1019—2019 的相关要求。在现场使用便携式水质测定仪对出水进行测定，浊度小于或等于 10 NTU 时或者当浊度连续三次测定的变化在±10%以内、电导率连续三次测定的变化在±10%以内、pH 值连续三次测定的变化在±0.1 以内；或洗井抽出水量在井内水体积的 3～5 倍时，可结束洗井。

(3) 采样方法。已有管路监测井采样法适用于地面已连接了提水管路的监测井的采样，普通监测井采样法适用于常规监测井的采样，深层/大口径监测微洗井法适用于深层地下水的采样。若无同类型仪器设备，可采用经国家或国际标准认定的等效仪器设备。在采样过程中可根据实际情况选取推荐的采样方法，也可以根据实地情况采用其他能满足质量控制要求的采样方法。常见的采样器具及所适用监测项目一览表见表 6-3。

表 6-3　常见的采样器具及所适用监测项目一览表

监测项目	敞口定深取样器	闭合定深取样器	惯性泵	气囊泵	气提泵	潜水泵	自吸泵
电导率	√	√	√	√	√	√	√
pH 值	—	√	√	√	—	√	√
碱度	√	√	√	√	—	√	√

续表

监测项目	敞口定深取样器	闭合定深取样器	惯性泵	气囊泵	气提泵	潜水泵	自吸泵
氧化还原电位	—	√	—	√	—	√	—
硝酸盐等阴离子	√	√	√	√	√	√	√
非挥发性有机物	√	√	√	√	√	√	√
VOCs 和 SVOCs	—	√	—	√	—	√	—
TOC（总有机碳）	√	√	—	√	—	√	—
TOX（总有机卤化物）	—	√	—	√	—	√	—
微生物指标	√	√	√	√	—	√	√

（4）样品采集。样品采集一般按照挥发性有机物（VOCs）、半挥发性有机物（SVOCs）、稳定有机物及微生物样品、重金属和普通无机物的顺序采集。采集 VOCs 水样时执行 HJ 1019—2019 相关要求，采集 SVOCs 水样时出水口流速要控制在 0.2～0.5L/min，其他监测项目样品采集时应控制出水口流速低于 1L/min，如果样品在采集过程中水质易发生较大变化时，可适当加大采样流速。

1）地下水样品一般要采集清澈的水样。如水样浑浊时应进一步洗井，保证监测井出水水清砂净。

2）采样时，除有特殊要求的项目外，要先用采集的水样荡洗采样器与水样容器 2、3 次。采集 VOCs 水样时必须注满容器，上部不留空间，具体参照 HJ 1019—2019 相关要求；测定硫化物、石油类、细菌类和放射性等项目的水样应分别单独采样。

3）采集水样后，立即将水样容器瓶盖紧、密封，贴好标签，标签可根据具体情况进行设计，一般包括采样日期和时间、样品编号、监测项目等。

4）采样结束前，应核对采样计划、采样记录与水样，如有错误或漏采，应立即重采或补采。

（5）采样设备清洗程序。

常用的现场采样设备和取样装置清洗方法和程序如下：

1）用刷子刷洗、空气鼓风、湿鼓风、高压水或低压水冲洗等方法去除黏附较多的污物。

2）用肥皂水等不含磷洗涤剂洗掉可见颗粒物和残余的油类物质。

3）用水流或高压水冲洗去除残余的洗涤剂。

4）用蒸馏水或去离子水冲洗。

5）当采集的样品中含有金属类污染物时，应用 10%硝酸冲洗，然后用蒸馏水或去离子水冲洗。

6）当采集含有有机污染物水样时，应用有机溶剂进行清洗，常用的有机溶剂有丙酮、己烷等。

7）用空气吹干后，用塑料薄膜或铝箔包好设备。

（6）其他要求。

1）地下水采样时应依据场地的水文地质条件，结合调查获取的污染源及污染土壤特征，应利用最低的采样频次获得最有代表性的样品。

2）监测井可采用空心钻杆螺纹钻、直接旋转钻、直接空气旋转钻、钢丝绳套管直接旋转钻、双壁反循环钻等进行钻井。

3）设置监测井时，应避免采用外来的水及流体，同时在地面井口处采取防渗措施。

4）监测井的井管材料应有一定强度，耐腐蚀，对地下水无污染。

5）低密度非水溶性有机物样品应用可调节采样深度的采样器采集，对于高密度非水溶性有机物样品可以应用可调节采样深度的采样器或潜水式采样器采集。

6）在监测井建设完成后必须进行洗井。所有的污染物或钻井产生的岩层破坏以及来自天然岩层的细小颗粒都必须去除，以保证出流的地下水中没有颗粒。常见的方法包括超量抽水、反冲、汲取及气洗等。

7）地下水采样应在洗井后两小时进行为宜。测试项目中有挥发性有机物时，应适当减缓流速，避免冲击产生气泡，一般不超过 0.1L/min。

8）地下水采样的对照样品应与目标样品来自相同含水层的同一深度。

（三）地表水样品的采集

1. 确定采样负责人

主要负责制定采样计划并组织实施。

2. 制订采样计划

采样负责人在制订计划前要充分了解该项监测任务的目的和要求；应对要采样的监测断面周围情况了解清楚；并熟悉采样方法、水样容器的洗涤、样品的保存技术。在有现场测定项目和任务时，还应了解有关现场测定技术。采样计划应包括：确定的采样垂线和采样点位、测定项目和数量、采样质量保证措施，采样时间和路线、采样人员和分工、采样器材和交通工具以及需要进行的现场测定项目和安全保证等。

3. 采样器材与现场测定仪器的准备

采样器材主要是采样器和水样容器。地表水一般可使用聚乙烯塑料桶、采水瓶、直立式采水器和自动采样器采集，可根据现场条件选择。在进行采水作业前，所有设备都需要进行清洗。

污染场地地表水监测通常采集瞬时水样。具体方法为：先将采样器缓慢沉入到指定的深度，然后将采水器提出水面，放入集水水桶中，混合后移入样品容器中（样品容器应用采集水洗涤 3 次以上），立即加入保存剂，盖上盖子，用四氟乙烯胶带密封。样品采集后，应马上加入保存剂进行固定。

地表水样品的采集应注意以下事项：

（1）采样时不得搅动水底的沉积物。

（2）采样时应保证采样点的位置准确。可使用 GPS 定位仪进行定位。

（3）用于测定油类的水样，应在水面 0～30cm 处采集单独柱状水样，并全部用于测定。采样瓶（容器）不能用采集的水样冲洗。

（4）用于测定溶解氧、生化需氧量和有机污染物等项目的水样，必须注满容器，上部不留空间，瓶口用水封口或用四氟乙烯胶带密封。

（5）如果水样中含有沉降性固体（如泥沙等），则应分离除去。分离方法为：将所采集的水样混摇后倒入筒形玻璃容器（如1～2L的量筒）内，静置30min，将不含沉降性固体但含有悬浮性固体的水样移入样品容器，并加入保存剂。测定水温、pH值、DO、电导率、总悬浮物和油类的水样除外。

（6）用于测定湖（库）COD、高锰酸盐指数、总氮、总磷的样品，采样后水样应静置30min，用吸管一次或几次移取水样，吸管进水口应在水样表层5cm以下位置，再加保存剂保存。

（7）用于测定油类、BOD、DO、硫化物、余氯、类大肠菌群、悬浮物等项目的样品要采集单独样品。

（8）采样结束前，应核对采样记录与水样数量，如有错误或遗漏，应立即补采或重采。

采样结束后，应在每个水样容器上贴好采样标签，用签字笔或铅笔填写地表水采样记录表。地表水采样记录表见表6-4。

表6-4　　地表水采样记录表

孔号		样品编号	
取样地点			
取样深度		水源种类	
浊度		水温	
气温		天气	
取样日期		取样人	
化学处理方法			
分析要求			
备注			

（四）环境空气样品的采集

地块环境空气的监测包括空气中气态污染物的监测和颗粒物的监测，一般情况下，只考虑气态污染物的监测。然而，若地块存在污染严重且扬尘较大的情况，则需要考虑大气颗粒物的监测。

采样频次和时间：污染地块大气样品的采样频度一般为每天4次、共6天，或每天3次，共2周。每次采样时间可因污染物种类而异，但每次采样时间不少于45min。

地块环境空气采样技术主要分为手工监测和自动监测两种，两者主要的差别在于样品处理和分析阶段是否需要人工操作。在实际操作过程中，应根据各指标的监测目的、污染物浓度水平及监测分析技术水平确定采样技术。地块环境空气采样系统一般由气体捕集装置、滤水井、气体采样器、在线分析系统等组成，需要根据气态污染物的理化特性及其监测分析方法的检测限配置相应的气样捕集装置。

（五）地块残余废弃物样品的采集

地块内残余的固态废弃物可选用尖头铁锹、钢锤、采样钻、取样铲等采样工具进行采样。地块内残余的液态废弃物可选用采样勺、采样管、采样瓶、采样罐、搅拌器等工具进行采样。地块内残余的半固态废弃污染物应根据废物流动性按照固态废弃物采样或液态废弃物的采样规定进行样品采集。

采样量取决于废物的体积和污染物均匀度，废物的体积越大，均匀性越差，采样量就应越多，它大致与废物的最大粒度直径某次方成正比，与废物的不均匀性程度成正比。

（六）沉积物样品的采集

沉积物样品的采样点通常为地面水采样点的垂线正下方。此处若无法采集，可略作移动，但应将移动的情况在采样记录表上详细注明。底质采样点应避开河床冲刷、底质沉积不稳定及水草茂盛、表层底质易受搅动的地点。湖（库）沉积物的采样点一般应设在主要河流及污染源排放口与湖（库）水混合均匀处。

在较深水域一般采用专业掘式采泥器采样。在浅水区或干涸河段用塑料勺或金属铲等即可采样。底质采样量需要根据检测指标的需求而定，采集时应考虑其含水率，避免出现样品量不足的情况。剔除样品中的动植物残体、石块、贝壳等杂物。一次的采样量不够时，可在原采样点位四周再采集几次，并将样品用四分法混匀取样。在将样品装入样品瓶之前，应先沥干水分，样品瓶可选用塑料袋或玻璃瓶。对于需要测定有机物的样品，必须用金属器具采样，然后用棕色磨口玻璃瓶保存。

样品采集后要及时将样品编号，贴上标签，并将沉积物的外观性状（如泥质状态、颜色、嗅味、生物现象等）填入采样记录表中。采集的样品和采样记录表运回后一并提交给实验室，并办理交接手续。

以上样品的采样信息一览表见表 6－5。

表 6－5　　采样信息一览表

样品类型	点位名称	采样位置	经度/(°)	纬度/(°)	钻探深度/井深/m	样品编写	采样深度/m	备注
土壤								
地下水								
废水								
固废								

注　计划钻探深度根据本地块参考地勘资料的地下水和土层性质预设，实际钻探过程中应根据现场钻探过程中揭示的地层情况、土壤和地下水气味和颜色、现场快速检测设备的检测结果等进行调整。

四、样品保存与运输

（一）土壤样品的保存与运输

从地块上获得新鲜样品后，按样品名称、编号和粒径分类保存。无机分析土壤样品应先置于塑料袋中，放入棉布袋中，然后在常温、通风的条件下保存；有机化合物样品应置于棕色玻璃瓶中，装满、盖严，用聚四氟乙烯胶带密封，在4℃以下保存，保存期为半个月。对于易分解或易挥发等不稳定组分的样品要采取低温保存的运输方法，并尽快送到实验室分析测试。测试项目需要新鲜样品的土样，采集后用可密封的聚乙烯或玻璃容器在4℃以下避光保存，样品要充满容器。避免用含有待测组分或对测试有干扰的材料制成的容器盛装保存样品，测定有机污染物用的土壤样品要选用玻璃容器保存。保持干燥、通风、无阳光直射、无污染；要定期清理样品，防止霉变、鼠害及标签脱落；样品入库、领用和清理均需记录。具体保存条件和保存时间见表6-6。

表6-6　　新鲜样品的保存条件和保存时间

测试项目	容器材质	温度/℃	可保存时间/d	备注
金属（汞和六价铬除外）	聚乙烯、玻璃	<4	180	
汞	玻璃	<4	28	
砷	聚乙烯、玻璃	<4	180	
六价铬	聚乙烯、玻璃	<4	1	
氰化物	聚乙烯、玻璃	<4	2	
挥发性有机物	玻璃（棕色）	<4	7	采样瓶装满装实并密封
半挥发性有机物	玻璃（棕色）	<4	10	采样瓶装满装实并密封
难挥发性有机物	玻璃（棕色）	<4	14	

在采样现场，土壤样品必须逐件与样品登记表、样品标签和采样记录进行核对，核对无误后分类装箱。在样品运输过程中严防样品损失、混淆和沾污。样品送至目的地后，送样人员应与接样者当面清点核实样品，并在样品交接单上签字确认。样品交接单由双方各存一份备查。

（二）地下水样品的保存与运输

地下水样品变化快、时效性强，对于水温、pH值、电导率、浑浊度、色、臭、味、肉眼可见物等指标应现场直接监测，监测后这部分样品直接现场处理，不进行保存。

对于需要进行实验室测试的样品，采集后应尽快运送实验室分析，并根据监测目的、监测项目和监测方法的要求，按表6-7的要求在样品中加入保存剂。

表6-7　　水样保存、容器的洗涤和采样体积技术指标（部分）

项目名称	采样容器	保存剂及用量	保存期	采样量/mL	容器洗涤
色*	G，P		12h	250	I
嗅和味*	G		6h	200	I
浑浊度*	G，P		12h	250	I
肉眼可见物*	G		12h	200	I
pH*	G，P		12h	200	I
溶解性总固体**	G，P		24h	250	I

续表

项目名称	采样容器	保存剂及用量	保存期	采样量/mL	容器洗涤
氯化物**	G，P		30d	250	Ⅰ
铁	G，P	加 HNO_3 使其含量达到 1%	14d	250	Ⅲ
锰	G，P	加 HNO_3 使其含量达到 1%	14d	250	Ⅲ
硝酸盐**	G，P		24h	250	Ⅰ
氨氮	G，P	H_2SO_4，pH 值<2	24h	250	Ⅰ
汞	G，P	1L 水样中加浓 HCl 10mL	14d	250	Ⅲ
六价铬	G，P	NaOH，pH 值 8～9	24h	250	Ⅲ
石油类**	G	加入 HCl 至 pH 值<2	3d	500	Ⅱ
总大肠菌群**	G（灭菌）	加入硫代硫酸钠至 0.2～0.5g/L 除去残余氯	4h	150	Ⅰ
挥发性有机物**	40mL 棕色 G	用 1+10HCl 调至 pH 值≤2，加入 0.01～0.02g 抗坏血酸除去余氯	14d	40/个	Ⅰ
酚类化合物**	G	加入 HCl 至 pH 值<2	7d	1000	Ⅰ
多环芳烃**	G	若水中有余氯则 1L 水样加入 80mg 硫代硫酸钠	7d	1000	Ⅰ

注 1. "*"表示应尽量现场测定；"**"表示低温（0～4℃）避光保存。

2. G 为硬质玻璃瓶；P 为聚乙烯瓶（桶）。

3. Ⅰ、Ⅱ、Ⅲ、Ⅳ分别表示四种洗涤方法：

Ⅰ：无磷洗涤剂洗一次，自来水洗三次，蒸馏水洗一次，甲醇清洗一次，阴干或吹干。

Ⅱ：无磷洗涤剂洗一次，自来水洗两次，1+3 HNO_3 荡洗一次，自来水洗三次，蒸馏水洗一次，甲醇清洗一次，阴干或吹干。

Ⅲ：无磷洗涤剂洗一次，自来水洗两次，1+3 HNO_3 荡洗一次，自来水洗三次，去离子水洗一次，甲醇清洗一次，阴干或吹干。

Ⅳ：铬酸洗液洗一次，自来水洗三次，蒸馏水洗一次，甲醇清洗一次，阴干或吹干。

样品运输过程中应避免日光照射，并置于 4℃冷藏箱中保存，气温异常偏高或偏低时还应采取适当保温措施。水样装箱前应将水样容器内外盖盖紧，对装有水样的玻璃磨口瓶应用聚乙烯薄膜覆盖瓶口并用细绳将瓶塞与瓶颈系紧。同一采样点的样品瓶尽量装在同一箱内，与采样记录或样品交接单逐件核对，检查所采水样是否已全部装箱。装箱时应用泡沫塑料或波纹纸板垫底和间隔防震。运输时应有押运人员，防止样品损坏或受沾污。

样品送达实验室后，由样品管理员接收，核对样品并签字。

（三）地表水样品的保存与运输

凡能做现场测定的项目，均应在现场测定。水样运输前应将容器的外（内）盖盖紧。装箱时应用泡沫塑料等分隔，以防破损。箱子上应有"切勿倒置"等明显标志。同一采样点的样品瓶应尽量装在同一个箱子中；如分装在几个箱子内，则各箱内均应有同样的采样记录表。运输前应检查所采水样是否已全部装箱。运输时应有专门押运人员。水样交化验室时，应有交接手续。

（四）环境空气样品的保存与运输

样品采集完成后，应将样品密封后放入样品箱，样品箱再次密封后尽快送至实验室分析，并做好样品交接记录。

应防止样品在运输过程中受到撞击或剧烈振动而损坏。

样品运输及保存中应避免阳光直射。需要低温保存的样品，在运输过程中应采取相应的冷藏措施，防止样品变质。

样品达到实验室应及时交接，尽快分析。如不能及时测定，应按各项目的监测方法标准要求妥善保存，并在样品有效期内完成分析。

（五）地块残余废弃物样品的保存与运输

保存废弃物所用的设备材质不能和待采固体废弃物有任何反应，贮存容器不能有渗透性且具备符合要求的盖、塞或阀门。对于某些光敏性的废弃物样品，应选用深色容器或在容器外罩深色外套。

在样品运输过程中，要防止不同样品之间的交叉污染，容器不可倒置、倒放，应防止破损、浸湿和污染。

（六）沉积物样品的保存与运输

样品采集后要及时将样品编号，贴上标签，并将沉积物的外观性状（如泥质状态、颜色、嗅味、生物现象等）填入采样记录表中。采集的样品和采样记录表运回后一并提交给实验室，并办理交接手续。

五、数据评估和结果分析

（一）土壤数据评估和结果分析

土壤质量评价涉及评价因子、评价标准和评价模式。评价因子数量与项目类型取决于监测的目的和现实的经济和技术条件。评价标准常采用国家土壤质量标准、区域土壤背景值或部门（专业）土壤质量标准。评价模式常用污染指数法或者与其有关的评价方法。

6-7
数据处理与质量控制

1. *污染指数、超标率（倍数）评价*

土壤环境质量评价一般以单项污染指数为主，指数小污染轻，指数大污染则重。当区域内土壤环境质量作为一个整体与外区域进行比较或与历史资料进行比较时除用单项污染指数外，还常用综合污染指数。土壤由于地区背景差异较大，用土壤污染累积指数更能反映土壤的人为污染程度。土壤污染物分担率可评价确定土壤的主要污染项目，污染物分担率由大到小排序，污染物主次也同此序。除此之外，土壤污染超标倍数、样本超标率等统计量也能反映土壤的环境状况。污染指数和超标率等计算公式如下：

土壤单项污染指数＝土壤污染物实测值/土壤污染物质量标准

土壤污染累积指数＝土壤污染物实测值/污染物背景值

土壤污染物分担率(%)＝(土壤某项污染指数/各项污染指数之和)×100%

土壤污染超标倍数＝(土壤某污染物实测值－某污染物质量标准)/某污染物质量标准

土壤污染样本超标率(%)＝(土壤样本超标总数/监测样本总数)×100%

2. 内梅罗污染指数评价

$$内梅罗污染指数(P_n)=[(PI_{均}^2)+(PI_{最大})^2/2]^{1/2} \quad (6-1)$$

式中 $PI_{均}$、$PI_{最大}$——平均单项污染指数和最大单项污染指数。

内梅罗指数反映了各污染物对土壤的作用，同时突出了高浓度污染物对土壤环境质量的影响，可按内梅罗污染指数，划定污染等级。土壤内梅罗污染指数评价标准见表6-8。

表6-8　土壤内梅罗污染指数评价标准

等　级	内梅罗污染指数	污染等级
Ⅰ	$P_N \leqslant 0.7$	清洁（安全）
Ⅱ	$0.7 < P_N \leqslant 1.0$	尚清洁（警戒限）
Ⅲ	$1.0 < P_N \leqslant 2.0$	轻度污染
Ⅳ	$2.0 < P_N \leqslant 3.0$	中度污染
Ⅴ	$P_N > 3.0$	重污染

3. 背景值及标准偏差评价

用区域土壤环境背景值（x）95%置信度的范围（$x \pm 2s$）来评价：

若土壤某元素监测值 $x_I < x-2s$，则该元素缺乏或属于低背景土壤。

若土壤某元素监测值在 $x \pm 2s$，则该元素含量正常。

若土壤某元素监测值 $x_I > x+2s$，则土壤已受该元素污染，或属于高背景土壤。

4. 综合污染指数法

综合污染指数（CPI）包含了土壤元素背景值、土壤元素标准（附录B）尺度因素和价态效 应综合影响。其表达式：

$$CPI = X \cdot (1+RPE) + Y \cdot DDMB/(Z \cdot DDSB) \quad (6-2)$$

式中 CPI——综合污染指数；

X、Y——测量值超过标准值和背景值的数目；

RPE——相对污染当量；

$DDMB$——元素测定浓度偏离背景值的程度；

$DDSB$——土壤标准偏离背景值的程度；

Z——用作标准元素的数目。

主要有下列计算过程：

（1）计算相对污染当量（RPE）。

$$RPE = \left[\sum_{i=1}^{N}(C_i/C_{is})^{-n}\right]/N \quad (6-3)$$

式中 N——测定元素的数目；

C_i——测定元素 i 的浓度；

C_{is}——测定元素 i 的土壤标准值；

n——测定元素 i 的氧化数。

对于变价元素，应考虑价态与毒性的关系，在不同价态共存并同时用于评价时，应在计算中注意高低毒性价态的相互转换，以体现由价态不同所构成的风险差异性。

(2) 计算元素测定浓度偏离背景值的程度(DDMB)。

$$DDMB=\left[\sum_{i=1}^{N}C_i/C_{iB}\right]^{1/n}/N \qquad (6-4)$$

式中 C_{iB}——元素 i 的背景值;

其余符号的意义同上。

(3) 计算土壤标准偏离背景值的程度(DDSB)。

$$DDSB=\left[\sum_{i=1}^{Z}C_{is}/C_{iB}\right]^{1/n}/Z \qquad (6-5)$$

式中 Z——用于评价元素的个数;

其余符号的意义同上。

(4) 综合污染指数计算(CPI)。

(5) 评价。

用 CPI 评价土壤环境质量指标体系见表 6-9。

表 6-9　综合污染指数(CPI)评价表

X	Y	CPI	评　价
0	0	0	背景状态
0	≥1	0<CPI<1	未污染状态，数值大小表示偏离背景值相对程度
≥1	≥1	≥1	污染状态，数值越大表示污染程度相对越严重

(6) 污染表征。

$$_{N}T_{CPI}^{X}(a,b,c\cdots) \qquad (6-6)$$

式中 X——超过土壤标准的元素数目;

a、b、c——超标污染元素的名称;

N——测定元素的数目;

CPI——综合污染指数。

土壤样品测定一般保留三位有效数字，含量较低的镉和汞保留两位有效数字，并注明检出限数值。分析结果的精密度数据，一般只取一位有效数字，当测定数据很多时，可取两位有效数字。表示分析结果的有效数字的位数不可超过方法检出限的最低位数。

(二) 地下水数据评估和结果分析

一组监测数据中，个别数据明显偏离其所属样本的其余测定值，即为异常值。地下水监测中不同的时空分布出现的异常值，应从监测点周围当时的具体情况(地质水文因素变化、气象、附近污染源情况等)进行分析，不能简单地用统计检验方法来决定舍取。

监测结果的计量单位应采用法定计量单位。监测结果表示应按分析方法的要求来确定。平行双样测定结果在允许偏差范围之内时，则用其平均值表示测定结果。当测定结果高于分析方法检出限时，报实际测定结果值;当测定结果低于分析方法检出限时，报所使用方法的检出限值，并在其后加标志位“L”。

(三) 地表水数据评估和结果分析

地表水监测结果记录、运算和报告测量结果，应使用有效数字，有效数字位数和小数点后位数应执行相关标准分析方法的规定。由有效数字构成的测定值为近似值，因此测定值运算应遵循近似计算规则。若出现异常值，应查找原因，原因不明的异常值不应随意剔除。

监测结果的表示应根据标准分析方法的要求确定，并采用法定计量单位。若双份平行测定结果在相对偏差允许范围之内，则结果以平均值表示。若测定结果高于标准分析方法检出限，则报告实际测定结果数值；若测定结果低于标准分析方法检出限，则执行 HJ 630—2011 相关要求，也可使用“方法检出限”后加“L”表示。

(四) 其他样品数据评估和结果分析

环境空气样品、残余废弃物样品的分析应分别按照《环境空气质量手工监测技术规范》(HJ/T 194—2017)、《恶臭污染物排放标准》(GB 14554—2018)、《危险废物鉴别标准 通则》(GB 5085.7—2019) 和《危险废物鉴别技术规范》(HJ/T 298—2019) 中的指定方法执行。

六、质量控制与质量保证

(一) 采样过程

在样品的采集、保存、运输、交接等过程应建立完整的管理程序。为避免采样设备及外部环境条件等因素对样品产生影响，应注重现场采样过程中的质量保证和质量控制。

应防止采样过程中的交叉污染。钻机采样过程中，在第一个钻孔开钻前要进行设备清洗；进行连续多次钻孔的钻探设备应进行清洗；同一钻机在不同深度采样时，应对钻探设备、取样装置进行清洗；与土壤接触的其他采样工具重复利用时也应清洗。一般情况下可用清水清理，也可用待采土样或清洁土壤进行清洗；必要时或特殊情况下，可采用无磷去垢剂溶液、高压自来水、去离子水（蒸馏水）或 10%硝酸进行清洗。

采集现场质量控制样是现场采样和实验室质量控制的重要手段。质量控制样一般包括平行样、空白样及运输样，质控样品的分析数据可从采样到样品运输、贮存和数据分析等不同阶段反映数据质量。

在采样过程中，同种采样介质，应采集至少一个样品采集平行样。样品采集平行样是从相同的点位收集并单独封装和分析的样品。

采集土壤样品用于分析挥发性有机物指标时，建议每次运输应采集至少一个运输空白样，即从实验室带到采样现场后，又返回实验室的与运输过程有关，并与分析无关的样品，以便了解运输途中是否受到污染和样品是否损失。

现场采样记录、现场监测记录可使用表格描述土壤特征、可疑物质或异常现象等，同时应保留现场相关影像记录，其内容、页码、编号要齐全便于核查，如有改动应注明修改人及时间。

(二) 样品分析及其他过程

土壤、地下水、地表水、环境空气、残余废弃物的样品分析及其他过程的质量控制与质量保证技术要求按照 HJ/T 166—2015、HJ 164—2020、HJ/T 91—2002、HJ 493—2009、HJ/T 194—2017、HJ/T 20—1998 中相关要求进行，对于特殊监测项目应按照相关标准要求在限定时间内进行监测。

阅读拓展

天津港“遗毒”清理持久战（土壤修复）

2015年8月12日22时51分，位于天津市滨海新区天津港的瑞海国际物流有限公司危险品仓库发生火灾爆炸事故。经国务院调查组认定，天津港“8·12”事故是一起特别重大生产安全责任事故（图6-7）。

图6-7 爆炸现场图

由于爆炸事发地邻近住宅区，土壤污染的治理成为社会各界尤其是附近居民关注的核心问题之一。据官方公布的数据，事故场地曾存包括硝酸铵、硝酸钾在内的氧化物1300t左右，金属钠、金属镁等易燃物约500t。这些危险品基本上在参与大爆炸后分解了。与常规项目相比，天津爆炸事故的遗留场地复杂得多。

据了解，此次涉及的废弃物处置和场地修复区域总计57万m^2，主要包括事故核心区18.8万m^2，南外扩区10.8万m^2，北外扩区16.5万m^2，外围区绿化带11.1万m^2。中国环境科学研究院总工程师李发生认为，事故现场后续污染物处置、土壤修复具有很多有利条件。一是现场最主要的特征污染物是氰化物，在水体里和土壤里有很好的降解活性。二是北方地区降水相对较少，有利于对污染物外扩趋势的遏制。三是现场表层土壤深度高，靠近海边。四是事故地为集装箱密集区，对土壤表层实施了硬覆盖，可以有效阻止氰化物垂直方向的移动。

环保部环境风险与损害鉴定评估研究中心派驻专家进入现场，对土壤、地下水等环境影响全面评估。由于现场工作量庞大，且要在统一调度下协助应急处置和监测决策，要得出一个初步的评估结果仍需多日。针对突发灾难善后，刘建国建议，长期治理千万不能留下隐患，应借此事故，建立一套突发环境事故善后处置长期监控、评估机制，实行分级管理、及时公布。如此，才能让民众放心。

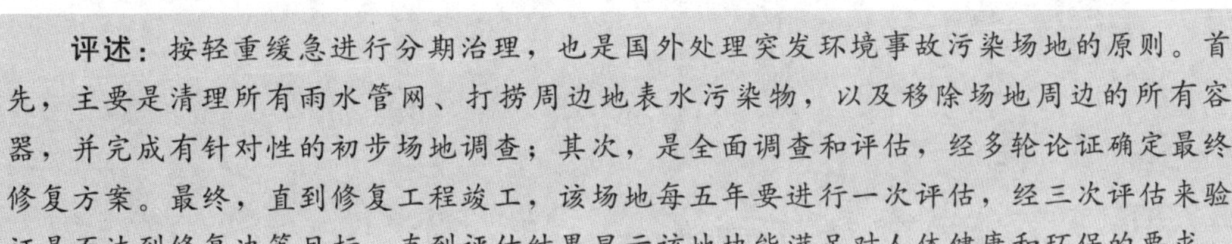

评述： 按轻重缓急进行分期治理，也是国外处理突发环境事故污染场地的原则。首先，主要是清理所有雨水管网、打捞周边地表水污染物，以及移除场地周边的所有容器，并完成有针对性的初步场地调查；其次，是全面调查和评估，经多轮论证确定最终修复方案。最终，直到修复工程竣工，该场地每五年要进行一次评估，经三次评估来验证是否达到修复决策目标。直到评估结果显示该地块能满足对人体健康和环保的要求。

复习与思考题

一、选择题

1. 若对地块信息了解不足，难以合理判断采样深度，可按（　　）等间距设置采样位置。

A. 0.1～0.5m　　B. 0.5～2m　　C. 2～4m　　D. 4～6m

2. 地块土壤污染状况调查详细采样监测点位的布设，应根据单个工作单元的面积实际情况确定，原则上不应超过（　　）m^2。

A. 1000　　B. 1200　　C. 1400　　D. 1600

3. 监测井建设完成后必须进行洗井，洗井后需进行至少 1 个落程的定流量抽水试验，抽水稳定时间达到（　　）h 以上，待水位恢复后才能采集水样。

A. 12　　B. 24　　C. 48　　D. 72

二、判断题

1. 系统随机布点法适用于各类地块情况，特别是污染分布不明确或污染分布范围大的情况。（　　）

2. 土壤样品的采集时，一般采集混合样品，将不同采样区域（或单元）或不同采样层次的样品进行混合。（　　）

3. 样品送至目的地后，送样人员应与接样者当面清点核实样品，由接样者签字确认。（　　）

4. 为避免采样设备及外部环境条件等因素对样品产生影响，在样品的采集、保存、运输、交接等过程应建立完整的管理程序。（　　）

第七章 第三阶段土壤污染状况调查

本 章 简 介

第三阶段土壤污染状况调查为补充调查阶段，若需进行风险评估或污染修复时开展。第三阶段调查可单独进行，也可在第二阶段中同时开展，可直接提供数据结果，无需单独编制报告。学习本章，需要学生掌握第三阶段调查的主要内容，能过对计算结果进行分析；同时培养学生在工作中坚持实事求是、坚持职业道德、严谨细致的工作态度。

通过将污染初步采样结果与国家和地方等相关标准以及清洁对照点浓度比较，排查场地是否存在风险。相关标准可采用国家相关土壤和地下水标准、国家以及地区制定的场地污染筛选值，国内没有的可参照国际上常用的筛选值，或者应用场地参数计算适用于该场地的特征筛选值。若污染物筛选值低于当地背景值，采用背景值作为筛选值。

一般在确定了开发场地土地利用功能的情况下：若污染物检测值低于相关标准或场地污染筛选值，并且经过不确定性分析表明场地未受污染或健康风险较低，可结束场地调查工作并编制第二阶段场地调查报告。若检测值超过相关标准或场地污染筛选值，则认为场地存在潜在人体健康风险，应开展详细采样，并进行第三阶段风险评估。

第三阶段调查以补充采样分析为主，获得满足风险评估及土壤和地下水修复所需参数。采样、数据评估和结果分析等步骤与第二阶段调查方法相似。

第一节 主要工作内容

主要工作内容包括地块特征参数与受体暴露参数的调查（表 7 - 1）。

表 7 - 1　　第三阶段调查主要工作内容

	主要内容	
地块特征参数	理化性质分析数据	土壤 pH 值、容重、有机碳含量、含水率和质地、TOC 等
	气候、水文、地质特征信息和参数	平均风速、混合层高度、毛细饱和层厚度、地下水达西流速、区域降水量等
受体暴露参数	规划用地类型、暴露时间、暴露频率、室内地基厚度、室内底板面积、室内地板周长等	

地块特征参数：不同代表位置和土层或选定土层的土壤样品的理化性质分析数据，如土壤 pH 值、容重、有机碳含量、含水率和质地等；地块（所在地）气候、水文、地质特

征信息和数据，如地表年平均风速和水力传导系数等。根据风险评估和地块修复实际需要，选取适当的参数进行调查。

受体暴露参数：地块及周边地区土地利用方式、人群及建筑物等相关信息。

第二节 调 查 方 法

地块特征参数和受体暴露参数的调查可采用资料查询、现场实测和实验室分析测试等方法。

第三节 调查结果与分析

该阶段的调查结果供地块风险评估、风险管控和修复使用。

【案例分享】

根据首钢主厂区土地的总体开发规划及建设进度安排，首钢总公司拟对首钢园区三号、四号高炉地块及周边道路场地环境调查及风险评价项目（面积合计约 15.47 万 m^2，其中三号高炉地块为 2.97 万 m^2，四号高炉地块为 12.50 万 m^2）先行开发。前期调查已在该项目区域内布设了采样点，但由于前期调查期间项目区域内部分车间厂房还未拆除，不具备采样条件，厂房地面以下土壤的污染情况未知；且受前期调查采样网格密度的限制，该项目区域内的污染状况不够明确，位于《新首钢高端产业综合服务区（首钢石景山主厂区）场地环境调查与风险评价报告》中划定的Ⅲ类地块（调查工作不充分，需结合场地开发进一步开展补充调查和评估的地块）范围内。因此，对规划三号、四号高炉地块及周边道路开展场地环境调查和风险评价，进一步明确其污染状况，为其开发利用提供依据。

一、工作内容

根据前期调查数据及本次现场踏勘与资料分析结果，在调查范围内进行详细布点采样，明确场地污染源分布、污染物迁移途径等，结合规划情况构建场地风险评价概念模型并进行风险评价，推导可接受风险水平下场地目标污染物的修复目标，确定初步修复范围，核算修复工程量。

二、现场采样与实验室检测

（一）土壤采样点

根据《新首钢高端产业综合服务区（首钢石景山主厂区）场地环境调查与风险评价报告》（2015 年），结合现场勘察与污染识别结果，本项目场地特征为：位于炼铁厂内，临近焦化厂与烧结厂，场地内无明显污染痕迹。因此三号、四号高炉调查采取系统布点的原则，同时兼顾相关设施的分布情况，进行布点采样。

规划三号、四号高炉面积分别为 2.97 万 m^2 和 12.50 万 m^2，根据《场地环境监测技术导则》（HJ 25.2—2014）要求单个网格大小不超过 1600m^2（即采样网格约为 40m×

40m)，本次调查中土壤布点同时兼顾导则要求并结合实际情况，采用系统布点法进行布点，布点过程合理避开未拆建筑物。

综合以上原则，本次场地环境调查过程中三高炉地块拟布置 12 个采样点，四高炉地块拟布置 71 个采样点，共 83 个采样点。场地调查采样布点图如图 7－1 所示。

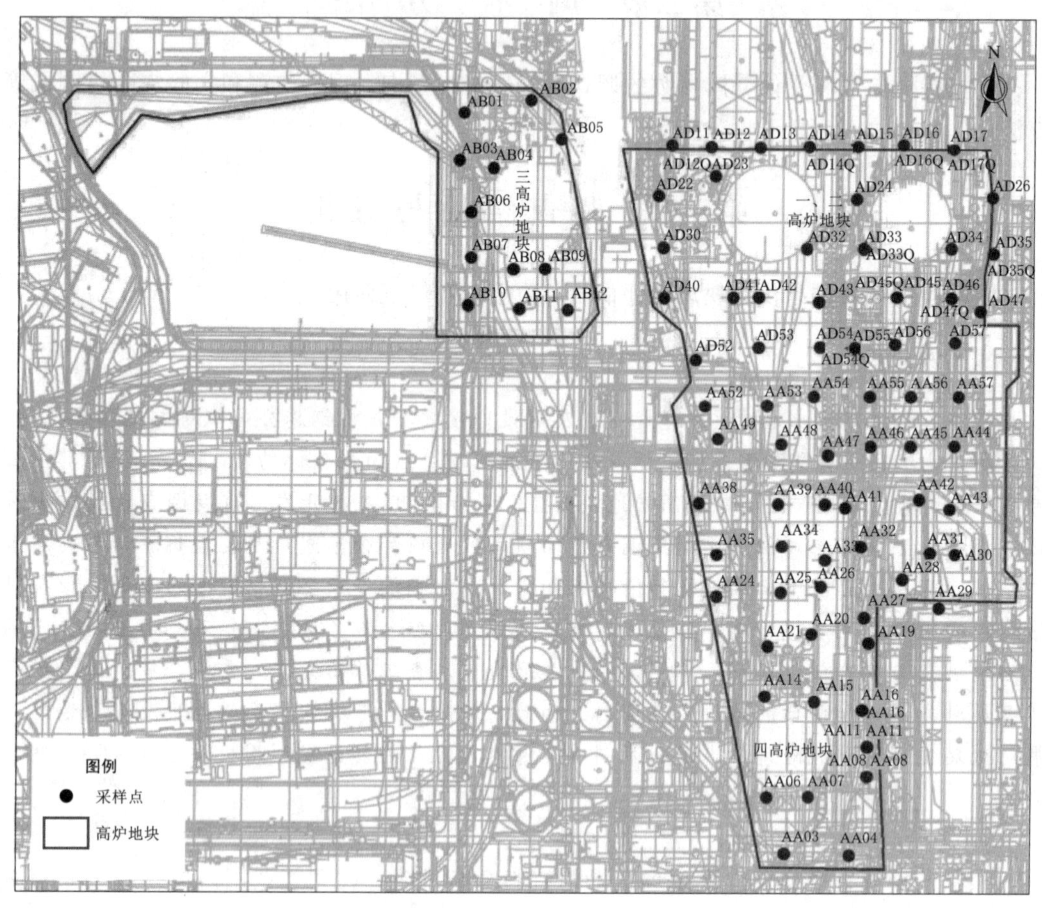

图 7－1　场地调查采样布点图

（二）地下水采样

根据“北京市环境保护局关于《新首钢高端产业综合服务区（首钢石景山主厂区）场地环境调查与风险评价报告》的意见（京环函〔2015〕442 号）”中的“场地中地下水污染羽仍不够清晰，应结合地下水环境风险管理对策，补充整个区域内地下水污染调查与风险分析”，首钢场地正在开展“首钢园区地下水专项调查项目”工作，将在现有地下水污染结论基础上，设置地下水监测井并进行采样分析，明确首钢园区地下水污染现状，查明地下水污染种类、程度、污染羽范围，因此本次调查中不再单独设置地下水监测井。

（三）样品采样分析

结合不同采样点潜在污染物种类和含量，依据地层分层采集土壤样品，以确保所有土壤样品能够代表该层潜在污染物含量的最高样品。本次场地环境调查过程中开展 83 个土

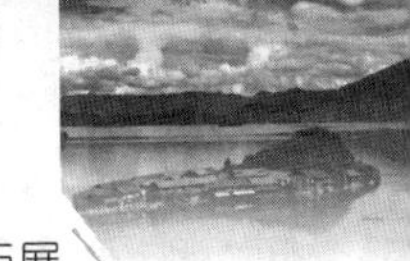

壤钻孔（三高炉地块12个，四高炉地块71个），采集土样样品342个（三高炉地块48个，四高炉地块294个），最大采样深度15.0m，累计进尺约419.2m，根据前期调查结果及现场踏勘，确定本次调查区域的分析指标包括PAHs（16种）、无机物/重金属（13项）、TPHs（4项）、VOCs、SVOCs和酚类。

三、结果分析

三号高炉场调范围内前期调查有3个采样点，加上本次场地环境调查的12个采样点，15个采样点共采集的53个土壤样品，送检样品10个，检测指标共0.00%～100.0%，TPHs检出率为0.0%～25.0%，SVOCs中16种USEPA优先多环芳烃检出率为12.82%～53.85%，VOCs中仅有甲苯（检出80.00%）、乙苯（检出率20.00%）、间-二甲苯和对-二甲苯（检出率40.00%）、邻二甲苯（检出率40.00%）有检出。与《场地土壤环境风险评价筛选值》（DB11/T 811—2011）中工业用地情景下的筛选值相比，超标污染物包括：SVOCs：苯并（a）蒽、苯并（b）荧蒽、苯并（a）芘、茚并（1，2，3-cd）芘及二苯并（a，h）蒽，最大超标倍数分别为1.86、2.55、19.1、1.95和9.38。其中，以苯并（a）芘超标较为明显。

四号高炉地块场调范围内前期调查有17个采样点，加上本次场地环境调查的71个采样点，88个采样点共采集的325个土壤样品，送检样品275个，检测指标共包括无机物、TPHs、SVOCs及VOCs，其中检出的污染物中无机物检出率为14.81%～87.04%，TPHs检出率为6.67%～20.00%，SVOCs中16种USEPA优先多环芳烃检出率21.64%～63.81%，VOCs中仅有苯（检出率36.92%）、甲苯（检出18.46%）、乙苯（检出率7.69%）、苯乙烯（检出率3.08%）、间-二甲苯和对-二甲苯（检出率30.77%）有检出。与《场地土壤环境风险评价筛选值》（DB11/T 811—2011）中绿地用地情景下的筛选值相比，超标污染物包括以下几种：

（1）重金属：铍、镉、砷、铅和镍。

（2）TPHs：C10-C14石油烃。

（3）SVOCs：萘、芴、菲、苯并（a）蒽、苯并（b）荧蒽、苯并（k）荧蒽、苯并（a）芘、茚并（1，2，3-cd）芘、二苯并（a，h）蒽及苯并（g，h，i）芘，最大超标倍数分别为35.3、4.2、14.3、56.7、96.2、4.92、200.5、56.7、82.3和7.1，其中，以苯并（a）芘超标最为明显。

（4）VOCs：苯，超标倍数最大为82.6。

阅 读 拓 展

环境保护先锋田桂荣——民间农家妇女的环保之路

田桂荣，一名来自河南省新乡县的农村妇女，多年来兢兢业业，扎根环境保护第一线，以惊人的毅力和执着的信念在中国的环保事业上谱写了辉煌的篇章。她是国际知名环保志愿者，是全亚洲唯一同时获得福特国际环保奖和美国格雷特曼两项大奖的获得者，受到了全国人大环境与资源保护委员会主任委员曲格平，国家环保总局局长解振华等领导的接见，被联合国环境规划署誉为中国“民间环保大使”。

1998 年，田桂荣偶然得知废旧电池对人类有强烈危害，毅然决定自费回收废旧电池。她用绿色条幅制作了 3000 面三角旗，写上回收废旧电池的地址以及电话；制作了 600 个透明的废旧电池回收箱、5 万张环保倡议书，到市内各学校发放。还在《新乡日报》上以个人名义发出了题为《不要再糟蹋地球了》的倡议书。“一切伟大的思想和一切伟大的行动都拥有一个微不足道的开始”。凭着一个环保志愿者最质朴的情感和对环保前所未有的关注，田桂荣走街串巷，以每年 2 分钱的价格回收废旧电池。她还组织了大量环保宣传活动，利用地球日、环境日、节假日开展环保宣传，并通过电视、报纸使更多的人认识到废旧电池的危害。

五年来，她个人投入 9 万余元回收 65t 废旧电池，使近 700 万 m^2 的土地免遭废旧电池污染。与此同时，田桂荣利用节假日在全省各地个人自费组织大规模的环保宣传活动，仅在郑州、新乡两地就组织了“绿色申奥万人签名”“生命之网爱环保”等大型活动 38 次，参与人数达 26 万人。她还义务为大学讲授环保知识，几年来，田桂荣曾到国内的 110 多所学校为 30 多万学生宣传环保知识，讲解废旧电池的危害性，直接受众达 360 多万人。每逢寒暑假，田桂荣自费组织环保志愿者考察白色污染、河流污染、湿地保护等环保课题。为了保护母亲河，田桂荣率领 30 多名大学生多次冒酷暑，徒步 150km，沿卫河、人民胜利渠、共产主义渠、沁河和黄河考察排污口进行水源污染、水质分析，与排污企业的违法排污行为进行面对面的斗争，并向上级环保部门递交考察报告 24 份，为进一步保护母亲河，净化水资源，提供了十分重要的资料，向大家真正诠释了保护地球的重要使命。

“勿以善小而不为”环保事业就在我们身边，我们有义务为建设美好家园出一份力。致敬环保者，向环保者学习，提高环保意识。还青山一片绿色，还秀水一片清澈，还南山一片纯净。

复习与思考题

1. 第三阶段土壤污染状况调查的主要内容是什么？
2. 可以使用什么方法来开展第三阶段土壤污染状况调查？
3. 开展第三阶段土壤污染状况调查的目的是什么？

模块三

建设用地土壤污染评价

第八章 建设用地健康风险评价

本 章 简 介

建设用地健康风险评价是在分析污染场地土壤和地下水中污染物通过不同的暴露途径进入人体的基础上，定量估算致癌污染物对人体健康产生危害的概率，或非致癌污染物的危害水平，包括危害识别、暴露评估、毒性评估、风险表征以及土壤和地下水风险控制值的计算。学习本章，需要学生掌握暴露评估、毒性评估以及风险表征的计算，能过对计算结果进行分析；同时培养学生严谨细致的工作态度以及有法可依有法必依的思维模式。

风险表示在特定环境下一定时间内某种损失或破坏发生的可能性，由风险因素、风险受体、风险事故、风险损失组成。环境风险是指自然环境中产生的或通过自然环境传递的，对人类健康和生态环境产生不利影响同时又具有某些不确定性的危害事件。环境风险评价是评估事件的发生概率以及在不同概率下事件后果的严重性，并确定采取适宜的对策。风险评价不是健康诊断工具，而是风险预测工具，一般以概率或可能性来表示，不针对特定的某个人的健康而进行风险预测，而是预测和评估现状或未来假设情境下的风险。

人类健康风险评估主要是通过对有害因子对人体不良影响发生的概率的估算，评价暴露于该有害因子的个体健康受到的影响的风险，是一系列定性与定量评估方法的组合。

第一节 相 关 术 语

关注污染物（Contaminant of Concern）：根据污染场地特征和场地利益相关方意见，确定需要进行调查和风险评估的污染物。

暴露路径（Exposure Pathway）：污染物从污染源经由各种途径到达暴露受体的路线。

暴露途径（Exposure Route）：场地土壤和浅层地下水中污染物迁移到达和暴露于人体的方式，如经口摄入、皮肤接触、呼吸吸入等。

建设用地健康风险评估（Health Risk Assessment for Contaminated Site）：在土壤污染状况调查的基础上，分析地块土壤和地下水中污染物对人群的朱啊哟暴露途径，评估污染物对人体健康的致癌风险或危害水平。

致癌风险（Carcinogenic Risk）：人群暴露于致癌效应污染物，又发致癌性疾病或损伤的概率。

危害商（Hazard Quotient）：污染物每日摄入剂量与参考剂量的比值，用于表征人体经单一途径暴露于非致癌污染物而受到危害的水平。

危害指数（Hazard Index）：人群经多种途径暴露于单一污染物的危害商之中，用于表征人体暴露于非致癌污染物受到危害的水平。

可接受风险水平（Acceptable Risk Level）：对暴露人群不会产生不良或有害健康效应的风险水平，暴露致癌物的可接受致癌风险水平和非致癌物的可接受危害商。

土壤和地下水风险控制值（Risk Control Values for Soil and Groundwater）：根据 HJ 25.3—2019 规定的用地方式、暴露情景和可接受风险水平，采用 HJ 25.3—2019 规定的风险评估方法和场地调查获得的相关数据，计算获得的土壤中污染物的含量限值和地下水中污染物的浓度限值。

8-1
风险评价程序和基本方法

第二节 工作程序与内容

建设用地风险评估工作内容包括危害识别、暴露评估、风险表征以及土壤和地下水风险控制值的计算。建设用地风险评估程序与内容如图 8-1 所示。

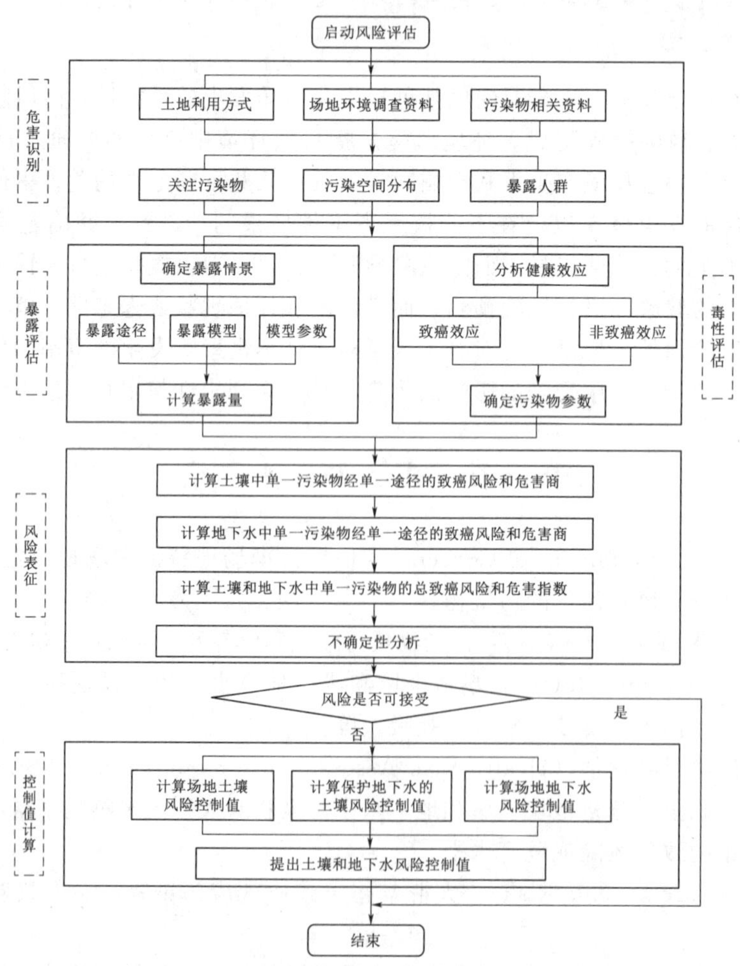

图 8-1 建设用地风险评估程序与内容

第三节 危 害 识 别

危害识别是进行健康风险评价的基础。收集场地环境调查阶段获得的相关数据，掌握场地土壤和地下水中关注污染物的浓度分布，明确规划土地利用方式，分析可能的敏感受体，如儿童、成人、地下水体等。

危害识别的工作内容如下。

8－2
污染场地风险
评估技术导则

一、收集相关资料

按照 HJ 25.1—2019 和 HJ 25.2—2019 对场地进行环境调查及污染识别，获得以下信息：

（1）较为详尽的场地相关资料及历史信息。

（2）场地土壤和地下水等样品中污染物的浓度数据。

（3）场地土壤的理化性质分析数据。

（4）场地（所在地）气候、水文、地质特征信息和数据。

（5）场地及周边地块土地利用方式、敏感人群及建筑物等相关信息。

二、确定关注污染物

根据场地环境调查和监测的结果，对人群等敏感受体具有潜在风险需要进行风险评估的污染物，确定为关注污染物。

第四节 暴 露 评 估

在危害识别的基础上，分析地块内关注污染物迁移和危害敏感受体的可能性，确定场地土壤和地下水污染物的主要暴露途径和暴露评估模型，确定评估模型参数，计算敏感人群对土壤和地下水污染物的暴露量。

一、暴露情景

暴露情景是指特定土地利用方式下，场地污染物经由不同暴露路径迁移和到达受体人群的情况。根据不同土地利用方式下人群的活动模式，HJ 25.3—2019 规定了两类典型用地方式下的暴露情景，即以住宅为代表的第一类用地（简称“第一类用地”）和以工业用地为代表的第二类用地（简称“第二类用地”）的暴露情景。

第一类用地方式下，儿童和成人均可能会长期暴露于场地污染而产生健康危害。对于致癌效应，考虑人群的终生暴露危害，一般根据儿童期和成人期的暴露来评估污染物的终生致癌风险；对于非致癌效应，儿童体重较轻，暴露量较高，一般根据儿童期暴露来评估污染物的非致癌危害效应。

第一类用地方式包括 GB 50137—2021 规定的城市建设用地中的居住地（R）、公告管理与公共服务用地中的中小学用地（A33）、医疗卫生用地（A5）和社会福利设施用地

（A6）以及公园绿地（G1）中的社区公园或儿童公园等。

第二类用地方式下，成人暴露期长、暴露频率高，一般根据成人期的暴露来评估污染物的致癌风险和非致癌效应。

第二类用地包括GB 50137—2021规定的城市建设用地中的工业用地（M）、物流仓储用地（W）、商业服务业设施用地（B）、道路与交通设施用地（S）、公用设施用地（U）、公共管理与公共服务用地（A）（A33、A5、A6除外），以及绿地与广场用地（G）（G1中的社区公园或儿童公园用地除外）等。

除HJ 25.3—2019提及的建设用地外，应分析特定场地人群暴露的可能性、暴露频率和暴露周期等情况，参照第一类用地或第二类用地情景进行评估或构建适合于特定地块的暴露情景进行风险评估。

二、暴露途径

对于第一类用地和第二类用地，HJ 24.3—2019规定了九种主要暴露途径和暴露评估模型，包括经口摄入土壤、皮肤接触土壤、吸入土壤颗粒物、吸入室外空气中来自表层土壤的气态污染物、吸入室外空气中来自下层土壤的气态污染物、吸入室内空气中来自下层土壤的气态污染物共六种土壤污染物暴露途径和吸入室外空气中来自地下水的气态污染物、吸入室内空气中来自地下水的气态污染物和饮用地下水共三种地下水污染物暴露途径。

特定用地方式下的主要暴露途径应根据实际情况分析确定，暴露评估模型参数应尽可能根据现场调查获得。场地及周边地区地下水受到污染时，应在风险评估时考虑地下水相关暴露途径。

三、暴露量计算

8-3
暴露量计算

暴露量的计算可分为第一类用地和第二类用地地两种情况。

（一）第一类用地土壤和地下水暴露量

1. 经口摄入土壤途径

第一类用地方式下，人群可因经口摄入土壤而暴露于污染土壤。对于单一污染物的致癌效应，考虑人群在儿童期和成人期暴露终生危害，经口摄入土壤的土壤暴露量采用的公式为

$$OISER_{ca}=\frac{\left(\frac{ED_c\times OSIR_c\times EF_c}{BW_c}+\frac{OSIR_a\times ED_a\times EF_a}{BW_a}\right)\times ABS_o}{AT_{ca}}\times 10^{-6} \quad (8-1)$$

式中 $OISER_{ca}$——经口摄入土壤暴露量（致癌效应），kg/(kg·d)；

$OSIR_c$——儿童每日摄入土壤量，mg/d；

$OSIR_a$——成人每日摄入土壤量，mg/d；

ED_c——儿童暴露期，a；

ED_a——成人暴露期，a；

EF_c——儿童暴露频率，d/a；

EF_a——成人暴露频率，d/a；

BW_c——儿童体重，kg；

BW_a——成人体重，kg；

ABS_o——经口摄入吸收斜率因子，无量纲；

AT_{ca}——致癌效应平均时间，d。

对于单一污染物的非致癌效应，考虑人群在儿童期暴露受到的危害，经口摄入土壤途径的土壤暴露量计算公式为

$$OISER_{nc}=\frac{OSIR_c\times ED_c\times EF_c\times ABS_o}{BW_c\times AT_{nc}}\times 10^{-6} \tag{8-2}$$

式中 $OISER_{nc}$——经口摄入土壤暴露量（非致癌效应），kg/(kg·d)；

AT_{nc}——非致癌效应平均时间，d。

2. 皮肤接触土壤途径

对于单一污染物的致癌效应，应考虑人群在儿童期和成人期暴露的终生危害，皮肤接触土壤途径土壤暴露量计算公式为

$$DCSER_{ca}=\frac{SAE_c\times SSARC_c\times EF_c\times ED_c\times E_v\times ABS_d}{BW_c\times AT_{ca}}\times 10^{-6}+\frac{SAE_a\times SSARC_a\times EF_a\times ED_a\times E_v\times ABS_d}{BW_a\times AT_{ca}}\times 10^{-6} \tag{8-3}$$

式中 $DCSER_{ca}$——皮肤接触途径的土壤暴露量（致癌效应），kg/(kg·d)；

SAE_c——儿童暴露皮肤表面积，cm^2；

SAE_a——成人暴露皮肤面积，cm^2；

$SSARC_c$——儿童皮肤表面土壤黏附系数，mg/cm^2；

$SSARC_a$——成人皮肤表面土壤黏附系数，mg/cm^2；

ABS_d——皮肤接触吸收效率因子，无量纲；

E_v——每日皮肤接触事件频率，次/d。

$$SAE_c=239\times H_c^{0.417}\times BW_c^{0.517}\times SER_c$$
$$SAE_a=239\times H_a^{0.417}\times BW_a^{0.517}\times SER_a \tag{8-4}$$

式中 H_c——儿童平均身高，cm；

H_a——成人平均身高，cm；

SER_c——儿童暴露皮肤所占面积比，无量纲；

SER_a——成人暴露皮肤所占面积比，无量纲。

对于单一污染物的非致癌效应，考虑人群在儿童期暴露受到的危害，皮肤接触土壤途径对应的土壤暴露量计算公式为

$$DCSER_{na}=\frac{SAE_c\times SSARC_c\times EF_c\times ED_c\times E_v\times ABS_d}{BW_c\times AT_{nc}}\times 10^{-6} \tag{8-5}$$

式中 $DCSER_{na}$——皮肤接触的土壤暴露量（非致癌效应），kg/(kg·d)。

3. 吸入土壤颗粒物途径

对于单一污染物的致癌效应，考虑人群在儿童期和成人期暴露的终生危害，吸入土壤

颗粒物途径对应的土壤暴露量计算公式为

$$PISER_{ca}=\frac{PM_{10}\times DAIR_{c}\times ED_{c}\times PIAF\times(fspo\times EFO_{c}+fspi\times EFI_{c})}{BW_{c}\times AT_{ca}}\times10^{-6}+\frac{PM_{10}\times DAIR_{a}\times ED_{a}\times PIAF\times(fspo\times EFO_{a}+fspi\times EFI_{a})}{BW_{a}\times AT_{ca}}\times10^{-6}\tag{8-6}$$

式中 $PISER_{ca}$——吸入土壤颗粒物的土壤暴露量（致癌效应），kg/(kg·d)；

PM_{10}——空气中可吸入浮颗粒物含量，mg/m^3；

$DAIR_c$——儿童每日空气呼吸量，m^3/d；

$DAIR_a$——成人每日空气呼吸量，m^3/d；

$PIAF$——吸入土壤颗粒物在体内滞留比例，无量纲；

$fspi$——室内空气中来自土壤的颗粒物所占比例，无量纲；

$fspo$——室外空气中来自土壤的颗粒物所占比例，无量纲；

EFO_a——成人的室外暴露频率，d/a；

EFO_c——儿童的室外暴露频率，d/a；

EFI_c——儿童室内暴露频率，d/a；

EFI_a——成人室内暴露频率，d/a。

对于单一污染物的非致癌效应，考虑人群在儿童期暴露受到的危害，吸入土壤颗粒物途径对应的土壤暴露量公式为

$$PISER_{nc}=\frac{PM_{10}\times DAIR_{c}\times ED_{c}\times PIAF\times(fspo\times EFO_{c}+fspi\times EFI_{c})}{BW_{c}\times AT_{nc}}\times10^{-6}\tag{8-7}$$

式中 $PISER_{nc}$——吸入土壤颗粒物的土壤暴露量（非致癌效应），kg/(kg·d)。

4. 吸入室外空气中来自表层土壤的气态污染物途径

对于单一污染物的致癌效应，考虑人群在儿童期和成人期暴露的终生危害，吸入室外空气中来自表层土壤的气态污染物途径对应的土壤暴露量，计算公式为

$$IOVER_{ca1}=VF_{suroa}\left(\frac{DAIR_{c}\times EFO_{c}\times ED_{c}}{BW_{c}\times AT_{ca}}+\frac{DAIR_{a}\times EFO_{a}\times ED_{a}}{BW_{a}\times AT_{ca}}\right)\tag{8-8}$$

式中 $IOVER_{ca1}$——吸入室外空气中来自表层土壤的气态污染物对应的土壤暴露量（致癌效应），kg/(kg·d)；

VF_{suroa}——表层土壤中污染物扩散进入室外空气的挥发因子，kg/m^3。

对于单一污染物的非致癌效应，考虑人群在儿童期暴露受到的危害，吸入室外空气中来自表层土壤的气态污染物对应的土壤暴露量的计算公式为

$$IOVER_{nc1}=VF_{suroa}\times\frac{DAIR_{c}\times EFO_{c}\times ED_{c}}{BW_{c}\times AT_{nc}}\tag{8-9}$$

式中 $IOVER_{nc1}$——吸入室外空气中来自表层土壤的气态污染物对应的土壤暴露量（非致癌效应），kg/(kg·d)。

5. 吸入室外空气中来自下层土壤的气态污染物途径

对于单一污染物的致癌效应，考虑人群在儿童期和成人期暴露的终生危害，吸入室外

空气中来自下层土壤的气态污染物途径对应的土壤暴露量，计算公式为

$$IOVER_{ca2}=VF_{suboa}\left(\frac{DAIR_c\times EFO_c\times ED_c}{BW_c\times AT_{ca}}+\frac{DAIR_a\times EFO_a\times ED_a}{BW_a\times AT_{ca}}\right) \tag{8-10}$$

式中 $IOVER_{ca2}$——吸入室外空气中来自下层土壤的气态污染物对应的土壤暴露量（致癌效应），kg/(kg·d)；

VF_{suboa}——下层土壤中污染物扩散进入室外空气的挥发因子，kg/m³。

对于单一污染物的非致癌效应，考虑人群在儿童期暴露受到的危害，吸入室外空气中来自下层土壤的气态污染物对应的土壤暴露量的计算公式为

$$IOVER_{nc2}=VF_{suboa}\times\frac{DAIR_c\times EFO_c\times ED_c}{BW_c\times AT_{nc}} \tag{8-11}$$

式中 $IOVER_{nc2}$——吸入室外空气中来自下层土壤的气态污染物对应的土壤暴露量（非致癌效应），kg/(kg·d)。

6. 吸入室外空气中来自地下水的气态污染物途径

对于单一污染物的致癌效应，考虑人群在儿童期和成人期暴露的终生危害，吸入室外空气中来自地下水的气态污染物途径对应的地下水暴露量，计算公式为

$$IOVER_{ca3}=VF_{gwoa}\left(\frac{DAIR_c\times EFO_c\times ED_c}{BW_c\times AT_{ca}}+\frac{DAIR_a\times EFO_a\times ED_a}{BW_a\times AT_{ca}}\right) \tag{8-12}$$

式中 $IOVER_{ca3}$——吸入室外空气中来自地下水的气态污染物对应的土壤暴露量（致癌效应），L/(kg·d)；

VF_{gwoa}——地下水中污染物扩散进入室外空气的挥发因子，L/m³。

对于单一污染物的非致癌效应，考虑人群在儿童期暴露受到的危害，吸入室外空气中来自地下水的气态污染物对应的地下水暴露量的计算公式为

$$IOVER_{nc3}=VF_{gwoa}\times\frac{DAIR_c\times EFO_c\times ED_c}{BW_c\times AT_{nc}} \tag{8-13}$$

式中 $IOVER_{nc3}$——吸入室外空气中来自地下水的气态污染物对应的土壤暴露量（非致癌效应），L/(kg·d)。

7. 吸入室内空气中来自下层土壤的气态污染物途径

对于单一污染物的致癌效应，考虑人群在儿童期和成人期暴露的终生危害，吸入室内空气中来自下层土壤的气态污染物途径对应的土壤暴露量，计算公式为

$$IIVER_{ca1}=VF_{subia}\left(\frac{DAIR_c\times EFI_c\times ED_c}{BW_c\times AT_{ca}}+\frac{DAIR_a\times EFI_a\times ED_a}{BW_a\times AT_{ca}}\right) \tag{8-14}$$

式中 $IIVER_{ca1}$——吸入室内空气中来自下层土壤的气态污染物对应的土壤暴露量（致癌效应），kg/(kg·d)；

VF_{subia}——下层土壤中污染物扩散进入室内空气的挥发因子，kg/m³。

对于单一污染物的非致癌效应，考虑人群在儿童期暴露受到的危害，吸入室内空气中来自下层土壤的气态污染物对应的土壤暴露量的计算公式为

$$IIVER_{nc1}=VF_{subia}\times\frac{DAIR_c\times EFI_c\times ED_c}{BW_c\times AT_{nc}} \tag{8-15}$$

式中 $IIVER_{nc1}$——吸入室内空气中来自下层土壤的气态污染物对应的土壤暴露量（非

致癌效应)，kg/(kg·d)。

8. 吸入室内空气中来自地下水的气态污染物途径

对于单一污染物的致癌效应，考虑人群在儿童期和成人期暴露的终生危害，吸入室内空气中来自地下水的气态污染物途径对应的地下水暴露量，计算公式为

$$IIVER_{ca2}=VF_{gwia}\left(\frac{DAIR_c\times EFI_c\times ED_c}{BW_c\times AT_{ca}}+\frac{DAIR_a\times EFI_a\times ED_a}{BW_a\times AT_{ca}}\right) \tag{8-16}$$

式中 $IIVER_{ca2}$——吸入室内空气中来自地下水的气态污染物对应的土壤暴露量（致癌效应)，L/(kg·d)；

VF_{gwia}——地下水中污染物扩散进入室内空气的挥发因子，L/m^3。

对于单一污染物的非致癌效应，考虑人群在儿童期暴露受到的危害，吸入室内空气中来自地下水的气态污染物对应的地下水暴露量的计算公式为

$$IIVER_{nc2}=VF_{gwia}\times\frac{DAIR_c\times EFI_c\times ED_c}{BW_c\times AT_{nc}} \tag{8-17}$$

式中 $IIVER_{nc2}$——吸入室内空气中来自地下水的气态污染物对应的土壤暴露量（非致癌效应)，L/(kg·d)。

9. 饮用地下水途径

对于单一污染物的致癌效应，考虑人群在儿童期和成人期暴露的终生危害，饮用地下水途径对应的暴露量，计算公式为

$$CGWER_{ca}=\frac{GWCR_c\times EF_c\times ED_c}{BW_c\times AT_{ca}}+\frac{GWCR_a\times EF_a\times ED_a}{BW_a\times AT_{ca}} \tag{8-18}$$

式中 $CGWER_{ca}$——饮用受影响地下水对应的地下水暴露量（致癌效应)，L/(kg·d)；

$GWCR_c$——儿童每日饮水量，L/d；

$GWCR_a$——成人每日饮水量，L/d。

对于单一污染物的非致癌效应，考虑人群在儿童期的暴露危害，饮用地下水途径对应的暴露量，计算公式为

$$CGWER_{nc}=\frac{GWCR_c\times EF_c\times ED_c}{BW_c\times AT_{nc}} \tag{8-19}$$

式中 $CGWER_{nc}$——饮用受影响地下水对应的地下水暴露量（非致癌效应)，L/(kg·d)。

(二) 第二类用地暴露评估模型

1. 经口摄入土壤途径

对于单一污染物的致癌效应（非致癌效应)，考虑人群在成人期暴露的终生危害（暴露危害)，经口摄入途径对应的土壤暴露量计算公式为

$$OISER_{ca}=\frac{OSIR_a\times ED_a\times EF_a\times ABS_o}{BW_a\times AT_{ca}}\times 10^{-6} \tag{8-20}$$

$$OISER_{nc}=\frac{OSIR_a\times ED_a\times EF_a\times ABS_o}{BW_a\times AT_{nc}}\times 10^{-6} \tag{8-21}$$

2. 皮肤接触土壤途径

对于单一污染物的致癌效应（非致癌效应），考虑人群在成人期暴露的终生危害（暴露危害），皮肤接触土壤途径对应的土壤暴露量计算公式为

$$DCSER_{ca}=\frac{SAE_a \times SSARC_a \times EF_a \times ED_a \times E_v \times ABS_d}{BW_a \times AT_{ca}}\times 10^{-6} \tag{8-22}$$

$$DCSER_{na}=\frac{SAE_a \times SSARC_a \times EF_a \times ED_a \times E_v \times ABS_d}{BW_a \times AT_{nc}}\times 10^{-6} \tag{8-23}$$

3. 吸入土壤颗粒物

对于单一污染物的致癌效应（非致癌效应），考虑人群在成人期暴露的终生危害（暴露危害），吸入土壤颗粒物途径对应的土壤暴露量计算公式为

$$PISER_{ca}=\frac{PM_{10} \times DAIR_a \times ED_a \times PIAF \times (fspo \times EFO_a + fspi \times EFI_a)}{BW_a \times AT_{ca}}\times 10^{-6} \tag{8-24}$$

$$PISER_{na}=\frac{PM_{10} \times DAIR_a \times ED_a \times PIAF \times (fspo \times EFO_a + fspi \times EFI_a)}{BW_a \times AT_{nc}}\times 10^{-6} \tag{8-25}$$

4. 吸入室外空气中来自表层土壤的气态污染物途径

对于单一污染物的致癌效应（非致癌效应），考虑人群在成人期暴露的终生危害（暴露危害），吸入室外空气中来自表层土壤气态污染物途径对应的土壤暴露量计算公式为

$$IOVER_{ca1}=VF_{suroa}\times\frac{DAIR_a \times EFO_a \times ED_a}{BW_a \times AT_{ca}} \tag{8-26}$$

$$IOVER_{nc1}=VF_{suroa}\times\frac{DAIR_a \times EFO_a \times ED_a}{BW_a \times AT_{nc}} \tag{8-27}$$

5. 吸入室外空气中来自下层土壤的气态污染物途径

对于单一污染物的致癌效应（非致癌效应），考虑人群在成人期暴露的终生危害（暴露危害），吸入室外空气中来自下层土壤气态污染物途径对应的土壤暴露量计算公式为

$$IOVER_{ca2}=VF_{suboa}\times\frac{DAIR_a \times EFO_a \times ED_a}{BW_a \times AT_{ca}} \tag{8-28}$$

$$IOVER_{nc2}=VF_{suboa}\times\frac{DAIR_a \times EFO_a \times ED_a}{BW_a \times AT_{nc}} \tag{8-29}$$

6. 吸入室外空气中来自地下水的气态污染物途径

对于单一污染物的致癌效应（非致癌效应），考虑人群在成人期暴露的终生危害（暴露危害），吸入室外空气中来自地下水气态污染物途径对应的地下水暴露量计算公式为

$$IOVER_{ca3}=VF_{gwoa}\times\frac{DAIR_a \times EFO_a \times ED_a}{BW_a \times AT_{ca}} \tag{8-30}$$

$$IOVER_{nc3}=VF_{gwoa}\times\frac{DAIR_a \times EFO_a \times ED_a}{BW_a \times AT_{nc}} \tag{8-31}$$

7. 吸入室内空气中来自下层土壤的气态污染物途径

对于单一污染物的致癌效应（非致癌效应），考虑人群在成人期暴露的终生危害（暴露危害），吸入室内空气中来自下层土壤的气态污染物途径对应的土壤暴露量计算公式为

$$IIVER_{ca1}=VF_{subia}\times\frac{DAIR_a\times EFI_a\times ED_a}{BW_a\times AT_{ca}} \tag{8-32}$$

$$IIVER_{nc1}=VF_{subia}\times\frac{DAIR_a\times EFI_a\times ED_a}{BW_a\times AT_{nc}} \tag{8-33}$$

8. 吸入室内空气中来自地下水的气态污染物途径

对于单一污染物的致癌效应（非致癌效应），考虑人群在成人期暴露的终生危害（暴露危害），吸入室内空气中来自地下水气态污染物途径对应的地下水暴露量计算公式为

$$IIVER_{ca2}=VF_{gwia}\times\frac{DAIR_a\times EFI_a\times ED_a}{BW_a\times AT_{ca}} \tag{8-34}$$

$$IIVER_{nc2}=VF_{gwia}\times\frac{DAIR_a\times EFI_a\times ED_a}{BW_a\times AT_{nc}} \tag{8-35}$$

9. 饮用地下水途径

对于单一污染物的致癌效应与非致癌效应，均考虑人群在成人期的终生危害（暴露危害），饮用地下水途径对应的地下水暴露量为

$$CGWER_{ca}=\frac{GWCR_a\times EF_a\times ED_a}{BW_a\times AT_{ca}} \tag{8-36}$$

$$CGWER_{nc}=\frac{GWCR_a\times EF_a\times ED_a}{BW_a\times AT_{nc}} \tag{8-37}$$

第五节 毒 性 评 估

在危害识别的基础上，分析地块内关注污染物对人体健康的危害效应，包括致癌效应和非致癌效应，确定与关注污染物相关的参数，包括参考剂量、参考浓度、致癌斜率因子和呼吸吸入单位致癌因子等。

一、毒性效应分析

分析污染物经不同途径对人体健康的危害效应，包括致癌效应、非致癌效应、污染物对人体健康的危害机理和剂量-效应关系等。

二、污染物相关参数确定

（一）致癌效应毒性参数

致癌效应毒性参数包括呼吸吸入单位致癌因子（IUR）、呼吸吸入致癌斜率因子（SF_i）、经口摄入致癌斜率因子（SF_0）和皮肤接触致癌斜率因子（SF_d）。部分污染物的致癌效应毒性参数的推荐值见表 8-1。

呼吸吸入致癌斜率因子（SF_i）：

表 8-1 部分污染物的毒性参数

序号	中文名	英文名	CAS 编号	SF_0/[mg/(kg·d)]$^{-1}$	数据来源	IUR/(mg/m^3)$^{-1}$	数据来源	RfD/[mg/(kg·d)]	数据来源	RfC/(mg/m^3)	数据来源	$ABSgi$(无量纲)	数据来源	$ABSd$(无量纲)	数据来源
一、金属及无机物															
1	锑	Antimony	7440-36-0					4.00×10^{-4}	I			0.15	RSL		
2	砷（无机）	Arsenic, inorganic	7440-38-2	1.5	I	4.30	I	3.00×10^{-4}	I	1.50×10^{-5}	RSL	1	RSL	0.03	RSL
3	铍	Berylium	7440-41-7			2.40	I	2.00×10^{-3}	I	2.00×10^{-5}		0.007	RSL		
4	镉	Cadmium	7440-43-9			1.80	I	1.00×10^{-3}	I	1.00×10^{-5}	RSL	0.025	RSL	0.001	RSL
5	铬（三价）	Chromium, Ⅲ	16065-83-1					1.5	I			0.013	RSL		
6	铬（六价）	Chromium, VI	18540-29-9			12	I	3.00×10^{-3}	I	1.00×10^{-4}	I	0.025	RSL		
7	钴	Cobalt	7440-48-4			9	P	3.00×10^{-4}	P	6.00×10^{-6}	P	1	RSL		
8	铜	Copper	7440-50-8					4.00×10^{-2}	RSL			1	RSL		
9	汞（无机）	Mercury, inorganic	7439-97-6					3.00×10^{-4}	I	3.00×10^{-4}	RSL	0.07	RSL		
10	甲基汞	Methyl Mercury	22967-92-6					1.00×10^{-4}	I			1	RSL		
11	镍	Nickel	7440-02-0			0.26	RSL	2.00×10^{-2}	I	9.00×10^{-5}	RSL	0.04	RSL		
12	锡	Tin	7440-31-5					0.6	RSL			1	RSL		
13	钒	Vamadium	1314-62-1			8.30	P	9.00×10^{-3}	I	7.00×10^{-6}	P	0.026	RSL		
14	锌	Zinc	7440-66-6					0.3	I			1	RSL		
15	氰化物	Cyanide	57-12-5					6.00×10^{-4}	I	8.00×10^{-4}	RSL	1	RSL		
16	氯化物	Fluoride	16984-48-8					4.00×10^{-2}	RSL	1.30×10^{-2}	RSL	1	RSL		
二、挥发性有机物															
17	丙酮	Acetone	67-64-1					0.9	I	31	RSL	1	RSL		
18	苯	Benzene	71-43-2	5.50×10^{-2}	I	7.80×10^{-3}	I	4.00×10^{-3}	I	3.00×10^{-2}	I	1	RSL		
19	甲苯	Toluene	108-88-3					8.00×10^{-2}	I	5.00	I	1	RSL		
20	乙苯	Ethylbenzene	100-41-4	1.10×10^{-2}	RSL	2.50×10^{-3}	RSL	0.10	I	1.00	I	1	RSL		
21	对二甲苯	Xylene, p-	106-42-3					0.20	RSL	0.10	RSL	1	RSL		
22	间二甲苯	Xylene,; m-	108-38-3					0.20	RSL	0.10	RSL	1	RSL		

续表

序号	中文名	英文名	CAS 编号	SF_0/[mg/(kg·d)]$^{-1}$	数据来源	IUR/(mg/m^3)$^{-1}$	数据来源	RfD/[mg/(kg·d)]	数据来源	RfC/(mg/m^3)	数据来源	ABSgi(无量纲)	数据来源	ABSd(无量纲)	数据来源
23	邻二甲苯	Xylene, o-	95-47-6					0.20	RSL	0.10	RSL	1	RSL		
24	二甲苯	Xylenes	1330-20-7					0.20	I	0.10	I	1	RSL		
25	一溴二氯甲烷	Bromodichloromethane	75-274	6.20×10^{-2}	I	3.70×10^{-2}	RSL	2 00×10^{-2}	I			1	RSL		
26	1,2-二溴甲烷	Dibromoethane, 1,2-	106-93-4	2.00	I	0.60	I	9. 00×10^{-3}	I	9. 00×10^{-3}	I	1	RSL		
27	四氯化碳	Carbon tetrachloride	56-23-5	7.00×10^{-2}	I	6.00×10^{-3}	I	4.00×10^{-3}	I	0.10	I	1	RSL		
28	氯苯	Chlorobenzene	108-90-7					2 00×10^{-2}	I	5.00×10^{-2}	P	1	RSL		
29	氯仿(三氯甲烷)	Chloroform	67-66-3	3.10×10^{-2}	RSL	2.30×10^{-2}	I	1.00×10^{-2}	I	9.80×10^{-2}	RSL	1	RSL		
30	氯甲烷	Chloromethane	74-87-3							0.09	I	1	RSL		
31	二溴氯甲烷	Dibromochloromethane	124-48-1	8.40×10^{-2}	I	2.00×10^{-2}	RSL	2.00×10^{-2}	I			1	RSL		
32	1,4 二氯苯	Dichlorobenzen, 1, 4-	106-46-7	5.40×10^{-3}	RSL	1.10×10^{-2}	RSL	7.00×10^{-2}	RSL	0.80	I	1	RSL		
33	1, 1-二氯乙烷	Dichloroethan, 1, 1-	75-34-3	5.70×10^{-3}	RSL	1.60×10^{-3}	RSL	0.20	P			1	RSL		
34	1, 2-二氯乙烷	Dichloroethane, 1, 2-	107-06-2	9.10×10^{-2}	I	2.60×10^{-2}	I	6.00×10^{-3}	RSL	7.00×10^{-3}	P	1	RSL		
35	1, 1 二氯乙烯	Dichloroethylene, 1, 1-	75-35-4					5 00×10^{-2}	I	0.20	I	1	RSL		
36	1, 2-顺式-二氯乙烯	Dichoroetlylene 1, 2-cis-	156-59-2					2.00×10^{-3}	I			1	RSL		
37	1, 2-反式三氯乙烯	Dichoroetylene, 1, 2-trans-	156-60-5					2.00×10^{-2}	I	6.00×10^{-2}	P	1	RSL		
38	二氯甲烷	Methylene Chloride	75-09-2	2.00×10^{-3}	I	1.00×10^{-5}	I	6.00×10^{-3}	I	0.60	I	1	RSL		
39	1, 2-二氯丙烷	Dichloropropane, 1, 2-	78-87-5	3.70×10^{-2}	RSL	3.70×10^{-2}	RSL	4.00×10^{-2}	RSL	4.00×10^{-3}	I	1	RSL		

续表

序号	中文名	英文名	CAS 编号	SF_0/[mg/(kg·d)]$^{-1}$	数据来源	IUR/(mg/m^3)$^{-1}$	数据来源	RfD/[mg/(kg·d)]	数据来源	RfC/(mg/m^3)	数据来源	$ABSgi$（无量纲）	数据来源	$ABSd$（无量纲）	数据来源
40	硝基苯	Nitrobenzene	98-95-3			4.00×10^{-2}	I	2.00×10^{-3}	I	9.00×10^{-3}	I	1	RSL		
41	苯乙烯	Styrene	10042-5					0.20	I	1.00	I	1	RSL		
42	1，1，1，2-四氯乙烷	Tetrachloroethane，1，1，1，2-	630-20-6	2.60×10^{-2}	I	7.40×10^{-2}	I	3.00×10^{-2}	I			1	RSL		
43	1，1，2，2-四氯乙烷	Tetrachloroethane，1，1，2，2-	79-34-5	0.20	I	5.80×10^{-2}	RSL	2.00×10^{-2}	I			1	RSL		
44	四氯乙烯	Tetrachloroetlylene	127-18-4	2.10×10^{-3}	I	2.60×10^{-4}	I	6.00×10^{-3}	I	4.00×10^{-2}	I	1	RSL		
45	三氯乙烯	Trichloroethylene	79-01-6	4.60×10^{-2}	I	4.10×10^{-3}	I	5.00×10^{-4}	I	2.00×10^{-3}	I	1	RSL		
46	氯乙烯	Vinyl chloride	75-01-4	0.72	I	4.40×10^{-3}	I	3.00×10^{-3}	I	0.10	I	1	RSL		
47	1，1，2-三氯丙烷	Trichloropropane，1，1，2-	598-776					5.00×10^{-3}	I			1	RSL		
48	1，2，3-三氯丙烷	Trichloropropane，1，2，3-	96-18-4	30	I			4.00×10^{-3}	I	3.00×10^{-4}	I	1	RSL		
49	1，1，1三氯乙烷	Trichlorothane，1，1，1-	71-55-6					2.00	I	5.00	I	1	RSL		
50	1，1，2-三氯乙烷	Trichlorothane，1，1，2-	79-00-5	5.70×10^{-2}	I	1.60×10^{-2}	I	4.00×10^{-3}	I	2.00×10^{-4}	RSL	1	RSL		
		三、半挥发性有机物													
51	苊	Acenaphthene	83-32-9					6.00×10^{-2}	I			1	RSL	0.13	RSL
52	蒽	Anthracene	120-12-7					0.30	I			1	RSL	0.13	RSL
53	苯并（a）蒽	Benzo（a）anthracene	56-55-3	0.10	RSL	6.00×10^{-2}	RSL					1	RSL	0.13	RSL
54	苯并（a）芘	Benzo（a）pyrene	50-32-8	1. .00	I	0.60	RSL	3.00×10^{-4}	I	2.00×10^{-6}	I	1	RSL	0.13	RSL
55	苯并（b）荧蒽	Benzo（b）fluoranthene	205-992	0.10	RSL	6.00×10^{-2}	RSL					1	RSL	0.13	RSL

续表

序号	中文名	英文名	CAS 编号	SF_0/[mg/(kg·d)]$^{-1}$	数据来源	IUR/(mg/m^3)$^{-1}$	数据来源	RfD/[mg/(kg·d)]	数据来源	RfC/(mg/m^3)	数据来源	ABSgi（无量纲）	数据来源	ABSd（无量纲）	数据来源
56	苯并（k）荧蒽	Benzo（k）fuoranthene	207-08-9	1.00×10^{-2}	RSL	6.00×10^{-3}	RSL					1	RSL	0.13	RSL
57	䓛	Chrysene	218-01-9	1.00×10^{-3}	RSL	6.00×10^{-3}	RSL					1	RSL	0.13	RSL
58	二苯并（a，h）蒽	Dibenzo（a，h）anthracene	53-70-3	1. .00	RSL	0.60	RSL					1	RSL	0.13	RSL
59	荧蒽	Fluoranthene	206-44-0					4.00×10^{-2}	I			1	RSL	0.13	RSL
60	芴	Fluorene	86-73-7					4.00×10^{-2}	I			1	RSL	0.13	RSL
61	茚并（1，2，3-cd）芘	Ideno（1，2，3-cd）pyrene	193-39-5	0.10	RSL	6.00×10^{-2}	RSL					1	RSL	0.13	RSL
62	萘	Naphthalene	91-20-3			3.40×10^{-2}	RSL	2.00×10^{-2}	I	3.00×10^{-3}	I	1	RSL	0.13	RSL
63	芘	Pyrene	129-00-0					3.00×10^{-2}	I			1	RSL	0.13	RSL
64	艾氏剂	Aldrin	309-00-2	17.0	I	4.90	I	3.00×10^{-5}	I			1	RSL		
65	狄氏剂	Dieldrin	60-57-1	16.0	I	4.60	I	5.00×10^{-5}	I			1	RSL	0.1	RSL
66	异狄氏剂	Endrin	72-20-8					3.00×10^{-4}	I			1	RSL	0.1	RSL
67	氯丹	Chlordane	12789-03-6	3.50×10^{-1}		0.10	I	5.00×10^{-4}	I	7.00×10^{-4}	I	1	RSL	0.04	RSL
68	滴滴滴	DDD	72-54-8	2.40×10^{-1}	I	6.90×10^{-2}	RSL					1	RSL	0.1	RSL
69	滴滴伊	DDE	72-55-9	3.40×10^{-1}	I	9.70×10^{-2}	RSL					1	RSL		
70	滴滴涕	DDT	50-29-3	3.40×10^{-1}	I	9.70×10^{-2}	I	5.00×10^{-4}	I			1	RSL	0.03	RSL
71	七氯	Heptachlor	76-44-8	4.50	I	1.30	I	5.00×10^{-4}	I			1	RSL		
72	α-六六六	Hexachloro cylohexane，α-（α-HCH）	319-84-6	6.30	I	1.80	I	8.00×10^{-3}	RSL			1	RSL	0.1	RSL
73	β-六六六	Hexachloro cyclohexane，β-（β-HCH）	319-85-7	1.80	I	5.30×10^{-1}	I					1	RSL	0.1	RSL
74	γ-六六六	Hexachloro cycloheane γ-（γ-HCH，Lindame）	58-89-9	1 10	RSL	3.10×10^{-1}	RSL	3.00×10^{-4}	I			1	RSL	0.04	RSL

续表

序号	中文名	英文名	CAS 编号	SF_0/[mg/(kg·d)]$^{-1}$	数据来源	IUR/$(mg/m^3)^{-1}$	数据来源	RfD/[mg/(kg·d)]	数据来源	RfC/(mg/m^3)	数据来源	$ABSgi$（无量纲）	数据来源	$ABSd$（无量纲）	数据来源
75	六氯苯	Hexachlorobenzene	118-74-1	1. .60	I	4.60×10^{-1}	I	8.00×10^{-4}	I			1	RSL		
76	灭蚁灵	Mirex	2385-85-5	18.0	RSL	5.10	RSL	$2\ 00\times10^{-4}$	I			1	RSL		
77	毒杀芬	Toxaphene	8001-35-2	1.10	I	3.20×10^{-1}	I					1	RSL	0.1	RSL
78	多氯联苯189	Heptachlorobiphenyl, 2, 3, 3′, 4, 4′, 5, 5′-(PCB189)	39635-31-9	3.90	RSL	1.10	RSL	2.30×10^{-5}	RSL	1.30×10^{-3}	RSL	1	RSL	0.14	RSL
79	多氯联苯167	Hexachlorobipheny, 2, 3′, 4, 4′, 5, 5′-(PCB 167)	52663-72-6	3.90	RSL	1.10	RSL	2.30×10^{-5}	RSL	1.30×10^{-3}	RSL	1	RSL	0.14	RSL
80	多氯联苯157	Hexachiorobipheny, 2, 3, 3′, 4, 5′-(PCB 157)	69782-90-7	3.90	RSL	1.10	RSL	2.30×10^{-5}	RSL	1.30×10^{-3}	RSL	1	RSL	0.14	RSL
81	多氯联苯156	Hexachlorobipheny, 2, 3, 3′, 4, 4′, 5-(PCB 156)	38380-08-4	3.90	RSL	1.10	RSL	2.30×10^{-5}	RSL	1.30×10^{-3}	RSL	1	RSL	0.14	RSL
82	多氯联苯169	Hexachlorobipeneyl., 3, 3′, 4, 4′, 5, 5′, -(PCB 169)	32774-16-6	3.90×10^{3}	RSL	1.1×10^{3}	RSL	2.30×10^{-8}	RSL	1.30×10^{-6}	RSL	1	RSL	0.14	RSL
83	多氯联苯123	Pentachlorobiphenyl 2, 3′, 4, 4′, 5-(PCB 123)	6550-443	3.90	RSL	1.10	RSL	2.30×10^{-5}	RSL	1.30×10^{-3}	RSL	1	RSL	0.14	RSL
84	多氯联苯118	Pentachcoropherl, 2, 3′, 4, 4′, 5-(PCB 118)	31508-00-6	3.90	RSL	1.10	RSL	2.30×10^{-5}	RSL	1.30×10^{-3}	RSL	1	RSL	0.14	RSL
85	多氯联苯105	Pentachcoroipheryl, 2, 3, 3′, 4, 4′-(PCB 105)	32598-14-4	3.90	RSL	1.10	RSL	2.30×10^{-5}	RSL	1.30×10^{-3}	RSL	1	RSL	0.14	RSL
86	多氯联苯114	Pentachlorobipheny, 2, 3′, 4, 4′, 5-(PCB 114)	74472-37-0	3.90	RSL	1.10	RSL	2.30×10^{-5}	RSL	1.30×10^{-3}	RSL	1	RSL	0.14	RSL
87	多氯联苯126	Pentachcorobipheny, 3, 3′, 4, 4′, 5-(PCB126)	57465-28-8	1.30×10^{4}	RSL	3.80×10^{3}	RSL	$7\ 00\times10^{-9}$	RSL	4.00×10^{-7}	RSL	1	RSL	0.14	RSL

续表

序号	中文名	英文名	CAS编号	SF_0/[mg/(kg·d)]$^{-1}$	数据来源	IUR/(mg/m^3)$^{-1}$	数据来源	RfD/[mg/(kg·d)]	数据来源	RfC/(mg/m^3)	数据来源	$ABSgi$(无量纲)	数据来源	$ABSd$(无量纲)	数据来源
88	多氯联苯(高风险)	Polychlorimated Biphenyls (high risk)	1336-36-3	2.00	I	5.70×10^{-1}	I					1	RSL	0.14	RSL
89	多氯联苯(低风险)	Polychlorinated Biphenyls (low risk)	1336-36-3	4.00	I	0.10	I					1	RSL	0.14	RSL
90	多氯联苯(最低风险)	Polychlorinated Biphenyls (lowest risk)	1336-36-3	7.00×10^{-2}	I	2.00×10^{-2}	I					1	RSL	0.14	RSL
91	多氯联苯77	Tetachlorobipheny, 3, 3′, 4, 4′-(PCB 77)	32598-13-3	13.0	RSL	3.80	RSL	7.00×10^{-10}	RSL	4.00×10^{-4}	RSL	1	RSL	0.14	RSL
92	多氯联苯81	Tetrachlorobipheny, 3, 4, 4′, 5-(PCB 81)	70362-50-4	39.0	RSL	11.0	RSL	2.30×10^{-6}	RSL	1.30×10^{-4}	RSL	1	RSL	0.14	RSL
93	二噁英	Tetrachlorodibenzo-P-dioxin, 2, 3, 7, 8-	1746-01-6	1.30×10^{5}	RSL	3.80×10^{4}	RSL	7.00×10^{-10}	I	4.00×10^{-8}	RSL	1	RSL	0.03	RSL
94	多溴联苯	Polybrominated Biphenyls	59536-65-1	3.00×10^{1}	RSL	8.60	RSL	7.00×10^{-10}	RSL			1	RSL	0.1	RSL
95	苯胺	Aniline	62-53-3	5.70×10^{-3}	I	1.60×10^{-3}	RSL	7.00×10^{-3}	P	1.00×10^{-3}	I	1	RSL	0.1	RSL
96	溴仿	Bromoform	75-252	7.90×10^{-3}	I	1.10×10^{-3}	I	2.00×10^{-2}	I			1	RSL		
97	2-氯酚	Chlorophenol, 2-	95-57-8					5.00×10^{-3}	I			1	RSL		
98	4-甲酚	Cresol, 4-	106-44-5					0.1	RSL	0.6	RSL	1	RSL	0.1	RSL
99	3, 3-二氯联苯胺	Dchorobenzidine, 3, 3-	91941	4.50×10^{-1}	I	3.40×10^{-1}	RSL					1	RSL	0.1	RSL
100	2.4二氯酚	Dichlorophenol, 2, 4-	120-83-2					3.00×10^{-3}	I			1	RSL	0.1	RSL
101	2, 4-二硝基酚	Dinitophenol, 2, 4-	51-28-5					$2\ 00\times10^{-3}$	I			1	RSL	0.1	RSL
102	2, 4-二硝基甲苯	Dinitrotoluene, 2, 4-	121-14-2	3.10×10^{-1}	RSL	8.960×10^{-2}	RSL	2.00×10^{-3}	I			1	RSL	0.102	RSL
103	六氯环戊二烯	Hexachlorocyclopentaene	77-47-4					6.00×10^{-3}	I	2.00×10^{-4}	I	1	RSL		

续表

序号	中文名	英文名	CAS 编号	SF_0/[mg/(kg·d)]$^{-1}$	数据来源	IUR/(mg/m^3)$^{-1}$	数据来源	RfD/[mg/(kg·d)]	数据来源	RfC/(mg/m^3)	数据来源	$ABSgi$(无量纲)	数据来源	$ABSd$(无量纲)	数据来源
104	五氯酚	Pentachlorophenol	87-86-5	4.00×10^{-1}	I	5.10×10^{-3}	RSL	5.00×10^{-3}	I			1	RSL	0.25	RSL
105	苯酚	Phenol	108-95-2					0.30	I	0.20	RSL	1	RSL	0.1	RSL
106	2，4，5-三氯酚	Trichloropheno，2，4，5-	95-95-4					0.10	I			1	RSL	0.1	RSL
107	2，4，6-三氯酚	Trichoropheno，2，4.6-	88-06-2	1.10×10^{-2}	I	3.10×10^{-3}	I	1.00×10^{-3}	P			1	RSL	0.1	RSL
108	阿特拉津	Atrazine	1912-24-9	2.30×10^{-1}	RSL			3.50×10^{-2}	I			1	RSL	0.1	RSL
109	敌敌畏	Dichlorvos	62-73-7	2.90×10^{-1}	I	8.30×10^{-2}	RSL	5.00×10^{-4}	I	5.00×10^{-4}	I	1	RSL	0.1	RSL
110	乐果	Dimethoate	60-51-5					2.20×10^{-3}	I			1	RSL	0.1	RSL
111	硫丹	Endosulfan	115-29-7					6.00×10^{-3}	I			1	RSL		
112	草甘膦	Glyphosate	1071-83-6					0.10	I			1	RSL	0.1	RSL
113	邻苯二甲酸二(2-乙基已）酯	Bise-etyhexy phthalate，DEHP	117-81-7	1.40×10^{-2}	I	2.40×10^{-3}	RSL	2.00×10^{-2}	I			1	RSL	0.1	RSL
114	邻苯二甲酸丁苄 酯	Butyibenzyl phthalate，BBP	85-68-7	1. .90×10^{-3}	P			0.20	I			1	RSL	0.1	RSL
115	邻苯二甲酸二乙酯	Diethyl phthalate，DEP	84-66-2					0.80	I			1	RSL	0.1	RSL
116	邻苯二甲酸二丁酯	Dibutyl phthalate，DBP	84-74-2					0.10	I			1	RSL	0.1	RSL
117	邻苯二甲酸二正辛酯	Dinocty phthalate，DNOP	117-84-0					1.00×10^{-2}	P			1	RSL	0.1	RSL

备注：“I”代表数据来自“美国环保局综合风险信息系统（USEPA Integrated Risk Information System）”；“P”代表数据来自美国环保局“临时性同行审定毒性数据（The Provisional Peer Reviewed Toxicity Values）”；“RSL”代表数据来自美国环保局“区域筛选值（Regional Screening Levels）总表”污染物毒性数据（2018 年 5 月发布）。表格中未包含的污染物可参考以上数据库的最新更新版本获取其参数。

表 8-2　部分污染物的理化性质参数的推荐值

序号	中文名	英文名	CAS 编号	H'	数据来源	Da /(cm^2/s)	数据来源	Dw/(cm^2/s)	数据来源	Koc /(mg/m^3)	数据来源	S /(mg/L)	数据来源
一、金属及无机物													
1	锑	Antimony	7440-36-0										
2	砷（无机）	Arsenic, inorganic	7440-38-2										
3	铍	Berylium	7440-41-7										
4	镉	Cadmium	7440-43-9										
5	铬（三价）	Chromium, Ⅲ	16065-83-1										
6	铬（六价）	Chromium, Ⅵ	18540-29-9									1.69×10^{6}	RSL
7	钴	Cobalt	7440-48-4										
8	铜	Copper	7440-50-8										
9	汞（无机）	Mercury, inorganic	7439-97-6	3.52×10^{-1}	EPI	3.07×10^{-2}	WATER9	6.30×10^{-6}	WATER9				
10	甲基汞	Methyl Mercury	22967-92-6										
11	镍	Nickel	7440-02-0										
12	锡	Tin	7440-31-5										
13	钒	Vamadium	1314-62-1									7.00×10^{2}	RSL
14	锌	Zinc	7440-66-6										
15	氰化物	Cyanide	57-12-5	4.15×10^{-3}	EPI	2.11×10^{-1}	WATER9	2.46×10^{-5}	WATER9			9.54×10^{4}	EPI
16	氯化物	Fluoride	16984-48-8									1.69	EPI
二、挥发性有机物													
17	丙酮	Acetone	67-64-1	1.43×10^{-3}	EPI	1.06×10^{-1}	WATER9	1.15×10^{-5}	WATER9	2.36	EPI	1.00×10^{6}	EPI
18	苯	Benzene	71-43-2	2.27×10^{-1}	EPI	8.95×10^{-2}	WATER9	1.03×10^{-5}	WATER9	1.46×10^{2}	EPI	1.79×10^{3}	EPI
19	甲苯	Toluene	108-88-3	2.71×10^{-1}	EPI	7.78×10^{-2}	WATER9		WATER9		EPI		EPI
20	乙苯	Ethylbenzene	100-41-4	3.22×10^{-1}	EPI	6.85×10^{-2}	WATER9		WATER9		EPI		EPI

续表

序号	中文名	英文名	CAS编号	H'	数据来源	Da /(cm²/s)	数据来源	Dw/(cm²/s)	数据来源	Koc /(mg/m³)	数据来源	S /(mg/L)	数据来源
21	对二甲苯	Xylene，p－	106－42－3	2.82×10^{-1}	EPI	$6\ 82\times10^{-2}$	WATER9		WATER9		EPI		EPI
22	间二甲苯	Xylene，；m－	108－38－3	2.94×10^{-1}	EPI	$6\ 84\times10^{-2}$	WATER9		WATER9		EPI		EPI
23	邻二甲苯	Xylene，o－	95－47－6	2.12×10^{-1}	EPI	$6\ 89\times10^{-2}$	WATER9	8.53×10^{-6}	WATER9	3.83×10^{2}	EPI	1.78×10^{2}	EPI
24	二甲苯	Xylenes	1330－20－7	2.71×10^{-1}	EPI	6.85×10^{-2}	WATER9	8.46×10^{-6}	WATER9	3.83×10^{2}	EPI	1.06×10^{2}	EPI
25	一溴二氯甲烷	Bromodichloromethane	75－274	8.67×10^{-2}	EPI	5.63×10^{-2}	WATER9	1.07×10^{-5}	WATER9	31.80	EPI	3.03×10^{3}	EPI
26	1，2－二溴甲烷	Dibromoethane，1，2－	106－93－4	2.66×10^{-2}	EPI	4.30×10^{-2}	WATER9	1.04×10^{-5}	WATER9	39.60	EPI	3.91×10^{3}	EPI
27	四氯化碳	Carbon tetrachloride	56－23－5	1.13	EPI	5.71×10^{-2}	WATER9	9.78×10^{-6}	WATER9	43.90	EPI	7.93×10^{2}	EPI
28	氯苯	Chlorobenzene	108－90－7	1.27×10^{-1}	EPI	7.21×10^{-2}	WATER9	9.48×10^{-6}	WATER9	2.34×10^{2}	EPI	4.98×10^{2}	EPI
29	氯仿（三氯甲烷）	Chloroform	67－66－3	$1\ 50\times10^{-1}$	EPI	7.69×10^{-2}	WATER9	1.09×10^{-5}	WATER9	31.80	EPI	7.95×10^{2}	EPI
30	氯甲烷	Chloromethane	74－87－3	3.61×10^{-1}	EPI	1.24×10^{-1}	WATER9	1.36×10^{-5}	WATER9	13.20	EPI	5.32×10^{2}	EPI
31	二溴氯甲烷	Dibromochloromethane	124－48－1	3.20×10^{-2}	EPI	3.66×10^{-2}	WATER9	1.06×10^{-5}	WATER9	31.80	EPI	2.70×10^{2}	EPI
32	1，4－二氯苯	Dichlorobenzen，1，4－	106－46－7	9.85×10^{-2}	EPI	5.50×10^{-2}	WATER9	8.68×10^{-5}	WATER9	3.75×10^{2}	EPI	8.13×10^{2}	EPI
33	1，1－二氯乙烷	Dichloroethan，1，1－	75－34－3	2.30×10^{-1}	EPI	8.36×10^{-2}	WATER9	1.06×10^{-5}	WATER9	31.80	EPI	5.04×10^{3}	EPI
34	1，2－二氯乙烷	Dichloroethane，1，2－	107－06－2	4.82×10^{-2}	EPI	8.57×10^{-2}	WATER9	1.10×10^{-5}	WATER9	39.60	EPI	8.60×10^{3}	EPI
35	1，1－二氯乙烯	Dichloroethylene，1，1－	75－35－4	1.07	EPI	8.63×10^{-2}	WATER9	1.10×10^{-5}	WATER9	31.80	EPI	2.42×10^{3}	EPI
36	1，2－顺式－二氯乙烯	Dichoroetlylene 1，2－cis－	156－59－2	1.67×10^{-1}	EPI	8.84×10^{-2}	WATER9	1.13×10^{-5}	WATER9	39.60	EPI	6.41×10^{3}	EPI
37	1，2－反式－三氯乙烯	Dichoroetylene，1，2－trans－	156－60－5	3.83×10^{-1}	EPI	8.76×10^{-2}	WATER9	1.12×10^{-5}	WATER9	39.60	EPI	4.52×10^{3}	EPI
38	二氯甲烷	Methylene Chloride	75－09－2	1.33×10^{-1}	EPI	9.99×10^{-2}	WATER9	1.25×10^{-5}	WATER9	21.70	EPI	1.30×104	EPI
39	1，2－二氯丙烷	Dichloropropane，1，2－	78－87－5	1.15×10^{-1}	EPI	7.33×10^{-2}	WATER9	9.73×10^{-6}	WATER9	60.70	EPI	2.80×103	EPI
40	硝基苯	Nitrobenzene	98－95－3	9.81×10^{-4}	EPI	$6\ 81\times10^{-2}$	WATER9	9.45×10^{-6}	WATER9	2.26×10^{2}	EPI	2.09×103	EPI

续表

序号	中文名	英文名	CAS编号	H'	数据来源	Da /(cm^2/s)	数据来源	Dw/(cm^2/s)	数据来源	Koc /(mg/m^3)	数据来源	S /(mg/L)	数据来源
41	苯乙烯	Styrene	10042-5		EPI	7.11×10^{-2}	WATER9	8.78×10^{-6}	WATER9	4.46×10^{2}	EPI	3.10×10^{2}	EPI
42	1,1,1,2-四氯乙烷	Tetrachloroethane, 1,1,1,2-	630-20-6		EPI	4.82×10^{-2}	WATER9	9.10×10^{-6}	WATER9	86.0	EPI	1.07×10^{3}	EPI
43	1,1,2,2-四氯乙烷	Tetrachloroethane, 1,1,2,2-	79-34-5		EPI	4.89×10^{-2}	WATER9	9.29×10^{-6}	WATER9	94.9	EPI	2.83×10^{3}	EPI
44	四氯乙烯	Tetrachloroetlylene	127-18-4		EPI	5.05×10^{-2}	WATER9	9.46×10^{-6}	WATER9	94.9	EPI	2.06×10^{2}	EPI
45	三氯乙烯	Trichloroethylene	79-01-6		EPI	6.87×10^{-2}	WATER9	1.02×10^{-5}	WATER9	60.7	EPI	1.28×10^{3}	EPI
46	氯乙烯	Vinyl chloride	75-01-4		EPI	1.07×10^{-1}	WATER9	1.20×10^{-5}	WATER9	21.7	EPI	8.80×10^{3}	EPI
47	1,1,2-三氯丙烷	Trichloropropane, 1,1,2-	598-776	1.30×10^{-2}	EPI	5.72×10^{-2}	WATER9	9.17×10^{-6}	WATER9	94.9	EPI	1.90×10^{3}	EPI
48	1,2,3-三氯丙烷	Trichloropropane, 123-	96-18-4	1.40×10^{-2}	EPI	5.75×10^{-2}	WATER9	9.24×10^{-6}	WATER9	1.16×10^{2}	EPI	1.75×10^{3}	EPI
49	1,1,1三氯乙烷	Trichlorothane, 1,1,1-	71-55-6	7.03×10^{-1}	EPI	$6\ 48\times10^{-2}$	WATER9	9.60×10^{-6}	WATER9	43.9	EPI	1.29×10^{3}	EPI
50	1,12-三氯乙烷	Trichlorothane, 1,12-	79-00-5	3.37×10^{-2}	EPI	$6.\ 6\times10^{-2}$	WATER9	1.00×10^{-5}	WATER9	60.7	EPI	4.59×10^{3}	EPI
三、半挥发性有机物													
51	苊	Acenaphthene	83-32-9	7.52×10^{-3}	EPI	5.06×10^{-2}	WATER9	8.33×10^{-6}	WATER9	5.03×10^{3}	EPI	3.90	EPI
52	蒽	Anthracene	120-12-7	2.27×10^{-3}	EPI	3.90×10^{-2}	WATER9	7.85×10^{-6}	WATER9	1.64×10^{4}	EPI	4.34×10^{-2}	EPI
53	苯并(a)蒽	Benzo (a) anthracene	56-55-3	4.91×10^{-4}	EPI	2.61×10^{-2}	WATER9	6.75×10^{-6}	WATER9	1.77×10^{5}	EPI	9.40×10^{-3}	EPI
54	苯并(b)芘	Benzo (b) pyrene	50-32-8	1.87×10^{-5}	EPI	4.76×10^{-2}	WATER9	5.56×10^{-6}	WATER9	5.87×10^{5}	EPI	1.62×10^{-3}	EPI
55	苯并(b)荧蒽	Benzo (b) fluoranthene	205-992	2.69×10^{-5}	EPI	4.76×10^{-2}	WATER9	5.56×10^{-6}	WATER9	5.99×10^{5}	EPI	1.50×10^{-3}	EPI
56	苯并(k)荧蒽	Benzo (k) fuoranthene	207-08-9	2.39×10^{-5}	EPI	4.76×10^{-2}	WATER9	5.56×10^{-6}	WATER9	5.87×10^{5}	EPI	8.00×10^{-4}	EPI
57	䓛	Chrysene	218-01-9	2.14×10^{-4}	EPI	2.61×10^{-2}	WATER9	6.75×10^{-6}	WATER9	1.81×10^{5}	EPI	2.00×10^{-3}	EPI

续表

序号	中文名	英文名	CAS编号	H'	数据来源	Da /(cm^2/s)	数据来源	Dw/(cm^2/s)	数据来源	Koc /(mg/m^3)	数据来源	S /(mg/L)	数据来源
58	二苯并（a，h）蒽	Dibenzo (a, h) anthracene	53-70-3	5.76×10^{-6}	EPI	4.46×10^{-2}	WATER9	5.21×10^{-6}	WATER9	1.91×10^{6}	EPI	2.49×10^{-3}	EPI
59	荧蒽	Fluoranthene	206-44-0	3.62×10^{-4}	EPI	2.76×10^{-2}	WATER9	7.18×10^{-6}	WATER9	5.55×10^{4}	EPI	2.60×10^{-1}	EPI
60	芴	Fluorene	86-73-7	3.93×10^{-3}	EPI	2.61×10^{-2}	WATER9	7.89×10^{-6}	WATER9	9.16×10^{3}	EPI	1.69	EPI
61	茚并（1，2，3-cd）芘	Ideno (1, 2, 3-cd) pyrene	193-39-5	1.42×10^{-5}	RSL	4.46×10^{-2}	WATER9	5.23×10^{-6}	WATER9	1.95×10^{6}	RSL	1.90×10^{-4}	RSL
62	萘	Naphthalene	91-20-3	1.80×10^{-2}	EPI	$6\ 05\times10^{-2}$	WATER9	8.38×10^{-6}	WATER9	1.54×10^{3}	EPI	31.0	EPI
63	芘	Pyrene	129-00-0	4.87×10^{-4}	EPI	2.78×10^{-2}	WATER9	7.25×10^{-6}	WATER9	5.43×10^{4}	EPI	1.35×10^{-1}	EPI
64	艾氏剂	Aldrin	309-00-2	1.80×10^{-3}	EPI	3.72×10^{-2}	WATER9	4.35×10^{-6}	WATER9	8.20×10^{4}	EPI	1.70×10^{-2}	EPI
65	狄氏剂	Dieldrin	60-57-1	4.09×10^{-4}	EPI	2.33×10^{-2}	WATER9	6.01×10^{-6}	WATER9	2.01×10^{4}	EPI	1.95×10^{-1}	EPI
66	异狄氏剂	Endrin	72-20-8	2.60×10^{-4}	EPI	3.62×10^{-2}	WATER9	4.22×10^{-6}	WATER9	2.01×10^{4}	EPI	2.50×10^{-1}	EPI
67	氯丹	Chlordane	12789-03-6	1.99×10^{-3}	EPI	2.15×10^{-2}	WATER9	5.45×10^{-6}	WATER9	6.75×10^{4}	EPI	5.60×10^{-2}	EPI
68	滴滴滴	DDD	72-54-8	2.70×10^{-4}	EPI	4.06×10^{-2}	WATER9	4.74×10^{-6}	WATER9	$1.1\ 8\times10^{5}$	EPI	9.00×10^{-2}	EPI
69	滴滴伊	DDE	72-55-9	1.70×10^{-3}	EPI	2.30×10^{-2}	WATER9	5.86×10^{-6}	WATER9	1.18×10^{5}	EPI	4.00×10^{-2}	EPI
70	滴滴涕	DDT	50-29-3	3.40×10^{-4}	EPI	3.7×10^{-2}	WATER9	4.43×10^{-6}	WATER9	1.69×10^{5}	EPI	5.50×10^{-3}	EPI
71	七氯	Heptachlor	76-44-8	1.20×10^{-2}	EPI	2.23×10^{-2}	WATER9	5.70×10^{-6}	WATER9	4.13×10^{4}	EPI	1.80×10^{-1}	EPI
72	α-六六六	Hexachloro cylohexane, α-(α-HCH)	319-84-6	2.74×10^{-4}	EPI	4.33×10^{-2}	WATER9	5.06×10^{-6}	WATER9	2.81×10^{3}	EPI	2.00	EPI
73	β六六六	Hexachloro cyclohexane, β-(β-HCH)	319-85-7	1.80×10^{-5}	EPI	2.77×10^{-2}	WATER9	7.40×10^{-6}	WATER9	2.81×10^{3}	EPI	0.24	EPI
74	γ-六六六	Hexachloro cycloheane γ-(γ-HCH, Lindame)	58-89-9	2.10×10^{-4}	EPI	4.33×10^{-2}	WATER9	5.06×10^{-6}	WATER9	2.81×10^{3}	EPI	7.30	EPI
75	六氯苯	Hexachlorobenzene	118-74-1	6.95×10^{-2}	EPI	2.90×10^{-2}	WATER9	7.85×10^{-6}	WATER9	6.20×10^{3}	EPI	6.20×10^{-3}	EPI
76	灭蚁灵	Mirex	2385-85-5	3.32×10^{-2}	EPI	2.19×10^{-2}	WATER9	5.6×10^{-6}	WATER9	$3.57E\times10^{5}$	EPI	8.50×10^{-2}	EPI

续表

序号	中文名	英文名	CAS 编号	H'	数据来源	Da /(cm^2/s)	数据来源	Dw/(cm^2/s)	数据来源	Koc /(mg/m^3)	数据来源	S /(mg/L)	数据来源
77	毒杀芬	Toxaphene	8001-35-2	2.45×10^{-4}	EPI	3.42×10^{-2}	WATER9	4.00×10^{-6}	WATER9	7.72E×14	EPI	5.5×10^{-1}	RSL
78	多氯联苯 189	Heptachlorobiphenyl, 2, 3, 3′, 4, 4′, 5, 5′-(PCB 189)	39635-31-9	2.07×10^{-3}	EPI	4.24×10^{-2}	WATER9	5.69×10^{-6}	WATER9	3.50×10^{5}	EPI	7.53×10^{-4}	EPI
79	多氯联苯 167	Hexachlorobipheny, 2, 3′, 4, 4′, 5, 5′-(PCB 167)	52663-72-6	2.80×10^{-3}	EPI	4.44×10^{-2}	WATER9	5.86×10^{-6}	WATER9	2.09×10^{5}	EPI	2.23×10^{-3}	EPI
80	多氯联苯 157	Hexachiorobipheny, 2, 3, 3′, 4, 4′, 5-(PCB 157)	69782-90-7	6.62×10^{-3}	EPI	4.44×10^{-2}	WATER9	5.86×10^{-6}	WATER9	2.14×10^{5}	EPI	1.65×10^{-3}	EPI
81	多氯联苯 156	Hexachlorobipheny, 2, 3, 3′, 4, 4′, 5-(PCB 156)	38380-08-4	5.85×10^{-3}	EPI	4.44×10^{-2}	WATER9	5.86×10^{-6}	WATER9	2.14×10^{5}	EPI	5.33×10^{-3}	EPI
82	多氯联苯 169	Hexachlorobipeneyl. , 3, 3′, 4, 4′, 5, 5′-(PCB 169)	32774-16-6	6.62×10^{-3}	EPI	4.44×10^{-2}	WATER9	5.86×10^{-6}	WATER9	2.09×10^{5}	EPI	5.10×10^{-4}	EPI
83	多氯联苯 123	Pentachlorobiphenyl 2′, 3, 4, 4′, 5-(PCB 123)	6550-443	7.77×10^{-3}	EPI	4.67×10^{-2}	WATER9	6.06×10^{-6}	WATER9	1.31×10^{5}	EPI	1.60×10^{-2}	EPI
84	多氯联苯 118	Pentachcoropherl, 2, 3′, 4, 4′, 5-(PCB 118)	31508-00-6	1.18×10^{-2}	EPI	4.67×10^{-2}	WATER9	6.06×10^{-6}	WATER9	1.28×10^{5}	EPI	1.34×10^{-2}	EPI
85	多氯联苯 105	Pentachcoroipheryl, 2, 3, 3′, 4, 4′-(PCB 105)	32598-14-4	1.16×10^{-2}	EPI	4.67×10^{-2}	WATER9	6.06×10^{-6}	WATER9	1.31×10^{5}	EPI	3.40×10^{-3}	EPI
86	多氯联苯 114	Pentachlorobipheny, 2, 3, 4, 4′, 5-(PCB 114)	74472-37-0	3.78×10^{-3}	EPI	4.67×10^{-2}	WATER9	6.06×10^{-6}	WATER9	1.31×10^{5}	EPI	1.60×10^{-2}	EPI
87	多氯联苯 126	Pentachcorobipheny, 3, 3′, 4, 4′, 5-(PCB 126)	57465-28-8	7.77×10^{-3}	EPI	4.67×10^{-2}	WATER9	6.06×10^{-6}	WATER9	1.28×10^{5}	EPI	7.33×10^{-3}	EPI
88	多氯联苯(高险)	Polychlorimated Biphenyls (high risk)	1336-36-3	1.70×10^{-2}	EPI	2.43×10^{-2}	WATER9	6.27×10^{-6}	WATER9	7.81×10^{4}	EPI	7.00×10^{-1}	RSL

续表

序号	中文名	英文名	CAS编号	H'	数据来源	Da /(cm^2/s)	数据来源	Dw/(cm^2/s)	数据来源	Koc /(mg/m^3)	数据来源	S /(mg/L)	数据来源
89	多氯联苯（低风险）	Polychlorinated Biphenyls (low risk)	1336-36-3	1.70×10^{-2}	EPI	2.43×10^{-2}	WATER9	6.27×10^{-6}	WATER9	7.81×10^{4}	EPI	7.00×10^{-1}	RSL
90	多氯联苯（最低风险）	Polychlorinated Biphenyls (lowest risk)	1336-36-3	1.70×10^{-2}	EPI	2.43×10^{-2}	WATER9	6.27×10^{-6}	WATER9	7.81×10^{4}	EPI	7.00×10^{-1}	RSL
91	多氯联苯77	Tetachlorobipheny, 3, 3′, 4, 4′-(PCB 77)	32598-13-3	3.84×10^{-4}	EPI	4.94×10^{-2}	WATER9	5.04×10^{-6}	WATER9	7.81×10^{4}	EPI	5.69×10^{-4}	EPI
92	多氯联苯81	Tetrachlorobipheny, 3, 4, 4′, 5-(PCB 81)	70362-50-4	9.12×10^{-3}	EPI	4.94×10^{-2}	WATER9	6.27×10^{-6}	WATER9	7.81×10^{4}	EPI	3.22×10^{-2}	EPI
93	二噁英	Tetrachlorodibenzo-P-dioxin, 2, 3, 7, 8-	1746-01-6	2.04×10^{-3}	EPI	4.70×10^{-2}	WATER9	6.76×10^{-6}	WATER9	2.49×10^{5}	EPI	2.00×10^{-4}	EPI
94	多溴联苯	Polybrominated Biphenyls	59536-65-1										
95	苯胺	Aniline	62-53-3	8.26×10^{-5}	EPI	8.30×10^{-2}	WATER9	1.01×10^{-5}	WATER9	70.2	EPI	3.60×10^{4}	EPI
96	溴仿	Bromoform	75-252	2.19×10^{-2}	EPI	3.57×10^{-2}	WATER9	1.04×10^{-5}	WATER9	31.8	EPI	3.10×10^{3}	EPI
97	2-氯酚	Chlorophenol, 2-	95-57-8	4.58×10^{-4}	EPI	6.61×10^{-2}	WATER9	9.48×10^{-6}	WATER9	3.88×10^{2}	EPI	1.13×10^{4}	EPI
98	4-甲酚	Cresol, 4-	106-44-5	4.09×10^{-5}	EPI	7.24×10^{-2}	WATER9	9.24×10^{-6}	WATER9	3.00×10^{2}	EPI	2.15×10^{4}	EPI
99	3, 3-二氯联苯胺	Dchorobenzidine, 3, 3-	91941	1.16×10^{-9}	RSL	4.75×10^{-2}	WATER9	5.55×10^{-6}	WATER9	3.19×10^{3}	EPI	3.11	EPI
100	2, 4-二氯酚	Dichlorophenol, 2, 4-	120-83-2	1.75×10^{-4}	EPI	4.86×10^{-2}	WATER9	8.68×10^{-6}	WATER9	1.47×10^{2}	EPI	5.55×10^{3}	EPI
101	2, 4-二硝基酚	Dinitophenol, 2, 4-	51-28-5	3.52×10^{-6}	EPI	4.07×10^{-2}	WATER9	9.08×10^{-6}	WATER9	4.61×10^{2}	EPI	2.79×10^{3}	EPI
102	2, 4-二硝基甲苯	Dinitrotoluene, 2, 4-	121-14-2	2.21×10^{-6}	EPI	3.75×10^{-2}	WATER9	7.90×10^{-6}	WATER9	5.76×10^{2}	EPI	2.00×10^{2}	EPI
103	六氯环戊二烯	Hexachlorocyclopentadiene	77-47-4	1.11	EPI	2.72×10^{-2}	WATER9	7.22×10^{-6}	WATER9	1.40×10^{3}	EPI	1.80	EPI
104	五氯酚	Pentachlorophenol	87-86-5	1.00×10^{-6}	EPI	2.95×10^{-2}	WATER9	8.01×10^{-6}	WATER9	5.92×10^{2}	EPI	14.0	EPI
105	苯酚	Phenol	108-95-2	1.36×10^{-5}	EPI	8.34×10^{-2}	WATER9	1.03×10^{-5}	WATER9	1.87×10^{2}	EPI	8.28×10^{4}	EPI

续表

序号	中文名	英文名	CAS编号	H'	数据来源	Da /(cm^2/s)	数据来源	Dw/(cm^2/s)	数据来源	Koc /(mg/m^3)	数据来源	S /(mg/L)	数据来源
106	2，4，5-三氯酚	Trichloropheno，2，4，5-	95-95-4	6.62×10^{-5}	EPI	3.14×10^{-2}	WATER9	8.09×10^{-6}	WATER9	1.60×10^{3}	EPI	1.20×10^{3}	EPI
107	2，4，6-三氯酚	Trichoropheno，2，4，6-	88-06-2	1.06E-04	EPI	3.14×10^{-2}	WATER9	8.09×10^{-6}	WATER9	3.81×10^{2}	EPI	8.00×10^{2}	EPI
108	阿特拉津	Atrazine	1912-24-9	9.65×10^{-8}	EPI	2.65×10^{-2}	WATER9	6.84×10^{-6}	WATER9	2.25×10^{2}	EPI	34.7	EPI
109	敌敌畏	Dichlorvos	62-73-7	2.30×10^{-5}	EPI	2.79×10^{-2}	WATER9	7.33×10^{-6}	WATER9	54.0	EPI	8.00×10^{3}	EPI
110	乐果	Dimethoate	60-51-5	9.93×10^{-9}	EPI	2.61×10^{-2}	WATER9	6.74×10^{-6}	WATER9	12.8	EPI	2.33×10^{4}	EPI
111	硫丹	Endosulfan	115-29-7	2.66×10^{-3}	EPI	2.25×10^{-2}	WATER9	5.76×10^{-6}	WATER9	6.76×10^{3}	EPI	3.25×10^{-1}	EPI
112	草甘膦	Glyphosate	1071-83-6	8.59×10^{-11}	EPI	6.21×10^{-2}	WATER9	7.26×10^{-6}	WATER9	2.10×10^{3}	EPI	1.05×10^{4}	EPI
113	邻苯二甲酸二（2-乙基已）酯	Bise-etyhexy phthalate，DEHP	117-81-7	1.10×10^{-5}	EPI	1.73×10^{-2}	WATER9	4.18×10^{-6}	WATER9	1.20×10^{5}	EPI	2.70×10^{-1}	EPI
114	邻苯二甲酸丁苄酯	Butyl benzyl phthalate，BBP	85-68-7	5.15×10^{-5}	EPI	2.08×10^{-2}	WATER9	5.17×10^{-6}	WATER9	7.16×10^{3}	EPI	2.69	EPI
115	邻苯二甲酸二乙酯	Diethyl phthalate，DEP	84-66-2	2.49×10^{-5}	EPI	2.61×10^{-2}	WATER9	6.72×10^{-6}	WATER9	1.05×10^{2}	EPI	1.08×10^{3}	EPI
116	邻萃二甲酸二丁酯	Dinbutyl phthalate，DBP	84-74-2	7.40×10^{-5}	EPI	2.14×10^{-2}	WATER9	5.33×10^{-6}	WATER9	1.15×10^{3}	EPI	11.2	EPI
117	邻苯二甲酸二正辛酯	Dinoctyl phthalate，DNOP	117-84-0	1.05×10^{-4}	EPI	3.56×10^{-2}	WATER9	4.15×10^{-6}	WATER9	1.41×10^{5}	EPI	2.00×10^{-2}	EPI

备注：（1）H'：无量纲亨利常数；Da：空气中扩散系数；Dw：水中扩散系数；Koc：土壤-有机碳分配系数；S：水溶解度。

（2）“EPI”代表美国环保局“化学品性质参数估算工具包（Estimation Program Interface Suite）”数据；“WATER9”代表美国环保局“废水处理模型（the wastewater treatment model）”数据；“RSL”代表数据来自美国环保局“区域筛选值（Regional Screening Levels）总表”污染物毒性数据（2018年5月发布）。表格中未包含的污染物可参考以上数据库的最新更新版本获取其参数。

（3）表中无量纲亨利常数等理化性质参数为常温条件下的参数值。

$$SF_i=\frac{IUR\times BW_a}{DAIR_a} \tag{8-38}$$

皮肤接触致癌斜率因子（SF_d）：

$$SF_d=\frac{SF_0}{ABS_{gi}} \tag{8-39}$$

（二）非致癌效应毒性参数

非致癌效应毒性参数包括呼吸吸入参考浓度（RfC）、呼吸吸入参考剂量（RfD_i）、经口摄入参考剂量（RfD_0）和皮肤接触参考剂量（RfD_d）。部分污染物的非致癌效应毒性参数的推荐值见表8－1。呼吸吸入参考剂量（RfD_i）根据表8－1中的呼吸吸入参考浓度（RfC）外推得到。皮肤接触参考剂量（RfD_d）根据8－1中的经口摄入参考剂量（RfD_0）外推获得。

（三）污染物的理化性质参数

风险评估所需的污染物理化性质参数包括无量纲亨利常数（H'）、空气中扩散系数（D_a）、水中扩散系数（D_w）、土壤－有机碳分配系数（K_{oc}）、水中溶解度（S）。部分污染物的理化性质参数的推荐值见表8－2。

（四）污染物其他相关参数

其他相关参数包括消化道吸收因子（ABS_{gi}）、皮肤吸收因子（ABS_d）和经口摄入吸收因子（ABS_0）。

第六节　风　险　表　征

8－4
风险表征和暴露风险贡献分析

在暴露评估和毒性评估的基础上，采用风险评估模型计算土壤和地下水中单一污染物经单一途径的致癌风险和危害商，计算单一污染物的总致癌风险和危害指数，进行不确定性分析。

应根据每个采样点样品中关注污染物的检测数据，通过计算污染物的致癌风险和危害商进行风险表征。如某一地块内关注污染物的检测数据呈正态分布，可根据检测数据的平均值、平均置信区间上限或最大值计算致癌风险和危害商。风险表征得到的场地污染物的致癌风险和危害商，可作为确定场地污染范围的重要依据。计算得到单一污染物的致癌风险值超过 10^{-6} 或危害商超过1的采样点，其代表的场地区域应划定为风险不可接受的污染区域。

一、土壤中单一污染物致癌风险

1. 经口摄入土壤途径的致癌风险

$$CR_{ois}=OISER_{ca}\times C_{sur}\times SF_0 \tag{8-40}$$

式中　CR_{ois}——经口摄入土壤途径的致癌风险，无量纲；

C_{sur}——表层土壤中污染物浓度，mg/kg，必须根据场地调查获得参数值。

2. 皮肤接触土壤入境的致癌风险

$$CR_{dcs}=DCSER_{ca}\times C_{sur}\times SF_d \tag{8-41}$$

式中 CR_{dcs}——皮肤接触土壤途径的致癌风险，无量纲。

3. 吸入土壤颗粒物途径的致癌风险

$$CR_{pis}=PISER_{ca}\times C_{sur}\times SF_{i} \tag{8-42}$$

式中 CR_{pis}——吸入土壤颗粒物途径的致癌风险，无量纲。

4. 吸入室外空气中来自表层土壤的气态污染物的途径的致癌风险

$$CR_{iov1}=IOVER_{ca1}\times C_{sur}\times SF_{i} \tag{8-43}$$

式中 CR_{iov1}——吸入室外空气中来自表层土壤的气态污染物途径的致癌风险，无量纲。

5. 吸入室外空气中来自下层土壤的气态污染物的途径的致癌风险

$$CR_{iov2}=IOVER_{ca2}\times C_{sub}\times SF_{i} \tag{8-44}$$

式中 CR_{iov2}——吸入室外空气中来自下层土壤的气态污染物途径的致癌风险，无量纲；

C_{sub}——下层土壤中污染物浓度，mg/kg，必须根据场地调查获得参数值。

6. 吸入室内空气中来自下层土壤的气态污染物的途径的致癌风险

$$CR_{iiv1}=IIVER_{ca1}\times C_{sub}\times SF_{i} \tag{8-45}$$

式中 CR_{iiv1}——吸入室内空气中来自下层土壤的气态污染物途径的致癌风险，无量纲。

7. 土壤中单一污染物所有暴露途径的总致癌风险

$$CR_{n}=CR_{ois}+CR_{dcs}+CR_{pis}+CR_{iov1}+CR_{iov2}+CR_{iiv1} \tag{8-46}$$

二、土壤中单一污染物危害商

1. 经口摄入土壤途径的危害商

$$HQ_{ois}=\frac{OISER_{nc}\times C_{sur}}{RfD_{d}\times SAF} \tag{8-47}$$

式中 HQ_{ois}——经口摄入土壤途径的危害商，无量纲；

SAF——暴露于土壤的参考剂量分配系数，无量纲。

2. 皮肤接触土壤途径的危害商

$$HQ_{dcs}=\frac{DCSER_{nc}\times C_{sur}}{RfD_{d}\times SAF} \tag{8-48}$$

式中 HQ_{dcs}——皮肤接触土壤途径的危害商，无量纲。

3. 吸入土壤颗粒物途径的危害商

$$HQ_{pis}=\frac{PISER_{nc}\times C_{sur}}{RfD_{i}\times SAF} \tag{8-49}$$

式中 HQ_{pis}——吸入土壤颗粒物途径的危害商，无量纲。

4. 吸入室外空气中来自表层土壤的气态污染物途径的危害商

$$HQ_{iov1}=\frac{IOVER_{nc1}\times C_{sur}}{RfD_{i}\times SAF} \tag{8-50}$$

式中 HQ_{iov1}——吸入室外空气中来自表层土壤的气态污染物途径的危害商，无量纲。

5. 吸入室外空气中来自下层土壤的气态污染物途径的危害商

$$HQ_{iov2}=\frac{IOVER_{nc2}\times C_{sub}}{RfD_{i}\times SAF} \tag{8-51}$$

式中 HQ_{iov2}——吸入室外空气中来自下层土壤的气态污染物途径的危害商，无量纲。

6. 吸入室内空气中来自下层土壤的气态污染物途径的危害商

$$HQ_{iiv1}=\frac{IIVER_{nc1}\times C_{sub}}{RfD_i\times SAF} \tag{8-52}$$

式中 HQ_{iiv1}——吸入室内空气中来自下层土壤的气态污染物途径的危害商，无量纲。

7. 土壤中单一污染物经所有暴露途径的危害指数

$$HI_n=HQ_{ois}+HQ_{dcs}+HQ_{pis}+HQ_{iov1}+HQ_{iov2}+HQ_{iiv1} \tag{8-53}$$

三、地下水中单一污染物致癌风险

1. 吸入室外空气中来自地下水的气态污染物途径的致癌风险

$$CR_{iov3}=IOVER_{ca3}\times C_{gw}\times SF_i \tag{8-54}$$

式中 CR_{iov3}——吸入室外空气中来自地下水的气态污染物途径的致癌风险，无量纲；

C_{gw}——地下水中污染物浓度，mg/L，必须根据场地调查获得参考值。

2. 吸入室内空气中来自地下水的气态污染物途径的致癌风险

$$CR_{iiv2}=IIVER_{ca2}\times C_{gw}\times SF_i \tag{8-55}$$

式中 CR_{iiv2}——吸入室内空气中来自地下水的气态污染物途径的致癌风险，无量纲。

3. 饮用地下水途径的致癌风险

$$CR_{cgw}=CGWER_{ca}\times C_{gw}\times SF_O \tag{8-56}$$

式中 CR_{cgw}——饮用地下水途径的致癌风险，无量纲。

4. 地下水中单一污染物所有暴露途径的总致癌风险

$$CR_n=CR_{iov3}+CR_{iiv2}+CR_{cgw} \tag{8-57}$$

四、地下水中单一污染物危害商

1. 吸入室外空气中来自地下水的气态污染物途径的危害商

$$HQ_{iov3}=\frac{IOVER_{nc3}\times C_{gw}}{RfD_i\times WAF} \tag{8-58}$$

式中 HQ_{iov3}——吸入室外空气中来自地下水的气态污染物途径的危害商，无量纲；

WAF——暴露于地下水的参考剂量分配比例，无量纲。

2. 吸入室内空气中来自地下水的气态污染物途径的危害商

$$HQ_{iiv2}=\frac{IIVER_{nc2}\times C_{gw}}{RfD_i\times WAF} \tag{8-59}$$

式中 HQ_{iiv2}——吸入室内空气中来自地下水的气态污染物途径的危害商，无量纲。

3. 饮用地下水途径的危害商

$$HQ_{cgw}=\frac{CGWER_{nc}\times C_{gw}}{RfD_0\times WAF} \tag{8-60}$$

式中 HQ_{cgw}——饮用地下水途径的危害商，无量纲。

4. 地下水中单一污染物经所有暴露途径的危害指数

$$HI_n=HQ_{iov3}+HQ_{iiv2}+HQ_{cgw} \tag{8-61}$$

第七节 不确定性分析

应分析造成污染场地风险评估结果不确定性的主要来源，包括情景假设、评估模型的适用性、模型参数取值等多个方面。

8-5
不确定性分析

一、暴露风险贡献率分析

单一污染物经不同暴露途径的致癌风险和危害商贡献率分析推荐模型为。根据公式计算获得的百分比越大，表示特定暴露途径对于总风险的贡献率越高。

$$PCR_i=\frac{CR_i}{CR_n}\times 100\% \tag{8-62}$$

$$PHQ_i=\frac{HQ_i}{HI_n}\times 100\% \tag{8-63}$$

式中 CR_i——单一污染物经第 i 种暴露途径的致癌风险，无量纲；

PCR_i——单一污染物经第 i 种暴露途径致癌风险贡献率，无量纲；

HQ_i——单一污染物经第 i 种暴露途径的危害商，无量纲；

PHQ_i——单一污染物经第 i 种暴露途径非致癌风险贡献率，无量纲。

二、模型参数敏感性分析

选定需要进行敏感性分析的参数（P），一般应是对风险结果影响较大的参数，如人群相关参数（体重、暴露期、暴露频率等）、与暴露途径相关的参数（每日摄入土壤量、皮肤表面土壤黏附系数、每日吸入空气体积、室内空间体积与蒸气入渗面积比等）。单一暴露途径风险贡献率超过 20%时，应进行人群和该途径相关参数的敏感性分析。

模型参数的敏感性可用敏感性比值表示，即模型参数值的变化（P_1 变化到 P_2）与致癌风险或危害商（X_1 变化到 X_2）发生变化的比值。计算敏感性比值的推荐模型为

$$SR=\frac{\dfrac{X_2-X_1}{X_1}}{\dfrac{P_2-P_1}{P_1}}\times 100\% \tag{8-64}$$

式中 SR——模型参数敏感性比例，无量纲；

P_1——模型参数 P 变化前的数值；

P_2——模型参数 P 变化后的数值；

X_1——按 P_1 计算的致癌风险或危害商，无量纲；

X_2——按 P_2 计算的致癌风险或危害商，无量纲。

敏感性比值越大，表示该参数对风险的影响越大。进行模型参数敏感性分析，应综合考虑参数的实际取值范围确定参数的变化范围。

第八节　风险管控值计算

在风险表征的基础上，判断计算得到的风险值是否超过可接受风险水平。如污染场地风险评估结果未超过可接受风险水平，则结束风险评估工作；如污染场地风险评估结果超过可接受风险水平，则计算土壤、地下水中关注污染物的风险控制值；如调查结果表明，土壤中关注污染物可迁移进入地下水，则计算保护地下水的土壤风险控制值；根据计算结果，提出关注污染物的土壤和地下水风险控制值。

【案例分享】

研究区域为工业重点区域，区域内共有工业企业约 200 家，相继投产于 20 世纪中期，总用地面积约 $30km^2$，其中重污染企业类型涉及石化、冶金、制革、机械及化工行业等，除企业外，区域内混杂部分居住区。自 21 世纪初，随着该区域重新布局，规划打造宜居新城，老企业搬迁工作随之启动，选取宜居新城规划用地北部重点区域作为研究对象，区域内原有多家大型重化企业，涉及企业数量约占区域总企业数量的 50%，对城市环境及安全具有重大影响，因此亟需对周边土壤开展污染和生态风险评价。

按照企业污染源类型和污染排放方式，在重点企业周边共布设土壤点位 25 个。土壤样品采集方法参照《土壤环境监测技术规范》（HJ/T 166—2004）有关要求，采集 0～20cm 表层土壤单独样。土壤样品经自然风干后，除去沙石、植物残体等杂质，用玻璃棒压散，混合均匀，经玛瑙研钵研细过 0.15mm 尼龙筛。样品中 Cd、Pb 和 Cr 含量采用电感耦合等离子体质谱法测定，Hg 和 As 的含量采用原子荧光光谱法测定。

该区域土壤中重金属含量的描述性统计结果见表 8-3，Cd、Hg、As、Pb 和 Cr 的算数均值分别为 0.24、0.14、7.72、73.9 和 97μg/g，除 As 平均含量与区域背景值相近外，Cd、Hg、Pb 和 Cr 平均含量分别超过区域背景值 1.49、4.02、2.05 和 0.85 倍。Pb、Cr、Cd、Hg 和 As 含量超过区域背景值的点位比例分别为 100%、100%、96%、88% 和 64%。

表 8-3　区域土壤中重金属含量　　单位：μg/g

元素	最大值	最小值	平均值	标准偏差	变异系数	区域土壤背景值
Cd	0.720	0.080	0.240	0.150	0.590	0.095
Hg	0.466	0.011	0.140	0.114	0.810	0.028
As	10.600	4.410	7.720	1.860	0.240	7.000
Pb	255.000	24.300	73.900	58.000	0.790	24.200
Cr	270.000	56.000	97.000	46.000	0.470	52.400

研究区域土壤重金属 Cd、Hg、As、Pb 和 Cr 由 3 种暴露途径在儿童期造成的非致癌健康风险评价结果见表 8-4，其中 *HI* 为重金属通过 3 种暴露途径所致的非致癌总风险指数，即 *HQois*、*HQdcs* 和 *HQpis* 之和。不同重金属的非致癌健康风险的影响途径有所差异，发现 Cd、As 和 Cr 暴露途径的危害程度为：手口摄入＞皮肤接触＞呼吸吸入，而 Hg

和 Pb 的危害程度排序为：皮肤接触>手口摄入>呼吸吸入，表明不同重金属在该区域内对儿童的危害程度的途径不一致，但手口摄入和皮肤接触是儿童暴露于城市土壤的主要途径。针对儿童的非致癌风险，由高到低为：Pb>Cr>As>Hg>Cd，虽然各重金属元素风险值均低于可接受危害商，但 Pb 和 Cr 的风险值均值已接近 1。所有点位 Pb 和 Cr 的非致癌健康风险值范围分别为 0.297 ~ 3.116 和 0.476 ~ 2.293，Pb 和 Cr 的非致癌健康风险值超过可接受危害商的点位比例分别为 40%和 20%。Pb 的主要危害途径为皮肤接触，儿童在日常生活中可接触到的可能性较大，因此，该区域土地的合理规划利用显得尤为重要，对土壤中 Pb 和 Cr 应采取较为严格的管控措施。

表 8-4　不同暴露途径下重金属非致癌健康风险评价结果

评价项目	*HQois*	*HQdcs*	*HQpis*	*HI*
Cd	4.88×10^{-3}	1.39×10^{-3}	2.42×10^{-4}	6.52×10^{-3}
Hg	9.35×10^{-3}	0.019	4.63×10^{-5}	2.84×10^{-2}
As	0.514	0.044	1.59×10^{-3}	0.560
Pb	0.422	0.481	0.30×10^{-4}	0.930
Cr	0.646	0.092	8.57×10^{-2}	0.824

本研究中土壤重金属对人群儿童期和成人期暴露的终生危害的健康风险评价结果见表 8-5。研究区域内土壤重金属 Cd、As 和 Cr 各暴露途径的危害程度均为：手口摄入>皮肤接触>呼吸吸入，其中手口摄入是重金属致癌的主要途径。致癌健康风险值均值由高到低为：Cr>As>Cd，但 Cr、As 和 Cd 的总致癌风险指数均值均低于致癌风险量级水平，致癌风险指数范围在 1.92×10^{-6} ~ 7.15×10^{-5}，虽然在人们可接受的致癌风险范围内（10^{-6} ~ 10^{-4}），但已经高于下限值 10^{-6}。三种可致癌的重金属元素 Cd、As 和 Cr 的致癌风险指数范围分别为 6.28×10^{-7}~5.66×10^{-6}，9.50×10^{-6}~2.28×10^{-5} 和 4.13×10^{-5}~1.99×10^{-4}；在 12%的点位中 Cr 通过三种途径暴露的总致癌风险指数大于 10^{-4}，应当引起足够的重视。

表 8-5　不同暴露途径重金属致癌健康风险评价结果

评价项目	*CRois*	*CRdcs*	*CRpis*	*CR*
Cd	1.91×10^{-5}	6.10×10^{-9}	5.22×10^{-9}	1.92×10^{-5}
As	1.45×10^{-5}	1.42×10^{-6}	3.95×10^{-7}	1.66×10^{-5}
Cr	6.22×10^{-5}	7.93×10^{-6}	1.38×10^{-6}	7.15×10^{-5}

阅 读 拓 展

大森林中最闪亮的坐标——“林业英雄”马永顺

马永顺，“100 位新中国成立以来感动中国人物”获得者。1933 年，马永顺背井离乡“闯关东”，来到东北林区谋生，新中国成立后，他来到黑龙江省铁力林业局，成为红旗下第一代林业工人。17年他坚持造林不止，植树5万多棵，在市政府和铁力林业局的支持下，在山上建立了固定的“马永顺林”育林基地。

经过马永顺的不懈努力，绿色一年年扩展、林子一年年长高。1982年，年事已高的他要退休了，却惦记着自己砍伐的树还有8000多棵没栽上，“这个欠账不还完。我死不瞑目。”他说。此后，他风里来雨里去，爬山翻坡植树造林。

已是近80岁高龄的马永顺原打算用两三年时间把树栽完，但子女们怕他累坏了，于是由全家老少三代组成的“马家军”便上山造林。终于，马永顺的夙愿实现了。坚持17年造林不止，植树5万多棵。他因此荣获联合国环保奖。马永顺看到国家实施天然林保护工程，特别高兴。他说：“党中央、国务院决策英明，林业有救了，我只要生命不息，就造林不止，给后人多留下一片青山。”

全心全意、尽忠竭智，投身祖国林区建设的爱岗敬业精神是马永顺爱党、爱国、爱人民最直接的体现。当国家需要木材建设时，他兢兢业业，刻苦钻研，屡创一流，把滚烫的汗水洒在伐木工地上。

马永顺精神集中体现在热爱祖国、不畏辛劳、爱岗敬业、尽职尽责、艰苦创业上。在新的历史时期，我们作为马永顺精神的传承人，更要接过马老手中的“接力棒”，做新时代的“马永顺”。

复习与思考题

一、名词解释

1. 污染场地健康风险评估。
2. 目标污染物。
3. 可接受风险水平。

二、判断正误

1. 非敏感用地，一般选用成人期的暴露来评估致癌风险和非致癌危害效应。（　　）
2. 风险产生必要要有受体暴露于危害之中。（　　）

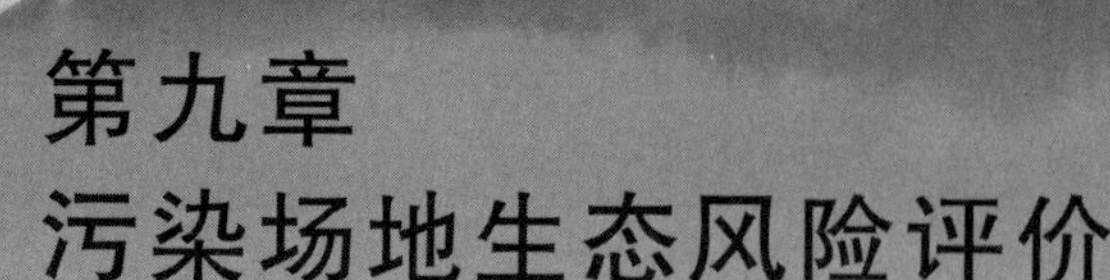

第九章 污染场地生态风险评价

本 章 简 介

污染场地生态风险评价以风险评价为基础，根据不同的场地污染类型分别采取不同的评价方法。学习本章时，需要了解生态风险评价的发展历史、熟悉生态风险评价的基本流程，掌握生态风险评价的方法，并能够对污染场地相关环境要素进行风险评价；从而培养学生的生态文明素养、环境责任感，从而发挥团队和个人的作用，实现从不同学科角度完成对具体项目的评价撰写。

9-1
生态风险评价的发展与基本流程

第一节 生态风险评价的概念及发展简史

风险最早用来描述发生危险事件的不确定性。风险 R 是事故发生概率 P 与事故造成的环境（或健康）后果 C 的乘积，即 $R=PC$。美国环境保护署（Environmental Protect Agency，EPA）认为风险是由于受体暴露于有威胁的环境或自然灾害所引起的危险导致人类健康或生态系统可能受到危害的概率。风险是对未发生情景可能危害结果的预测，大多数的风险是非确定结论的，具有客观性、不确定性和发展性。风险评价的实质就是不确定性分析。

生态风险指的是生态系统及其组分所承受的风险，具体指一个种群、生态系统或整个景观的正常功能受外界影响（包括自然环境的变化或人为因素的影响），从而在目前和将来减少该系统内部某些要素或其本身的健康、生产力、遗传结构、经济价值和美学价值的可能性。生态风险评价（Ecological Risk Assessment，ERA）是评价负生态效应可能发生或正在发生的可能性，而这种可能性是归结于受体暴露在单个或多个胁迫因子下的结果。美国环境保护署定义的生态风险评价为：研究一种或多种胁迫因子形成或者可能形成不利生态效应的可能性的过程。生态风险评价的目的是帮助环境管理部门了解和预测外界生态影响因素和生态后果之间的关系，有利于环境决策的制定。而生态风险评价与通常情况下的生态影响评价的区别在于前者更重视非确定要素的功能，其风险源包括震灾、暴风、洪涝等各类灾害和污染物，与此同时风险性的水平在评价成果中足以反映。生态风险评价被认为能够用来预测未来的生态不利影响或评估因过去某种因素导致生态变化的可能性。

一、生态风险评价的概念

中华人民共和国水利行业指导性技术文件《生态风险评价导则》中规定：所谓生态风

险评价是指评价生态系统暴露于一种或多种胁迫因子时不利效应发生的可能性。

生态风险评价能够明确可能改变生态系统结构或功能特征的非自然营销（或可能性破坏），不仅可以预测即将发生的危害，也可以对已经或正在发生的不利影响进行分析。同时对一个或者几个不同性质的危害因子进行评估，在进行生态风险评价时，要对其中的不确定性进行定量和定性分析，并在分析数据中表明风险级别。

二、生态风险评价类型

根据不同的划分标准有不同的类型，划分标准有风险源的性质、风险源数量、评价受体的数量和研究尺度，详细划分见表 9-1。

表 9-1　　生态风险评价类型划分

划分标准	分　类
风险源性质	化学污染类风险源风险评价
	生态事件类（生物工程或生态入侵）风险源风险评价
	其他复合风险源风险评价
风险源数量	单一风险源风险评价
	多风险源风险评价
风险受体数量	单一物种受体风险评价
	多物种受体风险评价
空间尺度	局域生态风险评价
	区域范围生态风险评价

三、生态风险评价的发展简史

生态风险评价起源于 20 世纪 30 年代。生态风险评价是在风险评价的基础上发展而来，在 20 世纪 70 年代初，制定相关环境法律法规时“风险评价”才开始出现在环境领域。从风险评价发展历程来看，大体上可以划分为以下四个阶段：

20 世纪 30 年代至 70 年代末（萌芽阶段）：主要是以意外事故的发生为风险源，把如何尽可能地降低环境危害作为环境管理要实现的目标，这就致使工业为主的国家实施了环境影响评价。例如美国原子能委员会为降低核电站事故提出的《大型核电站发生重大事故的可能性》报告；此报告是最早的关于环境生态风险评价的代表，目的在于降低核电站项目工程的风险损失。主要针对风险源，以确定风险源是否存在风险为主，还没有风险受体、暴露评价、和风险表征的概念。

20 世纪 80 年代（人体健康风险评价阶段）：风险评价取得了较大的发展，开始将人作为风险受体，评价化学污染对人体健康的风险；评价方法开始从定性向定量方向转移。1981 年，美国橡树岭国家实验室（Oak Ridge National Laboratory，ORNL）提出了一系列针对组织、种群、生态系统水平的生态风险评价方法，按照人类健康风险评价框架的类似方法，定义了相关生物学水平的评价终点，发展了一套计算生态效应发生概率的方法。20 世纪 80 年代后期，美国国家科学研究委员会（National Research Council，NRC）构建了生态风险评估的概念框架，美国环境保护署制定了生态风险评价的有关准则和指导性文件，逐步形成了风险评价所谓的四步法，即危害识别、暴露评价、剂量效应关系、风险表征。

20 世纪 90 年代（生态风险评价阶段）：生态风险评价已经步入标准化时期，框架开始从人体健康评价框架转向生态风险评，风险评价影响因子也从单一化学因子转变为多种化学因子共同作用造成的生态风险。1992 年，美国国家环保局颁布了生态风险评价框架，将生态风险评价过程分为了五步：分别为问题形成、暴露评价、危害评价、风险表征及风险管理，同时该框架首次明确表述了生态风险评价的准则，在该框架的推动和指导下，USEPA 以及美国橡树岭国家实验室（ORNL）及布鲁克海文国家实验室（BNL）等研究机构于 1998 年正式颁布了《生态风险评价指南》，提出生态风险评价“三步法”，分别为提出问题、暴露一效应分析及风险表征。1999 年南非在参考了美国出版的生态风险框架的基础上，提出了适合南非生态风险评价框架；欧盟环境署提出了主要适用于评价化学品和转基因引起的生态风险的框架；Suter Ⅱ 提出了针对多风险源或多种活动的生态风险评价概念框架。

20 世纪 90 年代至今（区域生态风险评价阶段）：风险评价开始进入区域生态风险评价发展阶段，生态风险评价的研究尺度逐渐拓展到区域尺度、景观尺度以及流域尺度，流域生态学、景观生态学等学科开始与生态风险评价结合，从大尺度上对生态环境进行评价。基于 EPA 的指导，生态风险评价范围更偏向大尺度化。

我国生态风险评价研究比较晚，始于 20 世纪 80 年代，发展历程与国外相似，我国的生态风险研究源于化学突发事件的防范，着重探究突发事件对环境造成的损失。1999 年原国家环境保护总局颁布《工业企业土壤环境质量风险评价基准》（HJ/T 25—1999），该基准的主旨是为了保护与工业企业相关人群及环境，对工业企业生产活动造成的污染和危害进行风险评价。2004 年原国家环境保护总局发布《建设项目环境风险评价技术导则》（HJ/T 169—2004），把建设项目环境风险评价放入环境影响评价管理范围内。从 20 世纪 90 年代以来，我国学者在对国外生态风险评价学习和借鉴的前提下，把生态风险评价理念和方法引入到水环境和区域研究范畴。2005 年我国发生的多起重大环境污染事故，引起广泛关注的同时，也说明了生态风险将成为我国生态可持续发展的阻碍。

随着研究方法的不断改进，研究内容由化学、生物突发事件到研究自然环境风险评价为主，逐步扩展到生态风险评价，评价尺度也由局部发展为宏观的区域、景观及流域。2010 年，水利部针对水域污染制定了风险评价的基本框架。环保部还出台了有助于保护环境的风险评估导则，这些都意味着政府对于生态环境治理提出了更为严苛的要求。国家标准化管理委员会及国家质量监督检验检疫总局颁布《风险管理风险评估技术》（GB/T 27921—2011）。2018 年生态环境保护部发布了《建设项目环境风险评价技术导则》（HJ 169—2018）；2020 年，针对生态环境保护制定了风险评估的技术指南。以上这些重要文件进一步明确了生态保护各个环节和流程所需用的技术以及必须严格遵守的标准，极大地推动了风险评价方法在生态保护中的推广应用，取得了更好的成效。

第二节　生态风险评价的基本流程

一、美国国家环境保护局（USEPA）生态风险评价框架

1992 年，美国国家环保局颁布了生态风险评价框架，将生态风险评价过程分为了五步：分别为问题形成、暴露评价、危害评价、风险表征及风险管理，同时该框架首次明确表述了生态风险评价的准则，在该框架的推动和指导下，1998 年 EPA 正式颁布了《生态风险评价指南》，它不仅叙述了生态风险评价的一般原理、方法和程序，而且大大地扩展了生态风险评价的研究方向。包括气候变化、生物多样性丧失、多种化学品对生物影响的风险评估等。提出生态风险评价“三步法”分别为提出问题、暴露一效应分析及风险表征。USEPA 生态风险评价流程如图 9－1 所示。

问题表述阶段的主要工作是整合有效信息。首先应充分反映风险管理目标及其代表的生态系统的评估重点；其次，描述风险与评估终点之间或几个风险源与评估终点之间关系的概念模型；在上述工作基础上，明确具体分析计划。关于如何确定合适的评价终点，美国环保署在 2003 年颁布的《生态风险评价中一般的生态风险评价终点》中进行了阐释。

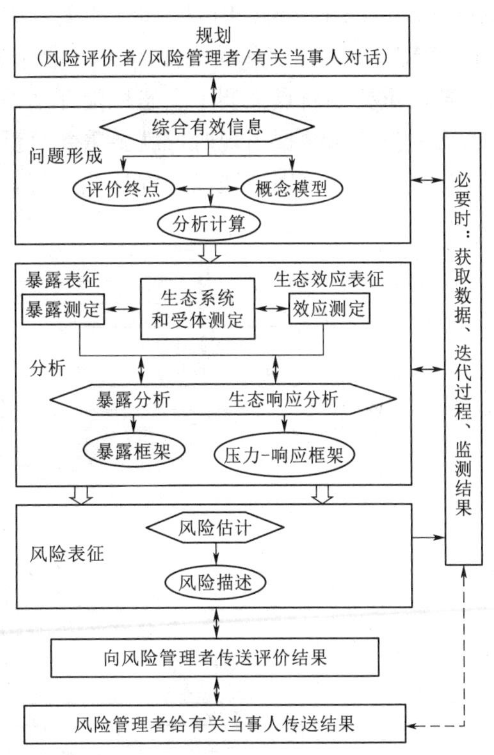

图 9－1　USEPA 生态风险评价流程

分析阶段的主要工作是暴露分析和效应分析，这是整个评估过程的核心环节，重点分析人类与自然的相互关系和生态系统作用过程。暴露分析是指分析风险来源，以及其与风险受体之间的接触或共生关系。效应分析主要用于体现“胁迫-效应”关系及其可能造成的生态损失。在问题表述阶段设定的评价终点和概念模型必须在此阶段进行二次验证，进一步证实数据的可靠性。风险表征阶段是生态风险评估的最后阶段。首先，需整合暴露分析和效应分析，估算生态风险发生的概率。其次，评估者应根据负面影响的重要性和可能性的支持证据来描述风险评估。最后，评估人员确定并总结风险评估中的不确定性、假设和限定词，并将评价结果组织成表格、图片、报告等材料提供给风险管理者，以制定相关政策。

总体来说，美国生态风险评估模式相对成熟，其评估重点经历了从单一种群、群落向完整生态系统的过程演变，评估的主要目的是为环境管理部门服务。美国生态风险评估研究的最大特点是强调对生态系统作用过程的分析，特别是在问题分析环节，较为注重生态

风险评价结果与生态环境之间的关联，加强与环境管理者的沟通协调。美国环保署提出的评估三大步骤已在国际上得到认可，多国借鉴其研究成果构建了本国的技术框架。另外，依托逐渐发展和普及的遥感、地理信息系统等技术，借助多学科交叉的优质，景观生态学的影响及应用范围也得到了进一步的加强和扩大。

二、欧盟生态风险评价框架

欧盟国家的生态风险评价框架是在化学物品危害性评价的基础上发展起来的，其核心评价原则是风险取决于可能接触到某种物质的程度及其固有的危险属性，规定了四个评估一般性环节：暴露评估（Exposure Assessment）、效应评估（Effect Assessment）、风险表征（Risk Characterization）、测试策略（Testing Strategies）。与美国生态风险评估框架相比，暴露评估与效应评估两个环节与美国模式“分析阶段”内容基本一致，其中差异较大的是风险表征环节（图 9-2）。风险表征主要根据预测环境浓度（Predicted Environmental Concentration，PEC）和预测无效应浓度（Predicted No Environmental Concentration，PNEC）的比值作为表征指标，并将表征结果作为实施降低风险措施的依据。该评估框架的重要创新点强调了生态风险评估是一个迭代过程（Iterative Process），当不同时空断面的信息与数据出现时，就要重新且反复地进行评估，并与之前评估结果对比，明确产生迭代结果的原因，迭代过程持续进行，直至获取最终的评估结论。

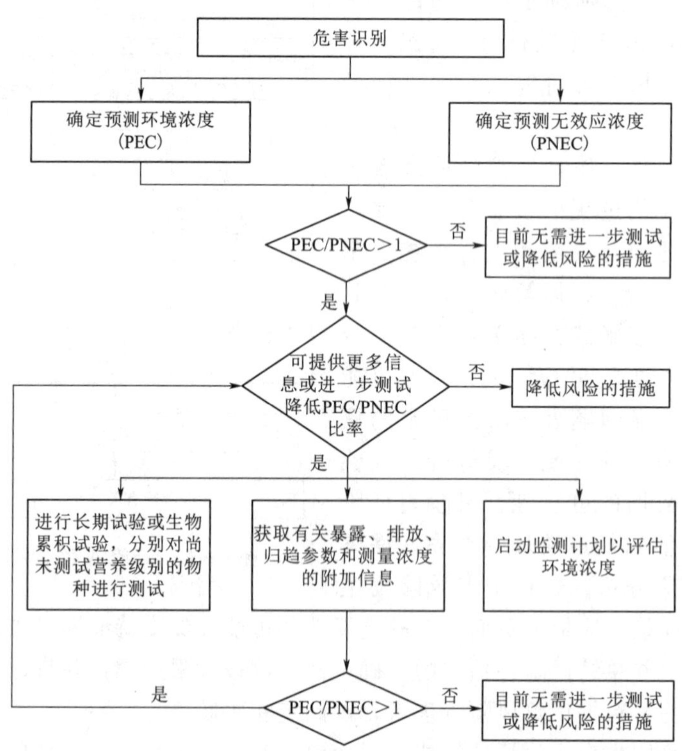

图 9-2 欧盟生态风险评估中风险表征环节内容框架

总体来说，欧盟生态风险评估模式旨在搭建一个基础框架，具备较强的普适性，其创新点之一在于强调生态风险评估是一个迭代过程，重视评估的时空动态性。

三、澳大利亚生态风险评价框架

澳大利亚最早的生态风险评估框架是借鉴美国环保署框架所形成的《澳大利亚和新西兰污染场地评估和管理指南》，在此基础上于 1999 年正式发布了《生态风险评价指南》，形成了重点关注场地污染的多类型生态风险评估框架。相较于美国环保署生态风险评估框架，澳大利亚最初的评价指南细分了三个评估类型，随后在 2013 年修正合并为初步评估（Preliminary Assessment）与决定性评估（Definitive Assessment）两种类型，并将其作为评估框架的核心环节（图 9－3）。初步评估采用较为严格的评估标准，评估方法也较为常规，主要针对评价区域进行全面的诊断，对可能发生生态风险的区域进行初步判断。无论是初步评估还是决定性评估，都需进行以下 5 个方面的工作：①问题识别；②受体识别；③暴露评估；④毒性评估；⑤风险表征。

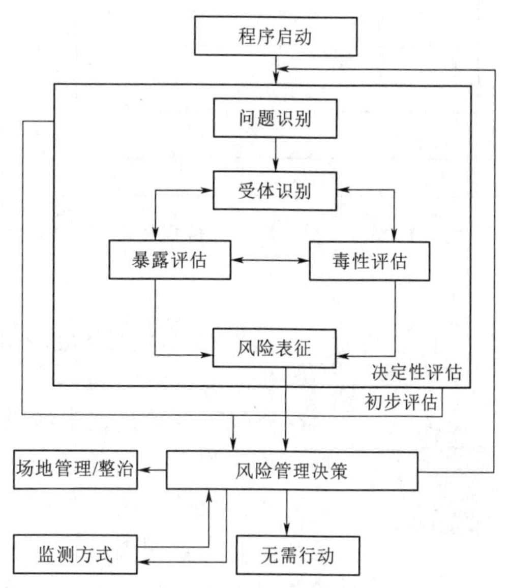

图 9－3　澳大利亚生态风险评估框架

国家环境保护措施（澳大利亚 NEPM）规定的生态风险评估分为三个层次。第一层为比值法评价，即将现场监测获得的土壤污染物浓度数据与生态调查值（*EILs*）进行比较，若超过 *EILs*，则认为该地区存在生态风险。第二层为采用本地化参数后的比值评价，引入场地的本地化参数对 *EILs* 进行修正，并与现场监测获得的土壤污染物浓度数据进行比较。第三层为针对场地专门进行详细的、基于概率的生态风险评估。在制定、计算 *EILs* 时，澳大利亚采用了“增加风险法”，即认为当地自然条件下背景浓度中的污染物水平不造成生态风险，而构成生态风险的应该是高于背景水平的“增加”的这部分污染物水平。因此，澳大利亚的 *EILs* 体系中，针对土壤中背景含量不同的污染物（以重金属类为主），分别制定了基于土壤背景含量的 *EILs* 值。此外，考虑到污染物在土壤中的老化作用，澳大利亚的 *EILs* 体系中的部分污染物对近期发生的污染（＜2 年）与历史污染（＞2 年）进行区分。

四、我国生态风险评价框架

2009 年，水利部参考美国环保署的评估框架颁布了我国的《生态风险评价导则》，将评估过程分为问题提出、风险分析和风险表征三个阶段，生态风险评价框架如图 9－4 所示。

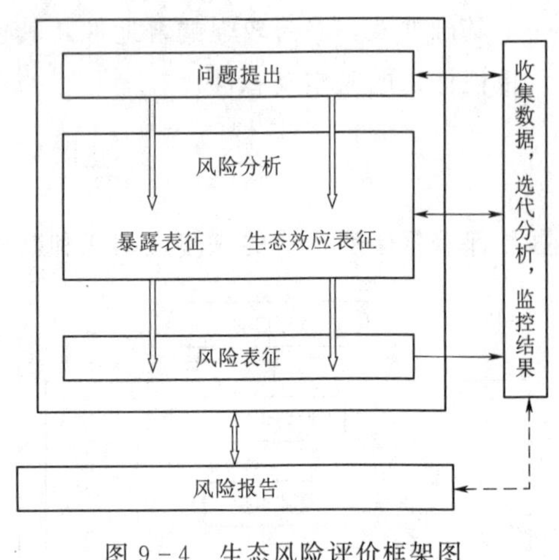

图 9-4　生态风险评价框架图

问题提出阶段是风险评价第一阶段，是整个评价的基础，主要是明确存在的问题、风险评价目标、评价范围、制定数据分析和风险表征的方案。

风险分析阶段是风险评价第二阶段，主要是完成暴露表征和生态效应表征，前者主要分析胁迫因子暴露途径和暴露强度；后者是在对暴露状况进行分析后，估计预测可能产生的生态效应。

风险表征是风险评价的第三阶段，通过对暴露表征和生态效应表征结果综合分析进行风险估计，描述风险大小。

第三节　生态风险评价方法与模型

9-2
生态风险
评估方法

生态风险评价过程中涉及了风险分析、风险表征、不确定分析等内容，不同评价步骤所采用的评价方法也有差异。风险分析是生态风险评价的核心，其所涉及的方法主要有模型法、景观生态学法、决策树法、相对风险评价模型法、专家调查法等。风险表征的方法可归纳为三类，即风险绝对值、风险相对值、风险排序。对于生态风险评价不确定的分析，当前运用最多的是采用基于概率统计学的蒙特卡罗模拟法。由于生态风险评价的类型不同，因此生态风险评价的方法也各不相同，需要根据评价的范围和风险源的数量进行选择，主要分为单一风险源的生态风险评价和区域的生态风险评价。

单一风险源的生态风险评价多是针对污染类以及生物事件开展评价，其评价方法包括潜在生态危害指数法、地质累积指数法、单因子指数法、生物遗传算法等。潜在生态危害指数法是指将污染物含量、毒理学以及生态效应相结合定量计算出风险源所造成的生态风险概率；地质累积指数法主要用于评价沉积物中有害物质的污染程度，除此之外，单因子指数法也可以应用于沉积物中的有害物质潜在生态风险评价。

区域的生态风险评价涉及范围广，风险源多且复杂，其评价方法包括概念模型法、数学模型法、计算机模拟法等。

一、污染的生态评价方法

（一）生态模拟

在生态系统层次上开展生态风险评价是一种理想状态，在实际工作中很难找到应激因子与生态系统改变之间关系的直接证据。表征污染物对种群水平或生态系统的影响可以利用已经发展的微宇宙（Microcosm）和中宇宙（Mesocosm）生态模拟系统。它是指应用小型或中型生态系统或实验室模拟生态系统进行试验的技术，能对生态系统的生物多样性及代表物种的整个生命循环进行模拟，并能表征应激因子作用下物种间通过竞争和食物链相互作用而产生的间接效应，探讨物种多样性与生态系统生产力及其可靠度的关系，亦能在研究化学污染物质的迁移、转化及归宿的同时预测其对生态系统的整体效应。通过构建一个相对较小的生态系统研究某个局部大环境乃至整个生态系统的风险，可以在减少财力、物力、人力的前提下，达到区域生态风险评价的目的。中宇宙实验中通常以生长抑制、繁殖能力等慢性指标或物种丰度来表征生态系统的健康状况，通过定义一个可接受的效应水平终点（HC5 或 EC20）可以实现一个区域生态系统水平上的生态风险评价。其缺点是运行费用昂贵、选择的测试物种不一定能代表整个生态环境，另外物种数量也有限，且种类一般是易于饲养的生物。

（二）商值法

商值法（Quotient）是美国环境保护局（USEPA）和欧盟推荐方法，也是应用最普遍与最广泛的一种方法。具体方法：通过预测环境浓度（*PEC*）与表征该物质危害程度的预测无效应浓度（*PNEC*）的商值（*PEC*/*PNEC*）来确定风险，比值大于 1 说明有风险，比值小于 1 则安全。

$$HQ = \text{暴露量或 } PEC/ADI \text{ 或 } PNEC \tag{9-1}$$

式中 *PEC*——预测环境浓度；

ADI——日允许摄入量；

PNEC——预测无影响浓度；

HQ——风险商值。

通过 *HQ* 与 1 的大小之比来判断风险的大小。

商值法通常在测定暴露量和选择毒性参考值上都是比较保守的，仅仅是对风险的粗略估计，其计算存在着很多不确定性。没有考虑种群内各个个体的暴露差异、受暴露物种慢性效应的不同、生态系统中物种的敏感性范围以及单个物种的生态功能；同时，商值法的计算结果是个确定的值，不是一个风险概率的统计值，因而不能用风险术语来解释，只能用于低水平的风险评价。

以商值法为基础发展而成的是地质累积指数法和潜在生态风险指数法。

（1）地质累计指数法是德国海德堡大学 Muller 等在研究河底沉积物时提出的一种计算沉积物中重金属元素污染程度的方法，自然条件下或者人为活动影响下重金属在环境中的分布评价均可使用此方法。地质累计指数法通过测量环境样本浓度和背景浓度计算地质累计指数值 I_{geo}，以评价某种特定化学物造成的环境风险程度。计算公式如下：

$$I_{geo} = \lg_2 \left| \frac{C_n}{k \times BE_n} \right| \tag{9-2}$$

式中 I_{geo}——地质累积指数；

C_n——样品中元素 n 的浓度；

BE_n——环境背景浓度值；

k——修正指数，通常用来表征沉积特征、岩石地质以及其他影响。

可根据 I_{geo} 值的大小将土壤中重金属污染水平分为 7 个等级，详见表 9-2。

表 9-2　　地累积指数法分级标准

I_{geo}	污染水平	污染程度
$I_{geo}<0$	0	清洁
$0\leqslant I_{geo}<1$	1	轻度污染
$1\leqslant I_{geo}<2$	2	偏中度污染
$2\leqslant I_{geo}<3$	3	中度污染
$3\leqslant I_{geo}<4$	4	偏重污染
$4\leqslant I_{geo}<5$	5	重污染
$I_{geo}\geqslant 5$	6	严重污染

(2) 潜在生态风险指数法是瑞典 Hakanson 研究水污染控制时建立的一种计算水体中重金属等主要污染物的沉积学方法。通过计算潜在生态风险因子 E_r^i 与潜在生态风险指 RI，可以对水体沉积物中的重金属的污染程度进行评价。计算公式如下：

$$C_f^i=\frac{C_D^i}{C_R^i},C_d=\sum_{i=1}^{m}C_f^i,E_r^i=T_r^iC_f^i,RI=\sum_{i=1}^{m}E_r^i \tag{9-3}$$

式中　C_f^i——金属 i 污染系数；

C_D^i——金属 i 实测浓度值；

C_R^i——现代工业化以前沉积物中第 i 种重金属的最高背景值；

C_d——多金属污染度；

T_r^i——金属 i 的生物毒性系数；

E_r^i——金属 i 的潜在生态风险因子；

RI——多金属潜在生态风险指数（E_r^i、RI 等级划分标准见表 9-3）。

表 9-3　　潜在生态风险因子、潜在生态风险指数分级与对应生态风险程度

生态风险程度	潜在生态风险因子 E_r^i	潜在生态风险指数 RI
极高 Extremely high	$E_r^i\geqslant 320$	
很高 Very high	$160\leqslant E_r^i<320$	$RI\geqslant 600$
高 High	$80\leqslant E_r^i<160$	$300\leqslant RI<600$
中等 Medium	$40\leqslant E_r^i<80$	$150\leqslant RI<300$
轻微 Low	$E_r^i<40$	$RI<150$

潜在生态风险指数法的计算结果不仅能够反映单一重金属对环境造成的影响，还能够说明多种重金属并存时对周围环境造成的综合影响程度。由于对 E_r^i 与 RI 的计算结果具有明确的划分等级标准，因而不同区域和时段的生态风险的评价结果之间也具有可比性。

（三）暴露-反应法

暴露-反应法是依据受体在不同剂量化学污染物的暴露条件下产生的反应。建立暴露-反应曲线或模型，再根据暴露-反应曲线或模型，估计受体处于某种暴露浓度下产生的效应，这些效应可能是物种的死亡率、产量的变化、再生潜力变化等的一种或数种。暴露-反应曲线或模型一般在危害评价过程中专门建立，并因污染物的种类、毒性、受体的种类

的不同而变化。运用暴露-反应法可以对农作物的减产、鱼类数量减少等进行研究。针对单一物种建立的暴露-反应曲线或模型只能反映污染物对单一的被评价物种的危害效应，而无法反映对整个环境的危害程度。目前有研究提出将物种敏感性分布引入对暴露在相同污染物中的不同物种的生态风险评价，对于克服暴露-反应法的这个缺点做出了有益探索。同时，建立暴露-反应曲线或模型，需要大量的污染物暴露与受体效应的数据，由于很难获得足够量的与实际情况更为接近的慢性毒理数据，因而研究者往往采用受控条件下的急性毒理数据。这种基于受控条件下急性毒理数据的研究，可能会将污染物在实际环境中出现的次生效应或因转化而引起的受体效应增强或减弱排除在外，从而引起不必要的误差。

二、生态类生态评价方法

为了保护生态系统中生物体，防止单一生物体、食物链或者整个生态系统受到损害，常用 *PNEC* 和预测环境浓度（Predicted Environmental Concentration，*PEC*）作为中间量计算风险值，其指导文件是欧盟颁布的《风险评价技术导则》（Technical Guidance Document on Risk Assessment，TGD）。*PNEC* 的获取最直接有效的方式是开展毒性实验，但仅依靠毒性试验来获取毒性数据是不可行的。*PEC* 通过直接监测得到或者通过模型计算，一般情况以实际检测浓度作为 *PEC* 值。围绕 *PEC*、*PNEC* 的计算常用以下三种方法：评估因子法（Assessment Factor，AF）、物种敏感性分布法（Species Sensitivity Distributions，SSD）和模型法。

（一）评估因子法

评估因子法是 USEPA 和经济合作与发展组织（OECD）推荐的一种方法，多采用将单个生物的毒性数据（如 EC50、LC50、*NOEC*）除以 10～1000 的评价系数，外推到环境安全值（预测无影响浓度，*PNEC*）的方法。当污染物毒性数据较少时，常以某一受试物种的急性毒性数据或者慢性毒性数据与 *AF* 的比值作为 *PNEC* 值。*AF* 的确定主要是取决于最敏感的物种的毒性数据，因此具有一定的不确定性。TGD 也给出了 *AF* 如何取值的方法，其取值范围通常为 10～1000。具体取值方法见表 9－4。

表 9－4　评估因子的取值方法

编号	已有毒性数据数量	*AF*
1	急性毒性数据（LC50 或 EC50）	1000
2	一种生物的慢性毒性数据（*NOEC* 或 *LOEC*）	100
3	不同营养级的 2 种生物的慢性 *NOEC* 数据	50
4	涵盖完整食物链（至少含有 3 个营养级）的慢性 *NOEC* 数据	10
5	3 门 8 科的慢性毒性数据（SSD 法）	1～5

此法的优点：简单、操作性强；缺点是在评估过程中只考虑了最敏感物种，故会出现过度保护的情况，另外评价过程的不确定性同其他方法相比更高。但基于单个生物种毒性数据的安全值，不一定能保护生态系统中其他生物的安全，为了充分考虑不同生物种毒性数据的安全值，不一定能保护生态系统中其他生物的安全，为了充分考虑不同生物种对化学物质的敏感性不同的问题，从多物种长期毒性数据外推预测无影响浓度 *PNEC* 和种群

敏感性分析（Species Sensitive Distribution，SSD）更有意义，目前美国、欧洲在制定标准时，多采用种群敏感性分析（SSD）方法代替评估因子法。

（二）物种敏感性分布法

物种敏感性分布法 SSD 用于 *PNEC* 的推导是由 Kooijman 于 1987 年提出，后由 Van Straalen 等人改进：以保护水体中（1－*P*）%的物种为原则，选择对生态系统中最敏感的 *P*%的生物产生毒性作用的浓度推导 *PNEC*。2003 年，TGD 中详细介绍了基于 SSD 法推导 *PNEC* 的方法。一般情况下，当可获取的毒理学数据较少（毒理学数据少于 5）时，选择评估因子法。该方法计算较简单，在许多国家和地区被应用于 *PNEC* 值的推导。在数据量充足时，一般选择 SSD 法对 *PNEC* 值进行推导，评估因子法可在特定情况下作为 *PNEC* 值计算的备用方法。

SSD 法是基于以下科学假设：生态系统中不同类生物对环境因子的胁迫有不同的响应程度，毒理学上表现为不同种生物对同等剂量的相同物质剂量一效应关系不同，因此，这种不同的响应程度或者说敏感度（LC50、EC50 等）可以通过某些模型表示，并同时假设所选生物种的取样方法是在整个生态系统中随机取样的，故认为对有限物种的可接受效应水平的评估适合整个生态系统。当污染物的毒性数据较多时，常用 SSD 法计算 *PNEC* 值。SSD 法是假设生态系统中不同物种对某一污染物的敏感性（LC50、EC50 等）能够被一个分布所描述 SSD 法是利用累积概率分布函数拟合污染物的毒理学数据，建立其物种敏感性分布曲线。以不同生物的毒理学数据（或其对数值）为横坐标，以所对应的累计概率为纵坐标，做散点图，选择合适的函数模型拟合得到 SSD 曲线，以所得曲线外推得到 *P*%受害浓度（Hazardous Concentration for p% of Species，*HCp*）值，进而推导出 *PNEC* 值。

SSD 法有正向和反向两种用法。正向用法一般用于风险评价，即由污染物环境浓度出发，通过 SSD 曲线计算潜在受影响的物种的比例（Potential Affected Fraction，PAF），用以表征生态系统或者不同类别生物的生态风险；反向用法一般用于环境质量标准的制定，即用来确定一个可以保护生态系统中大部分物种的污染物浓度，一般使用 HC_5 表示。SSD 法主要应用于水生和陆生动植物的毒性生态风险评价和阈值的制定。

利用 SSD 方法评价污染物的生态风险一般需要经过以下步骤：①毒理数据的获取与处理；②SSD 曲线拟合；③计算 *PAF* 与 5%危害浓度（Hazardous Concentration for 5% of Species，HC_5），评估单一污染物的生态风险；④计算多种污染物累计潜在影响比例 *msPAF*，评估多种污染物的联合生态风险。

1. HC_5 和 *PAF* 的计算

在 SSD 拟合曲线上对应 5%累积概率的污染物质量浓度为 HC_5。应用 Burr Ⅲ 分布计算 *HCq* 的公式为

$$HCq=\frac{b}{\left[\left(\frac{1}{q}\right)^{\frac{1}{k}}-1\right]^{\frac{1}{c}}} \tag{9-4}$$

式中 *HCq*——根据不同的保护程度（风险水平）获取曲线上不同百分点所对应的浓度值作为基准值，其风险水平的选取依据土地利用类型而定。

BurrⅢ分布计算 PAF 的公式为

$$PAF=\frac{1}{\left[1+\left(\frac{b}{x}\right)^{c}\right]^{k}} \tag{9-5}$$

式中 x——环境质量浓度，μg/L；

b、c、k——函数的三个参数。

2. 多种污染物的联合生态风险

SSD曲线用于生态风险评价的优势就是可以用来计算多种污染物的联合生态风险，用 $msPAF$ 复合潜在影响百分比表示。对于拥有相同毒理作用方式（Toxic Mode of Action，$TMoA$）的污染物，采用浓度加和（Concentration Addition）的方式计算 $msPAF$；而对于不同毒理作用方式的污染物，则采用效应相加（Response Addition）的方式进行计算。

（1）浓度加和方式计算 $msPAF$。HU 被定义为超过50%的物种毒理数据浓度的环境浓度值，等于毒理数据的几何均值，计算公式为

$$HU=x/x' \tag{9-6}$$

式中 HU——毒理数据 x 对应的 HU 值；

x'——毒理数据的几何均值，将不同污染物的浓度值转换为 HU 值，将 HU 值加和并取对数，代入联合风险正态分布中求 $msPAF$ 的值。

（2）效益相加方式计算 $msPAF$。若 PAF_1、PAF_2、…、PAF_n 为 n 种污染物各自产生的潜在影响比例，各污染物的毒理作用方式 $TMoA$ 不同，则复合潜在影响比例 $msPAF$ 计算公式为

$$msPAF=1-(1-PAF_1)(1-PAF_2)\cdots(1-PAF_n) \tag{9-7}$$

在SSD中，一般选取 HC_5 作为最大环境浓度阈值，即表示该物种受影响的个体不超过总数的5%。SSD法的优点是可对整个生态环境进行风险评估，其主要缺点是单物种在整个生态环境中的代表性问题，且未考虑单物种在整个食物链中位置的问题。

三、生态风险评价模型

9-3
场地风险评估模型与软件

生态风险评价模型的出现使生态风险评价由单纯依靠生态毒理学实验工具向毒理学和模型模拟相转化、相结合发展。不同的评价方法之间的主要区别在于毒性评估与风险表征过程中所采用的模型不一样，如评估因子法或商值法（Hazard Quptient，HQ）、物种敏感度分布法（Species Sensitive Distributions，SSD）和概率生态风险评估模型（Probabilities Ecological Risk Assessment，PERA）。

（一）概念模型法

生态风险评价概念模型通常有生态风险概率模型、生态梯度风险评价模型和相对风险模型。生态风险概率模型法是指分析区域生态风险的研究需求，选择恰当的函数关系式将概率模型表达出来，在这一过程中需要根据评价对象的特征选取评价指标，用于计算生态风险发生的概率及其可能造成的生态损失度；生态梯度风险评价模型是一种分层评价生态

风险影响范围和发生概率的模型，首先采用定性方法分析风险形成的机制，再用半定量的方法确定风险影响的范围和可能造成的最大危害，最后用定量方法测算风险发生的概率，这种评价方法适用于背景资料和基础数据不全面的区域，其缺点是忽略了时间的变化对区域生态环境的影响；相对风险模型法首先将研究区域根据评价需要划分为不同的风险小区域，通过分析其风险源和生境空间分布状况，并且构建暴露与响应模型，从而描述生态受体与风险源之间的相互作用，该模型适用于风险源种类较多，暴露方式多样的研究区域，是当前使用最广泛的一种模型评价方法。

（二）数学模型法

生态风险具有不确定性和模糊性，学者们通常喜欢运用数学模型来解决这样的问题，例如模糊数学模型、灰色关联度模型、综合评价模型、物元模型等。

（三）计算机模拟方法

随着科学技术的发展和学者们对研究领域的深入探究，计算机的辅助功能成为了研究中必不可少的一个部分。在区域的生态风险评价中，学者们常使用计算机的模拟功能解决复杂的生态风险问题，提高生态风险评价的效率。

不同生态风险模型的比较见表 9-5。

表 9-5　不同生态风险模型的比较

模型	评价要求	数据要求与处理	风险表征方法	应用软件	难易程度	不确定性
HQ	低	多以获得的环境浓度数据的平均值为 PEC；毒理数据要求较少，采用评估系数法推算 PNEC	评估因子法或商值法	无需特殊统计软件	简单	高
SSD	相对高	环境浓度数据要求同上，要求较多的毒理数据，进行 SSD 拟合	商值法	Origin/SPSS/Burrlizo	相对难	相对高
PERA	高	环境浓度数据与毒理数据均要求较多，并均进行分布模拟	商值法	Origin/SPSS/Burrlizo/Matlab	难	低

评估因子法对数据及专业技术要求最低，评价结果不确定性也最高，一般用于评价要求较低的情况，或用于层次评价法中的低层次评价。SSD 法采用概率分布的方式进行剂量一效应评价。同 HQ 法相比，评价结果更为精确，但风险表征仍采用商值法，因此 HQ 法的缺点并没有完全更正。PERA 法避免了以上两种方法的缺点，评价结果以概率的形式给出，评价结果更为客观，但对数据及专业技术要求也越高。

第四节　土壤生态风险评价

基于生态风险的概念，土壤生态风险可认为是由于人为或自然原因导致土地资源破坏或污染进而对人类生存环境造成的一种危害状态。主要包含两层含义：一是由于土地生态环境的破坏和退化对人类社会造成的生存威胁，具体是指土地资源的减少和退化以及土地生态系统的破坏削减了土地生态系统对人类社会可持续发展的支撑能力；二是由于土壤环境质量下降所造成的居民身体危害。在这种状态下，土地生态系统没有稳定、均衡、充裕的自然资源可供人类利用，土地资源不能维持环境与人类的协调可持续发展。

一、土壤生态风险评价流程

生态风险评估包括三个主要阶段，即问题的提出、问题分析和风险描述，污染土壤生态风险评估流程图如图 9－5 所示。

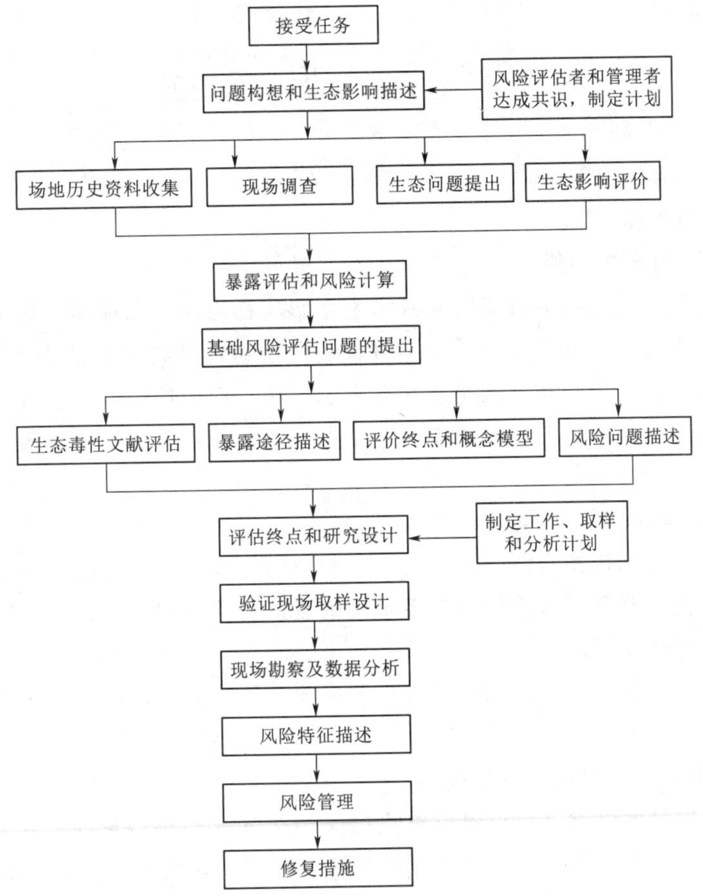

图 9－5 污染土壤生态风险评估流程图

在问题提出阶段，需选择评估终点并对最终目标作出评价，制定概念模型和分析计划；在分析阶段，需评估对污染因子的暴露，以及污染水平和生态影响之间的关系；在风险描述阶段，需通过对污染暴露和污染-响应情况的综合评估来估计风险，通过讨论一系列证据来描述风险，确定生态危害性，然后编写生态风险评估报告。分析问题阶段包括两个内容，暴露水平描述和生态影响描述，暴露水平描述揭示了污染物的来源及其在环境中的分布和它们与生物受体的联系。美国环保署对污染土壤的生态风险评估过程，提出了八步法过程。

（一）提出问题和生态影响评估

提出问题包括：现场调查环境条件和污染物、污染物的变化和迁移、生态毒性和潜在受体、所有暴露途径、评价终点和测定终点。生态影响评估包括：重要毒性数据、剂量换算、不确定性评价。

（二）暴露估计和风险计算

暴露估计包括：暴露参数（如动物的活动范围、生物可利用率、生命阶段，体重和食物摄入量、食物组成等）的确定和不确定性分析。

风险计算包括：损害商（HQ）的计算，计算公式如下：

$$HQ=\frac{D_{ose}}{NOAEL}\text{或}HQ=\frac{EEC}{NOAEL} \tag{9-8}$$

式中 HQ——损害商；

D_{ose}——污染物摄取量；

EEC——污染物浓度；

$NOAEL$——无有害影响值。

当损害商低于1时表明不可能引起有害生态影响；当同时出现多个污染物时，需用损害商之和即有害指数。当有害指数低于1时，表明这组污染物不可能引起有害生态影响，但损害商和有害指数低于1并不表明不存在生态影响，而应按照计算值的大小和影响的程度进行解释。以上计算的目的仅在于作出一个保守的估计，以保证一些潜在的生态威胁不被忽略。

（三）基础风险评估问题的提出

主要是确定与生态相关的污染物；进一步表征污染物的生态影响；对有关污染物变化和迁移、暴露途径、有潜在风险的生态系统的信息进行评估和提炼；选择评价终点；对假定问题作一个概念性模型。

在这一步中确定了目标，范围和基础生态风险评估的重点，也确定了评价终点，或受保护的特定的生态价值。

（四）研究设计和数据质量目标过程

该步中要确定量度终点（所谓量度终点就是指诸如死亡率、繁殖和生长等），考虑物种、群落和栖息地，完成在第三步中开始的概念性模型，进行研究设计和确立数据质量目标，制定采样和分析计划以明确风险模型参数。

（五）采样计划的现场验证

采样计划的现场验证对保证数据质量目标极其重要。此阶段需对过去获得的信息进行核对，检查采样的可行性，初步采样即可确定是否存在目标物种；核对选择的评价终点、假设、暴露途径模型，度量终点及在问题提出和数据质量目标过程中的研究设计是否适合、是否可执行。

（六）现场调查和分析

现场调查收集的信息将用于表征暴露和生态影响。现场调查包括现场采样和实施生态风险评价所需的各种调查。

（七）风险表征

风险表征是风险评价过程的最后阶段，它包括两个主要部分：即风险估计和风险描述。风险估计中有暴露-影响情况和相关不确定性汇总；风险描述提供解释风险后果的信息，确定对评价终点产生有害影响的阈值。

（八）风险管理

风险管理和风险评价是完全不同的过程。风险评价是确定风险是否存在、风险的等级和范围，而风险管理是综合考虑了风险评价的结果后作出的风险管理决策。

二、土壤生态风险评价方法

（一）单因子污染指数法

单因子指数法利用土壤重金属元素的实测数据和评价标准进行对比，计算公式为

$$P_i = C_i / S_i \tag{9-9}$$

式中 P_i——单因子污染指数，即重金属 i 的污染指数；

C_i——重金属 i 的实测值，mg/kg；

S_i——重金属 i 的土壤标准值。

评价标准参照《土壤环境质量 农用地土壤污染风险管控标准（试行）》(GB 15618—2018)，根据单因子污染指数的大小，重金属污染状况分为四个等级，分别为：无污染（$I_i \leqslant 1$）、轻度污染（$1 < I_i \leqslant 2$）、中度污染（$2 < I_i \leqslant 3$）和重度污染（$I_i > 3$）。单项污染指数评价标准见表 9-6。

表 9-6　单项污染指数评价标准

标准范围	级别	污染程度
$K_i \leqslant 1$	Ⅰ	无污染
$1 < K_i \leqslant 2$	Ⅱ	轻微污染
$2 < K_i \leqslant 3$	Ⅲ	轻度污染
$3 < K_i \leqslant 5$	Ⅳ	中度污染
$K_i > 5$	Ⅴ	重度污染

（二）内梅罗综合污染指数

内梅罗综合污染指数是在单因子污染指数的基础上考虑了土壤中污染最严重的重金属因子，计算公式为

$$I_p = \sqrt{\frac{I_{i\max}^2 + I_i^2}{2}} \tag{9-10}$$

式中 I_p——内梅罗综合污染指数；

$I_{i\max}$——所有重金属因子中单因子污染指数最大值；

I_i——所有重金属因子中的单因子污染指数平均值。

根据内梅罗综合污染指数的大小，重金属污染状况分为 5 个等级，分别为：清洁（$I_p \leqslant 1$）、轻度污染（$1 < I_p \leqslant 2$）、中度污染（$2 < I_p \leqslant 3$）、重度污染（$3 < I_p \leqslant 5$）和严重污染（$I_p > 5$）。

(三)地质累积指数法

地质累积指数 I_{geo} 用于定量评价土壤中人为活动对某个重金属污染情况的影响。计算公式为

$$I_{geo} = \log_2 \frac{C_i}{1.5B_i} \tag{9-11}$$

式中 C_i——土壤重金属浓度的测定值,mg/kg;

B_i——土壤重金属浓度的背景,mg/kg。

(四)潜在生态风险指数法

污染指数主要评价重金属因子的污染现状,鉴于每种重金属毒性水平均不同,潜在生态风险指数法,公式如下:

$$RI = \sum_{i=1}^{n} E_r^i = \sum_{i=1}^{n} T_r^i C_r^i = \sum_{i=1}^{n} T_r^i \frac{C_f^i}{C_n^i} \tag{9-12}$$

式中 RI——综合潜在生态危害指数,无量纲;

E_r^i——单个重金属因子的潜在生态危害指数,无量纲;

C_r^i——单因子污染指数;

T_r^i——某一重金属的毒性系数;

C_f^i——单个重金属因子的实际含量,mg/kg;

C_n^i——单个重金属因子的背景参照值。潜在生态危害评价标准分级见表 9-7。

表 9-7　　潜在生态危害评价标准分级

风险等级	E	RI
轻生态风险	<40	<150
中等生态风险	[40,80)	[150,300)
强生态风险	[80,160)	[300,600)
很强生态风险	[160,320)	≥600
极强生态风险	≥320	

第五节　地下水生态风险评价

一、地下水生态风险评价思路

9-4
地下水风险
评价方法

区域地下水环境风险评价应针对不同尺度、不同区域地下水的防污性能,辨识地下水的特征污染物来源,确定人类活动与地下水污染之间的关系,划分出地下水易受污染的高风险区,从而为地下水水资源管理和环境保护提供针对性的决策支持。区域地下水环境风险评价应具有完整性、针对性和可操作性,是一个逐级筛选、分类分级的评价过程,该过程应突出对不同尺度的控制。从实际应用来看,可将区域地下水尺度划分为大尺度区域(流域、平原)、局部地区(城市、单元)和场地(水源地、场地)3 个层次,评价过程宜遵循"由大到小、由粗及细"的原则:①对大尺度区域地下水进行相对较低精度的环境风险筛查,获取

局部地区的风险分区；②针对局部地区的高风险区，采取适当方法进行较明确的污染风险过程评价，确定局部地区内的污染风险分区；③针对局部地区内的高污染风险区，细致分析其污染类型、污染过程、污染危害，以及地下水污染风险对人体健康的危害程度。

针对不同尺度的区域地下水环境风险评价，可将大尺度区域地下水风险评价定性为地下水环境风险研究，采用区域土地利用类型表征区域污染源，通过相对风险模型重点分析大区域地下水环境风险；针对局部地区内的高环境风险区，可考虑采用局地风险评价，定性为地下水污染风险研究，采用源—路径—受体控制模型，重点描述局部地区的污染风险；针对局部地区内高污染风险区，可采用小尺度风险评价，定性为地下水健康风险评价，采用过程模拟方法确定污染物在包气带—地下水中的迁移转化，侧重定量分析污染场地、水源地水质等的变化对人体健康的影响。风险评价指标体系构建和评价方法方面均具有针对性和可操作性。地下水环境风险评价技术体系如图 9－6 所示。

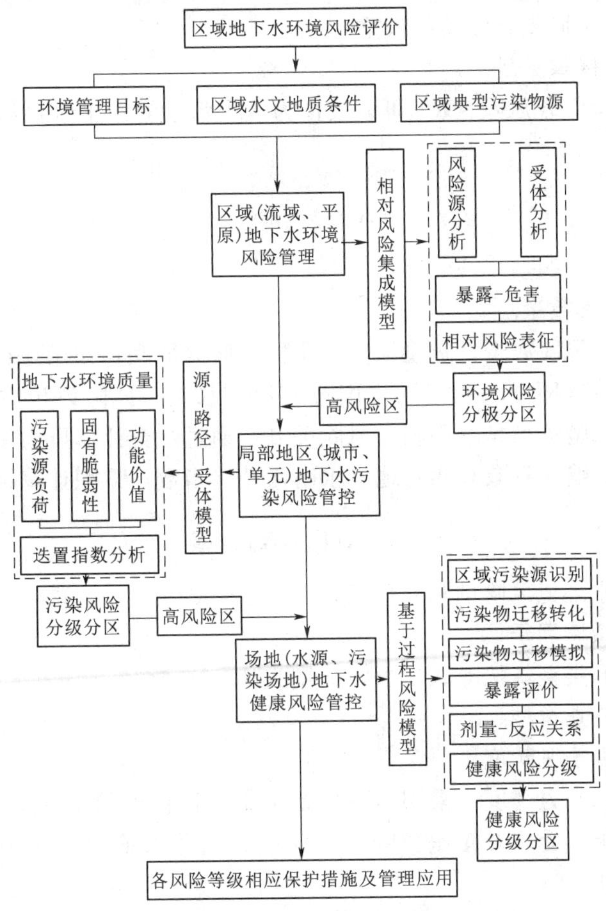

图 9－6 地下水环境风险评价技术体系

二、地下水生态风险评价方法

地下水风险评价根据不同的类型采用不同的评价方法，具体分为以下几种类型：

（一）区域（流域、平原）地下水环境风险

大区域地下水环境风险评价主要分析在农业、采矿、垃圾填埋、危废处置、工业生产、地下水开采等多种人类活动和土地利用类型变化影响下，地下水系统内部某些要素或其自身的健康、功能、服务、生产力、经济价值等减小的可能性，评价工作适宜于现有资料精度在 1∶200000 以下开展。人类活动存在区域差异性，每项活动的发生都会对地下水生态系统的各要素产生一定的环境风险。因此，大区域地下水环境风险评价是对规划活动在不同时间和空间、现状和未来累积环境风险的综合分析。

不同阶段人类活动对地下水系统要素（x_i）产生影响，该要素的地下水环境风险（R_i）表现为不同阶段人类活动对其影响的叠加

$$R_i = \sum_{k=1}^{n} w_i f(x_{ik}) \tag{9-13}$$

式中 $f(x_{ik})$ ——第 k 个区域人类活动对地下水系统要素 x_i 的环境风险值；

w_i ——不同人类活动的权重；

n ——区域数量。

区域地下水环境综合风险（R）可以表征为人类活动对地下水系统各要素环境风险的累积

$$R = \sum_{i=1}^{m} \lambda R_i \tag{9-14}$$

式中 λ——各要素的权重；

m——环境要素数量。

区域地下水环境风险属于渐进型风险，不同风险源的联合作用往往并非线性叠加。可以利用相对风险模型（RRM）构建大尺度集成地下水生态风险评价方法。相对风险模型得到的地下水环境风险关系是一种相对风险关系，通过综合计算压力密度、区域敏感因子风险度、暴露系数、响应系数和相对地下水防污性能指数，累积计算区域的相对风险

$$R_s = \sum_{j=1}^{5} (S_a \times H_j \times X_{aj} \times E_{am} \times P) \tag{9-15}$$

式中 R_s——地下水环境风险的相对风险；

a——风险敏感因子；

j——风险源类型，按 5 级赋值，分别为 1、3、5、7、9；

m——生态终点类型；

S——敏感因子风险度；

H——风险源压力密度，采用归一化后指征，取值 0～1 之间；

X——风险源—受体暴露途径的暴露系数，量化取值分别为 0、0.3、0.5、0.7、0.9 和 1.0；

E——受体—生态终点的响应系数，量化取值为 0、0.3、0.5、0.7、0.9 和 1；

P——地下水防污性能指数（根据 DRASTIC 模型计算，识别地下水污染敏感区），分为 1～5 级。

（二）局部地区（城市、单元）地下水污染风险

局部地区地下水污染风险评价是在大区域地下水环境风险评价基础上，对其高风险区

进行评价，通常包括城市建成区和辖区，存在多个地下水水源地或复合污染的场地，评价工作适宜于现有资料精度为 1∶50000～1∶200000 时开展。应遵循地下水本质脆弱性、污染源负荷风险和地下水功能价值三个因素耦合叠加的思路。

其中，地下水本质脆弱性评价可采取 DRASTIC 模型进行，污染源荷载评价借鉴 USEPA（美国国家环境保护局）推荐的用于水源地保护的优先设置等方法，地下水功能价值综合考虑地下水的社会经济服务功能和生态健康服务功能，通过地下水水质现状特征和含水层富水性综合反映，最后采用迭置指数法对三部分评价结果进行耦合叠加，从而获得局部地区的地下水污染风险分区。其中较敏感的影响因子有地下水资源供给功能、生态环境维持功能和地质环境稳定功能，因此需要重点考虑水质和水量两个方面，采用地下水水质和地下水富水性耦合叠加结果来作为识别因子。较复杂的污染源负荷影响因子的确定可借鉴 USEPA 推荐的优先设置方法，该方法认为，污染源风险等级的划分需要考虑污染的可能性及其严重性（图 9－7），将风险源类型分为储罐、表面蓄水、集装箱储存和材料运输、注入井、管道、农业应用、土地利用、垃圾填埋场、化粪池、储存管道、材料运输共 12 类，每类污染源的风险按照评分标准进行计算并分为高、中、低 3 个等级，计算方法如下：

$$R'=L+D \tag{9-16}$$

$$L=L_1+L_2 \tag{9-17}$$

$$D=Q+A+T \tag{9-18}$$

式中 R'——地下水污染风险；

L——污染的可能性；

D——污染的严重性；

L_1——污染源释放污染物的可能性；

L_2——污染物到达地下水的可能性；

Q——污染源污染物的释放量；

A——污染物在运移过程中的衰减量；

T——污染物毒性因子。各因子赋值和参数权重均可采用 USEPA 推荐的优先设置方法进行针对性的选取。

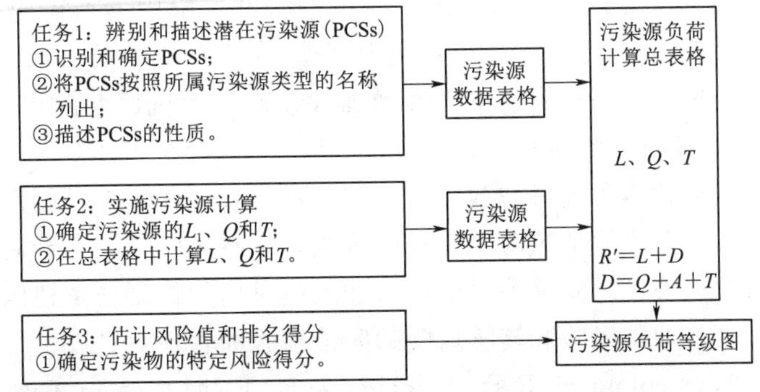

图 9－7 地下水污染负荷评价流程

（三）场地（水源地、污染场地）地下水健康风险

场地尺度的地下水环境风险是在局部地区地下水环境风险评估基础上，针对高污染风险区进行细致刻画，可定性为地下水健康风险。地下水健康风险评价是在特定暴露条件下对不良健康效应进行估计和外推，对受影响的人群数量和特征给出判断，可采用基于过程模拟的评价方法。

评价步骤：①地下水污染源识别及污染特征调查。以包气带、潜水含水层和用于供水的承压含水层为对象，调查包气带及地下水水质和污染状况。②地下水污染评价在有机或无机组分的毒性、水质标准、各种有机物和无机物检出等基础上，构建典型地下水污染评价指标体系（包括评价指标、评价标准、评价方法），评价场地地下水环境污染状况，甄别特征污染组分。③特征污染物迁移转化的机理分析。对于无机污染组分可开展吸附/解吸试验、污染组分迁移试验等，针对有机特征污染物可开展溶解性试验、挥发性试验、吸附/解吸试验、生物降解试验、迁移试验等。④构建迁移转化数学模型。根据上述试验结果，量化各影响因子，构建特征污染物组分在包气带-含水层中迁移转化的耦合数学模型，模拟地下水流运动和污染物迁移过程，预测野外污染扩散和演化趋势。⑤建立健康风险评价体系。可采用国际上常用的分别表征个体或群体的非致癌和致癌风险指数法。

第六节 生态风险管理

一、生态风险管理定义

生态风险管理是指对生态风险评价的结果应采取某种对策与行动，是一个决策过程。管理者需要考虑如何在不影响其他社会价值的情况下减小这种风险。美国科学院给风险管理下的定义是："风险管理是选择各种管理法规并实施的过程。它是管理部门在立法机构的委托下，在综合考虑政治、社会、经济和工程等方面因素之后，制定、分析并比较各种管理方案的合理性和可行性，然后对某种管理因素做出管理决策的过程，在对方案进行选择时，要同时对风险的可接受性和控制费用的合理性进行效益-成本分析"。简单地说，它是对由因素（如社会的、经济的、法律的、政治的）及风险因素所确定的风险的一种反应。风险管理可定义为寻找消除，减少和通常控制纯风险的活动（如来自于安全设备、火、主要灾害、安全过失、环境灾害的）并增加效益避免投机风险的损害（如金融投资、买卖、人力资源、IT 策略、贸易和商业风险）。

生态风险管理是从整体角度考虑政治、经济、社会和法律等多种因素，在生态风险识别和评价的基础上，根据不同的风险源和风险等级，生态风险管理者针对风险未发生时的预防、风险来临前的预警、风险来临时的应对和风险过后的恢复与重建四个方面所采取的规避风险、减轻风险、抑制风险和转移风险的防范措施和管理对策。

生态风险管理（Ecological Risk Management，ERM）是指根据生态风险评价（REA）的结果，根据恰当的法规条例，选用有效的控制技术，进行消减风险的费用和效益分析，确定可接受风险度和可接受的损害水平，并进行政策分析及考虑社会经济和政治因素，决定适当的管理措施并付诸实施，以降低或消除事故风险度，保护人群健康与生态系统的安全。

二、生态风险评价与生态风险管理的关系

风险分析和评价为风险管理创造了条件：

（1）为决策者提供了计算风险的方法，并将可能的代价和减少风险的效益在制定政策时考虑进去。

（2）对可能出现和已经出现的风险源开展风险评价，可事先拟订可行的风险控制行动方案，加强对风险源的控制。

生态风险评价通过危害识别、暴露评价、剂量-效应关系评价为生态风险管理决策的制定整合提供了各种生态风险信息，其评价结果作为生态风险预警和防范措施等级确定的重要依据，整个生态风险管理工作在风险表征的基础上展开，针对不同风险源的特点和不同的风险等级，在风险来临前发布相应的风险预警等级，并在风险来临时综合经济、技术、法律和政策手段采取不同控制措施。生态风险评价与生态风险管理关系图如图 9-8 所示。

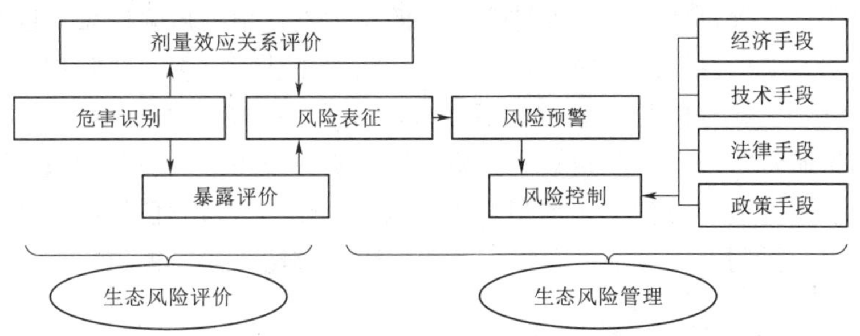

图 9-8 生态风险评价与生态风险管理关系图

风险管理的结果可以有效地控制风险：生态风险管理是整个生态风险评价的最后一个环节，对于生态风险管理的结果可返回进入再一轮的风险评价以不断改进管理政策。生态风险管理的目标是将生态风险减少到最小，管理决策的正确与否将决定风险能否得到有效控制。

三、生态风险管理原则

（一）风险技术控制与管理原则

对生态风险进行技术控制与管理，旨在提高现有工艺技术，减少原材料的能源消耗量，从而减少废弃物排放量，通过财政援助与经济压力使风险管理者或决策者不断研究出低消耗、低污染甚至无污染的绿色环保技术以解决环境污染问题。确定区域环境容量。制定本区域的污染排放系列标准。从开发过程中用“绿色化学”等技术手段来达到风险控制与管理目的。根据应控制的风险重点，确定各种减少风险的办法和对策，如加强管理控制人为产生的风险，改进工艺、设备，减少工程本身的风险等。

（二）风险经济控制原则

在对生态风险进行管理的同时，要运用经济杠杆来宏观调控，用减免税收、经济鼓励的办法促使风险决策者采用污染预防计划和加大污染的治理力度，提高对污染治理的积极性，同时运用经济控制手段调整区域内产业结构，提高劳动生产率，减少农村面源污染。

（三）社会文化原则

营造和设计生态风险管理良好的社会文化环境，通过教育来普及污染综合治理和综合防治的基本概念，提高整个社区居民对生态风险的认识程度，以消除社区居民对生态风险管理的不理解和消极抵抗。在社区中树立生态风险意识，将环境污染对健康有害的观念与资源保护的观念紧密结合在一起，并制造出与环境相容的绿色产品。

（四）法律法规原则

解决环境问题最终还是依靠法律与法规进行管理，尤其是对于跨省界千岛湖区域的管理，要充分利用好法律法规的效力。加大对区域政策上的倾斜与调控，此外还可通过风险管理规章制度、风险检查与风险监督来降低区域生态风险。

（五）确定风险控制重点、加强方案分析筛选原则

在单个风险因素评价和风险因素综合评价的基础上，根据风险因素对区域风险的“贡献”大小，找出主要的风险因素中的重点风险，依次排队。对多个风险控制方案根据技术可行、经济合理、实施可能的原则进行分析和筛选，综合多个方案的优点，确定最佳方案。在方案筛选时常常采用专业判断法、调查评价法、费用一效益分析法、费用一效果分析法、环境经济学方法等方法。风险管理是依据评价结果做出环境决策、分析判断的过程。不但要确定应控制的风险重点和提出减少风险的方法，还要做出生态风险发生后的应急措施。

（六）生态风险综合管理原则

采用单一风险管理方式并不能从源头上消除对另一种媒介物的影响，对于非点源污染及小的、分散的污染源很难用传统的末端处理方法处理。要应用风险综合管理方法，最大限度地从源头上减少污染物的产生，不仅预防和控制污染，还要从更广泛意义上寻求一种更好的途径来设计、制造和消费对环境友好的产品与服务，生态风险管理的策略侧重对环境社会体系的综合预防，污染综合预防包括绿色设计与制造、原材料、能源消耗的减少、废物最小化、清洁生产与清洁服务等方面。

阅 读 拓 展

一、法律法规和政策文件

(1)《中华人民共和国环境保护法》(主席令 2014 年第 9 号，2015.1.1)。

(2)《污染地块土壤环境管理办法（试行）》(环境保护部部令第 42 号，2017.7.1)。

(3)《建设项目环境保护管理条例》(国务院令第 682 号，2017.10.1)。

(4)《中华人民共和国水污染防治法》(主席令第 87 号，2018.1.1)。

(5)《中华人民共和国土壤污染防治法》(主席令第 8 号，2019.1.1)。

(6)《中华人民共和国土地管理法》(主席令第 41 号，2019 年修订)。

(7)《中华人民共和国固体废物污染环境防治法》(主席令第 58 号，2020.4.29)。

(8)《中华人民共和国安全生产法》(人大常务委员会，2021.9.1)。

(9)《关于印发〈“十四五”土壤、地下水和农村生态环境保护规划〉的通知》(环土壤〔2021〕120 号，2021.12.29)。

二、技术导则、标准及规范

(1)《土壤环境监测技术规范》(HJ/T 166—2004)。

(2)《建设用地土壤污染状况调查技术导则》(HJ 25.1—2019)。

(3)《建设用地土壤污染风险管控和修复监测技术导则》(HJ 25.2—2019)。

(4)《建设用地土壤污染风险评估技术导则》(HJ 25.3—2019)。

(5)《国土空间调查、规划、用途管制用地用海分类指南(试行)》(自然资办发〔2020〕51 号)。

(6)《建设用地土壤环境调查评估技术指南》(环境保护部 2017 年第 72 号公告)。

(7)《土壤质量土壤采样技术指南》(GB/T 36197—2018)。

(8)《土壤环境质量 建设用地土壤污染风险管控标准(试行)》(GB 36600—2018)。

(9)《污染地块风险管控与土壤修复效果评估技术导则(试行)》(HJ 25.5—2018)。

复习与思考题

一、选择题

1. 我国《生态风险评价导则》将评估过程分为三个阶段，其中(　　)阶段是整个评价的基础。

A. 问题提出　　B. 风险分析　　C. 风险表征　　D. 风险预测

2. 生态风险评价方法中，(　　)对数据及专业技术要求最低，一般用于评价要求较低的情况。

A. 商值法　　B. 评估因子法

C. 物种敏感度分析法　　D. 概率生态风险评估模型法

3. 区域地下水将(　　)划分为大尺度区域。

①水源地　②场地　③城市　④单元　⑤流域　⑥平原

A. ①②　　B. ③④　　C. ⑤⑥　　D. ①⑤

二、判断题

1. 风险是对未发生情景可能危害结果的预测，大多数的风险是确定结论的。(　　)

2. 生态风险评价过程中涉及了风险分析、风险表征、不确定分析等内容，而风险分析是生态风险评价的核心。(　　)

3. 地下水健康风险评价是在特定暴露条件下对不良健康效应进行估计和内推，对受影响的人群数量和特征给出判断。（　）

4. 生态风险管理是整个生态风险评价的最后一个环节，目标是将生态风险减少到最小。（　）

模块四

建设用地土壤污染修复

第十章 建设用地修复技术

本 章 简 介

建设用地包含的污染介质形式多样，涉及的污染物种类繁多，主要是各种有机污染物和重金属污染物，如农药、石油烃、多氯联苯、汞、铅、砷等。因为污染场地的复杂性，其治理技术也是多样的。按照是否将污染源进行清挖后处理分为原位修复技术和异位修复技术，按照处理介质分为土壤修复技术和地下水修复技术，按照技术原理分为物理化学修复技术、生物技术、热处理技术等。针对具体的污染地块，应基于风险管理基本思路，筛选适应的修复技术，并根据污染分布以及水文地质条件筛选出的修复技术有机结合，形成系统性的污染场地修复方案。学习本章，需要学生了解并掌握目前常用的修复技术的种类、适用性、原理、系统构成和主要设备、关键参数、运维与修复周期、成本等内容，能够针对污染场地的特征选择适合的技术进行修复；同时培养学生的创新精神以及严谨细致、求真务实的工作态度。

修复技术从不同的角度分，有多种分类方法。污染场地的介质主要为土壤和地下水，针对这两种介质有多种原理不同的处理技术，如生物、物理、化学和物理化学修复技术等。生物技术是利用动物、植物和微生物的方法对污染物进行降解或富集的方法；物理技术是利用热或者气对介质与污染物进行分离或稳定化，一般不改变污染物本身的特性；化学技术是通过添加或物质间的反应，改变污染物的特性从而消除污染物或降低其毒性的方法；物理化学方法结合了物理分离及化学改变，通过联合作用达到去除污染物的目的。通常所应用的技术中可能会同时包含多种变化。同样的技术根据其处理的位置不同，可分为原位和异位修复。与异位修复技术相比，原位修复技术更为经济，不需要建设昂贵的地面环境工程设施和对污染物进行远程运输，就可以使污染物降解和减毒，操作维护起来比较简单。原位修复技术的另一个优点是可对深层土壤进行修复，对土壤的破坏小，适合规模较大的土壤修复。但原位修复技术受场地本身特性的限制较大，较难在低渗透性和地质结构复杂的土壤实施。此外，原位修复周期较长，修复效果难以达到理想状态。相比而言，异位修复技术则在挖掘和设备使用维护等方面费用较高，但修复的周期短，修复效率高，且修复效果好。

对 1982—2005 年美国超级基金场地修复行动的修复决策记录中常用土壤修复技术的分析表明，在涉及的 862 个工程中，其中的 47.7%为原位污染源控制技术，52.3%为异位污染源控制技术。同时，已完成的土壤修复工程中有 361 项（占已完成工程的 68.9%）采用的是异位修复技术，164 项（占 31.1%）采用的是原位修复技术，也即大多数已完成的修复工程采用的技术为异位修复技术。采用最多的异位修复技术是焚烧技术，采用最多的原位修复技术是土壤蒸汽提取技术。在美国开始实施超级基金时（1982—1986），土壤处理技术的高频使用引起人们对修复费用大幅上涨的抱怨，甚至有人怀疑场地风险是否被过度夸大。20 世纪 90 年代后期，人们在筛选修复技术时，更多地考虑了现实的因素，如场地修复经费的来源、未来土地的利用方式等，同时对修复技术的认识也在改变。这使得修复技术的筛选更具灵活性，如为了节省经费，将场地修复至指定用途的土壤质量，而不是将场地土壤质量修复至可作为任何用途。同时人们认识到，在一些场地，采用非处理手段（如工程控制措施和制度控制），不失为一种有效而低廉的控制手段。因此，在这一时期，工程控制措施和制度控制在修复技术应用中的比例开始逐步提高。总体上，美国对建设用地修复技术选择的趋势为：80 年代初期，刚开始开展建设用地修复时，较多的采用了工程控制措施，遭到批评后，采用了较为昂贵的污染源处理技术，而随后由于修复经费短缺和基于土地利用方式的风险管理等原因，工程控制措施和制度控制的又开始较多的被采用，图 10 - 1 显示了 1982—2006 年美国超级基金采用的土壤修复技术的变化。

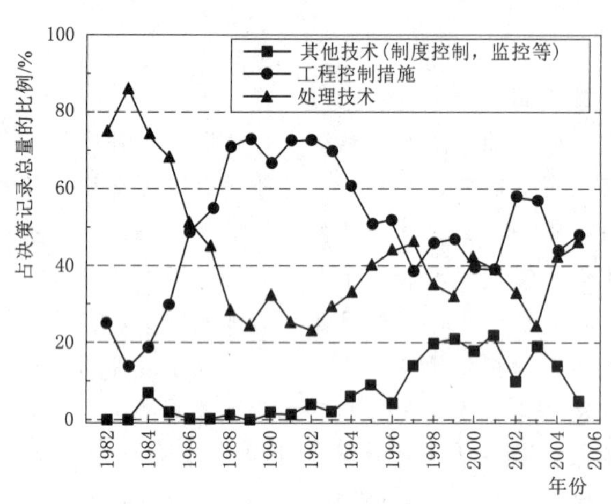

图 10 - 1　美国超级基金 1982—2006 年土壤修复技术比例

在地下水修复技术方面，目前抽出-处理技术的治理对象主要有 12 种污染物。其典型治理目标为三氯乙烯（TCE），此外还有一些卤化挥发性有机物，如：四氯乙烯（PCE）、氯乙烯（VC）等。对于非卤化挥发性有机物 BTEX（苯、甲苯、乙苯、二甲苯）以及铬、铅、砷等也可采用抽出-处理技术进行治理。对于原位修复技术，治理对象主要以卤化挥发性有机物、非卤化挥发性有机物、非卤化半挥发性有机物、卤化半挥发性有机物、BTEX、多环芳烃、杀虫剂以及金属、非金属等为主。其中，空气注入技术的治理对象主要以卤化挥发性有机物、非卤化挥发性有机物、非卤化半挥发性有机物及 BTEX 为主。而渗透性反应墙技术则主要用于金属、非金属、卤化挥发性有机物、BTEX、杀虫剂、除草剂以及多环芳烃的治理。

对 1982—2005 财政年度美国国家污染场地优先名录中采用抽出/处理系统、原位处理和监控的自然衰减技术修复地下水的工程分析表明，在所有的 877 个工程中，采用抽出/处理系统的工程的比例高达 83%，仅采用修复地下水的工程比例也达 56%，说明对地下水的修复，抽出/处理系统是主要的修复技术。但至 1997 年以后，在地下水修复工程中，采用抽出/处理系统的工程数量与采用其他技术的工程数量非常接近，说明抽出/处理系统虽然是一个效果非常好的成熟修复技术，但由于抽出/处理系统修复地下水工程的完成的比例很低（约 10%），成本也非常高。因此，随着人们对场地修复认识的提高，以及基于风险的控制目标的采用，原位工程控制措施和监控的自然衰减技术日益受到青睐。图 10－2 清晰的显示出 1986—2006 年美国超级基金地下水处理技术的变化趋势。

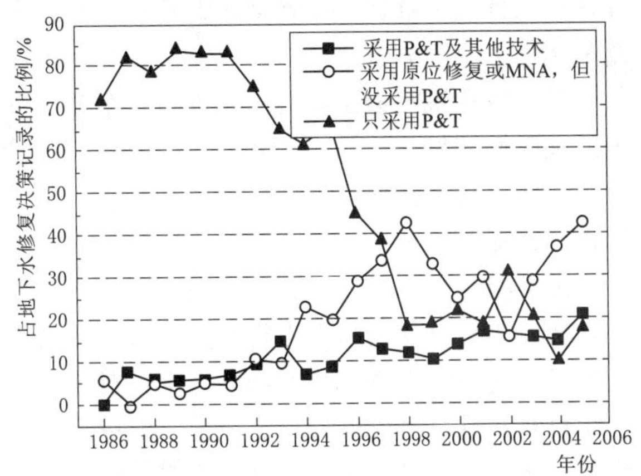

图 10－2 美国超级基金 1986—2006 年地下水修复技术比例
（P&T：抽出处理技术，MNA：监控自然衰减）

与国外相比，我国的污染场地修复启动较晚，2004 年北京市迎接奥运会的地铁五号线施工导致的“宋家庄事件”，是开启我国污染场地调查与修复的钥匙。“宋家庄事件”发生后，原国家环保总局 2004 年发出通知，要求各地环保部门切实做好企业搬迁过程中的环境污染防治工作，一旦发现土壤污染问题，要及时报告总局并尽快制定污染控制实施方案。

2004 年上海开始筹备 2010 年世博会，专门成立了土壤修复中心，对世博会规划区域内的原工业用地污染土壤进行处理处置。到目前为止，中国已成功完成了多个场地的土壤修复工作，如北京化工三厂、红狮涂料厂、北京焦化厂（南区）、北京染料厂、北京化工二厂、北京有机化工厂、沈阳冶炼厂、唐山焦化厂、重庆天原化工厂、赫普（深圳）涂料有限公司、杭州红星化工厂、江苏的农药厂等，这些案例为中国污染土壤的修复和再开发提供了宝贵的技术和管理经验。从修复技术上看，使用比较成熟的技术主要是异位的处理处置，包括挖掘－填埋处理和水泥窑共处置技术等，还有相当一部分修复技术与设备在研究开发之中，如热解吸技术、生物修复技术和气相抽提技术等，特别是一些原位的修复技术，都还处于试验和试点示范阶段，国家对于典型污染场地的修复工程示范也给予了支持。

第一节 土壤修复技术

10－1 土壤修复技术

在确定修复目标后，土壤修复工作的关键在于选择合适的修复技术。应根据土壤污染物的特点进行修复技术的排查，然后根据修复的时间要求和经济条件选择合适的技术，对其中的污染物进行转移、吸收、降解或转化，从而达到恢复场地使用功能，保证场地二次开发利用安全的目的。随着技术的发展，各种新型、低成本、高效能、更快捷和低排放的土壤修复技术正在逐渐研发出来，在后续的工作当中，可以根据技术的发展和社会的进步进行变动。

一般说来，对于污染物浓度较高，迁移性较强或处在敏感区域的污染场地，针对土壤中不同种类的污染物，宜采用将污染物与土壤介质分离，或可以将污染物结构得以分解的修复技术。

挥发性有机物毒性大，挥发性强，易暴露在空气中，造成大气污染和影响人体健康。

在处理挥发性有机物赋存的土壤时，宜将挥发性污染物收集起来集中处理，因此可根据此原理选择土壤气相抽提、生物通风、填埋、热解吸、焚烧、生物堆、化学氧化还原、植物修复和化学萃取等方法。

半挥发性有机污染土壤与挥发性有机污染土壤类似，但有些半挥发性有机污染物在土壤中的吸附性较好，采用分离的方法（如生物通风、热解吸等）成本较高且修复效果不好，因此除分离方法外还可采用填埋、焚烧、化学氧化、固化稳定化和覆盖等，需针对其特性进行选择。

其他类型污染物目前可选用填埋、生物堆、植物修复、生物通风、化学氧化、热解吸和焚烧等方法。目前利用微生物方法分解石油是研究的热点，考虑到石油某些组分燃点较低，也可采用热解吸或焚烧的修复技术进行处理。

无机物及重金属的处理方法目前主要有填埋、固化稳定化、化学氧化还原、覆盖、植物修复和淋洗等，可将污染物进行固定，降低其迁移性；或改变其化学性质，使其变为无毒或低毒的化合物；或对其进行富集，集中处理，最终降低对人体和生态健康的威胁。

填埋、固化稳定化或者覆盖等是一类阻隔污染物传播途径的修复方法，并未消除污染物，只是以某种方法封闭污染物。在不破坏封存设施的基础上，污染区域对环境的影响较小，但如果在场地上进行较多的开发或建筑活动，可能会产生泄露，使污染物重新暴露在环境中。因此，此类工业污染场地不宜作为居住、商业或学校等人口密度较高的建筑用地。对于采用异位修复技术并已完成现场清理的场地需要当地环保部门出具此工业污染场地的验收证明。此证明能够确保场地内部污染土壤及地下水已经清理干净，不再对人体健康及生态环境产生危害。

对于场地周边无敏感受体存在、场地中污染物浓度较低、迁移性较弱、风险较小的情况，宜由当地政府部门对该场地实施制度控制措施。

一、异位固化/稳定化技术

异位固化/稳定化，英文名称：Ex - Situ Solidification/Stabilization。可处理金属类、石棉、放射性物质、腐蚀性无机物、氰化物、砷化合物等无机物以及农药/除草剂、石油或多环芳烃类、多氯联苯类以及二噁英等有机化合物所污染的土壤；不适用于挥发性有机化合物和以污染物总量为验收目标的项目。当需要添加较多的固化/稳定剂时，对土壤的增容效应较大，会显著增加后续土壤处置费用。

（一）原理

其原理为向污染土壤中添加固化剂/稳定化剂，经充分混合，使其与污染介质、污染物发生物理、化学作用，将污染土壤固封为结构完整的具有低渗透性的固化体，或将污染物转化成化学性质不活泼形态，降低污染物在环境中的迁移和扩散。

（二）系统构成和主要设备

主要由土壤预处理系统、固化/稳定剂添加系统、土壤与固化/稳定剂混合搅拌系统组成。其中，土壤预处理系统具体包括土壤水分调节系统、土壤杂质筛分系统、土壤破碎系统。主要设备包括土壤挖掘系统（如挖掘机等）、土壤水分调节系统（如输送泵、喷雾器、脱水机等）、土壤筛分破碎设备（如振动筛、筛分破碎斗、破碎机、土壤破碎斗、旋耕机等)、土壤与固化/稳定剂混合搅拌设备（双轴搅拌机、单轴螺旋搅拌机、链锤式搅拌机、切割锤击混合式搅拌机等)。

关键技术参数或指标如下：

1. 固化/稳定剂的种类及添加量

固化/稳定剂的成分及添加量将显著影响土壤污染物的稳定效果，应通过试验确定固化/稳定剂的配方和添加量，并考虑一定的安全系数。目前国外应用的固化/稳定化技术药剂添加量大都低于 20%。

2. 土壤破碎程度

土壤破碎程度大有利于后续与固化/稳定剂的充分混合接触，一般求土壤颗粒最大的尺寸不宜大于 5cm。

3. 土壤与固化/稳定剂的混匀程度

混合程度是该技术一个关键性瓶颈指标，混合越均匀固化/稳定化效果越好。土壤与固化/稳定剂的混匀程度往往依靠现场工程师的经验判断，国内外还缺乏相关标准。

4. 土壤固化/稳定化处理效果评价

土壤固化/稳定化修复效果通常需要物理和化学两类评价指标：物理指标包括无侧限抗压强度、渗透系数；化学指标为浸出液浓度。

(1) 物理学评价指标。经固化/稳定化处理后的固化体，其无侧限抗压强度要求大于 50psi (0.35MPa)，而固化后用于建筑材料的无侧限抗压强度至少要求达到 4000psi (27.58MPa)。渗透系数表征土壤对水分流动的传导能力，经固化处理后的渗透系数一般要求不大于 1×10^{-6}cm/s。

(2) 化学评价指标。针对固化/稳定化后土壤的不同再利用和处置方式，采用合适的浸出方法和评价标准。

5. 修复周期及参考成本

污染土壤方量、修复工艺、土壤养护时间、施工设备、修复现场平面布局等均显著影响处理周期。一般而言，水泥基固化修复需要较长的养护时间，稳定化修复需要的养护时间较短。根据施工机械台班等设置情况，异位土壤固化/稳定化修复的每日处理量从 100 至 1200m^3 不等。

根据污染物不同类型及其污染程度需要添加不同剂量、不同种类的固化/稳定剂；土壤污染深度、挖掘难易程度、短驳距离长短等都会影响修复成本。据美国 EPA 数据显示，对于小型场地（1000 立方码，约合 765m^3）处理成本为 160～245 美元/m^3，对于大型场地（50000 立方码，约合 38228m^3）处理成本为 90～190 美元/m^3；国内一般为 500～1500 元/m^3。

二、异位化学氧化/还原技术

异位化学氧化/还原，英文名称：Ex-Situ ChemicalOxidization/Reduction。化学氧化可处理石油烃、BTEX（苯、甲苯、乙苯、二甲苯)、酚类、MTBE（甲基叔丁基醚)、含氯有机溶剂、多环芳烃、农药等大部分有机物；化学还原可处理重金属类（如六价铬）和氯代有机物等污染的土壤。不适用于重金属污染土壤的修复，对于吸附性强、水溶性差的有机污染物应考虑必要的增溶、脱附方式；异位化学还原不适用于石油烃污染物的处理。

（一）原理

向污染土壤添加氧化剂或还原剂，通过氧化或还原作用，使土壤中的污染物转化为无毒或相对毒性较小的物质。常见的氧化剂包括高锰酸盐、过氧化氢、芬顿试剂、过硫酸盐和臭氧。常见的还原剂包括连二亚硫酸钠、亚硫酸氢钠、硫酸亚铁、多硫化钙、二价铁、零价铁等。

（二）系统构成和主要设备

修复系统包括土壤预处理系统、药剂混合系统和防渗系统等。①土壤预处理系统：对开挖出的污染土壤进行破碎、筛分或添加土壤改良剂等。该系统设备包括破碎筛分铲斗、挖掘机、推土机等；②药剂混合系统：将污染土壤与药剂进行充分混合搅拌，按照设备的搅拌混合方式，可分为两种类型：采用内搅拌设备，即设备带有搅拌混合腔体，污染土壤和药剂在设备内部混合均匀；采用外搅拌设备，即设备搅拌头外置，需要设置反应池或反应场，污染土壤和药剂在反应池或反应场内通过搅拌设备混合均匀。该系统设备包括行走式土壤改良机、浅层土壤搅拌机等；③防渗系统：为反应池或是具有抗渗能力的反应场，能够防止外渗，并且能够防止搅拌设备对其损坏，通常做法有两种，一种采用抗渗混凝土结构，一种是采用防渗膜结构加保护层。

（三）关键技术参数

影响异位化学氧化/还原技术修复效果的关键技术参数包括：污染物的性质、浓度、药剂投加比、土壤渗透性、土壤活性还原性物质总量或土壤氧化剂耗量（Soil Oxidant Demand，SOD）、氧化还原电位、pH 值、含水率和其他土壤地质化学条件。

（1）土壤活性还原性物质总量：氧化反应中，向污染土壤中投加氧化药剂，除考虑土壤中还原性污染物浓度外，还应兼顾土壤活性还原性物质总量的本底值，将能消耗氧化药剂的所有还原性物质量加和后计算氧化药剂投加量。

（2）药剂投加比：根据修复药剂与目标污染物反应的化学反应方程式计算理论药剂投加比，并根据实验结果予以校正。

（3）氧化还原电位：对于异位化学还原修复，氧化还原电位一般在－100mV 以下，并可通过补充投加药剂、改变土壤含水率、改变土壤与空气接触面积等方式进行调节。

（4）pH 值：根据土壤初始 pH 值条件和药剂特性，有针对性的调节土壤 pH 值，一般 pH 值范围 4.0～9.0。常用的调节方法如加入硫酸亚铁、硫磺粉、熟石灰、草木灰及缓冲盐类等。

（5）含水率：对于异位化学氧化/还原反应，土壤含水率宜控制在土壤饱和持水能力的 90%以上。

（四）修复周期及参考成本

异位化学氧化/还原技术的处理周期与污染物初始浓度、修复药剂与目标污染物反应机理有关。一般化学氧化/还原修复的周期较短，一般可以在数周到数月内完成。处理成本，在国外约为 200～660 美元/m^3；在国内，一般介于 500～1500 元/m^3 之间。

三、异位热脱技术

异位热脱附，英文名称：Ex-Situ Thermal Desorpt。可处理被挥发及半挥发性有机污染物（如石油烃、农药、多环芳烃、多氯联苯）和汞污染的土壤。不适用于无机物污染土壤（汞除外），也不适用于腐蚀性有机物、活性氧化剂和还原剂含量较高的土壤。

（一）原理

通过直接或间接加热，将污染土壤加热至目标污染物的沸点以上，通过控制系统温度和物料停留时间有选择地促使污染物气化挥发，使目标污染物与土壤颗粒分离、去除。

（二）系统构成和主要设备

异位热脱附系统可分为直接热脱附和间接热脱附，也可分为高温热脱附和低温热脱附。

（1）直接热脱附由进料系统、脱附系统和尾气处理系统组成。进料系统：通过筛分、脱水、破碎、磁选等预处理，将污染土壤从车间运送到脱附系统中。脱附系统：污染土壤进入热转窑后，与热转窑燃烧器产生的火焰直接接触，被均匀加热至目标污染物气化的温度以上，达到污染物与土壤分离的目的。尾气处理系统：富集气化污染物的尾气通过旋风除尘、焚烧、冷却降温、布袋除尘、碱液淋洗等环节去除尾气中的污染物。

（2）间接热脱附由进料系统、脱附系统和尾气处理系统组成。与直接热脱附的区别在于脱附系统和尾气处理系统。脱附系统：燃烧器产生的火焰均匀加热转窑外部，污染土壤被间接加热至污染物的沸点后，污染物与土壤分离，废气经燃烧直排。尾气处理系统：富集气化污染物的尾气通过过滤器、冷凝器、超滤设备等环节去除尾气中的污染物。气体通过冷凝器后可进行油水分离，浓缩、回收有机污染物。

主要设备包括进料系统：如筛分机、破碎机、振动筛、链板输送机、传送带、除铁器等；脱附系统：回转干燥设备或是热螺旋推进设备；尾气处理系统：旋风除尘器、二燃室、冷却塔、冷凝器、布袋除尘器、淋洗塔、超滤设备等。

（三）关键技术参或指标

热脱附技术关键参数或指标主要包括土壤特性和污染物特性两类。

1. 土壤特性

（1）土壤质地：土壤质地一般划分为沙土、壤土、黏土。沙土质疏松，对液体物质的吸附力及保水能力弱，受热易均匀，故易热脱附；黏土颗粒细，性质正好相反，不易热脱附。

（2）水分含量：水分受热挥发会消耗大量的热量。土壤含水率在5%～35%间，所需热量约在117～286kcal/kg。为保证热脱附的效能，进料土壤的含水率宜低于25%。

（3）土壤粒径分布：如果超过50%的土壤粒径小于200目，细颗粒土壤可能会随气流排出，导致气体处理系统超载。最大土壤粒径不应超过5cm。

2. 污染物特性

（1）污染物浓度：有机污染物浓度高会增加土壤热值，可能会导致高温损害热脱附设备，甚至发生燃烧爆炸，故排气中有机物浓度要低于爆炸下限25%。有机物含量超过1%～3%的土壤不适用于直接热脱附系统，可采用间接热脱附处理。

（2）沸点范围：一般情况下，直接热脱附处理土壤的温度范围为150～650℃，间接热脱附处理土壤温度为120～530℃。

（3）二噁英的形成：多氯联苯及其他含氯化合物在受到低温热破坏时或者高温热破坏后低温过程易生产二噁英。故在废气燃烧破坏时还需要特别的急冷装置，使高温气体的温度迅速降低至200℃，防止二噁英的生成。

（四）修复周期及参考成本

异位热脱附技术的处理周期可能为几周到几年，实际周期取决于以下因素：

①污染土壤的体积；②污染土壤及污染物性质；③设备的处理能力。一般单台处理设备的能力在3～200t/h之间，直接热脱附设备的处理能力较大，一般20～160t/h；间接热脱附的处理能力相对较小，一般3～20t/h。

影响异位热脱附技术处置费用的因素有：①处置规模；②进料含水率；③燃料类型、土壤性质、污染物浓度等。国外对于中小型场地（2万t以下，约合26800m^3）处理成本约为100～300美元/m^3，对于大型场地（大于2万t，约合26800m^3）处理成本约为50美元/m^3。根据国内生产运行统计数据，污染土壤热脱附处置费用约为600～2000元/t。

四、异位土壤洗脱技术

异位土壤洗脱；英文名称：Ex-Situ Soil Washin。可处理被重金属及半挥发性有机污染物、难挥发性有机污染物等污染的土壤。不适合于土壤细粒（黏/粉粒）含量高于25%的土壤；处理含挥发性有机物污染土壤时，应采取合适的气体收集处理设施。

（一）原理

污染物主要集中分布于较小的土壤颗粒上，异位土壤洗脱是采用物理分离或增效洗脱等手段，通过添加水或合适的增效剂，分离重污染土壤组分或使污染物从土壤相转移到液相的技术。经过洗脱处理，可以有效地减少污染土壤的处理量，实现减量化。

（二）系统构成和主要设备

异位土壤洗脱处理系统一般包括土壤预处理单元、物理分离单元、洗脱单元、废水处理及回用单元及挥发气体控制单元等。具体场地修复中可选择单独使用物理分离单元或联合使用物理分离单元和增效洗脱单元。

主要设备包括土壤预处理设备（如破碎机、筛分机等）、输送设备（皮带机或螺旋输送机）、物理筛分设备（湿法振动筛、滚筒筛、水力旋流器等）、增效洗脱设备（洗脱搅拌罐、滚筒清洗机、水平振荡器、加药配药设备等）、泥水分离及脱水设备（沉淀池、浓缩池、脱水筛、压滤机、离心分离机等）、废水处理系统（废水收集箱、沉淀池、物化处理系统等）、泥浆输送系统（泥浆泵、管道等）、自动控制系统。

（三）关键技术参数或指标

影响土壤洗脱修复效果的关键技术参数包括：土壤细粒含量、污染物的性质和浓度、水土比、洗脱时间、洗脱次数、增效剂的选择、增效洗脱废水的处理及药剂回用等。

（1）土壤细粒含量：土壤细粒的百分含量是决定土壤洗脱修复效果和成本的关键因素。细粒一般是指粒径小于63～75μm的粉/黏粒。通常异位土壤洗脱处理对于细粒含量达到25%以上的土壤不具有成本优势。

（2）污染物性质和浓度：污染物的水溶性和迁移性直接影响土壤洗脱特别是增效洗脱修复的效果。污染物浓度也是影响修复效果和成本的重要因素。

（3）水土比：采用旋流器分级时，一般控制给料的土壤浓度在10%左右；机械筛分根据土壤机械组成情况及筛分效率选择合适的水土比，一般为5∶1～10∶1。增效洗脱单元的水土比根据可行性实验和中试的结果来设置，一般水土比为 3∶1～20∶1。

（4）洗脱时间：物理分离的物料停留时间根据分级效果及处理设备的容量来确定；一般时间为 20min 到 2h，延长洗脱时间有利于污染物去除，但同时也增加了处理成本，因此应根据可行性实验、中试结果以及现场运行情况选择合适的洗脱时间。

（5）洗脱次数：当一次分级或增效洗脱不能达到既定土壤修复目标时，可采用多级连续洗脱或循环洗脱。

（6）增效剂类型：一般有机污染选择的增效剂为表面活性剂，重金属增效剂可为无机酸、有机酸、络合剂等。增效剂的种类和剂量根据可行性实验和中试结果确定。对于有机物和重金属复合污染，一般可考虑两类增效剂的复配。

（7）增效洗脱废水的处理及增效剂的回用：对于土壤重金属洗脱废水，一般采用铁盐＋碱沉淀的方法去除水中重金属，加酸回调后可回用增效剂；有机物污染土壤的表面活性剂洗脱废水可采用溶剂增效等方法去除污染物并实现增效剂回用。

（四）修复周期及参考成本

处理周期一般为 3～12 个月。异位土壤洗脱修复的周期和成本因土壤类型、污染物类型、修复目标不同而有较大差异，与工程规模以及设备处理能力等因素也相关，一般需通过试验确定。据不完全统计，在美国应用的成本约为 53～420 美元/m^3，欧洲的应用成本约 15～456 欧元/m^3，平均为 116 欧元/m^3。国内的工程应用成本约为 600～3000 元/m^3。

五、水泥窑协同处置技术

水泥窑协同处置（Co-processing in CementKi）。可处理被有机污染物及重金属污染的土壤。不宜用于汞、砷、铅等重金属污染较重的土壤；由于水泥生产对进料中氯、硫等元素的含量有限值要求，在使用该技术时需慎重确定污染土的添加量。

（一）原理

利用水泥回转窑内的高温、气体长时间停留、热容量大、热稳定性好、碱性环境、无废渣排放等特点，在生产水泥熟料的同时，焚烧固化处理污染土壤。有机物污染土壤从窑尾烟气室进入水泥回转窑，窑内气相温度最高可达 1800℃，物料温度约为 1450℃，在水泥窑的高温条件下，污染土壤中的有机污染物转化为无机化合物，高温气流与高细度、高浓度、高吸附性、高均匀性分布的碱性物料（CaO、$CaCO_3$ 等）充分接触，有效地抑制酸性物质的排放，使得硫和氯等转化成无机盐类固定下来；重金属污染土壤从生料配料系统进入水泥窑，使重金属固定在水泥熟料中。

（二）系统构成和主要设备

水泥窑协同处置包括污染土壤储存、预处理、投加、焚烧和尾气处理等过程。在原有的水泥生产线基础上，需要对投料口进行改造，还需要必要的投料装置、预处理设施、符合要求的储存设施和实验室分析能力。

水泥窑协同处置主要由土壤预处理系统、上料系统、水泥回转窑及配套系统、监测系统组成。

土壤预处理系统在密闭环境内进行，主要包括密闭储存设施（如充气大棚），筛分设施（筛分机），尾气处理系统（如活性炭吸附系统等），预处理系统产生的尾气经过尾气处理系统后达标排放。上料系统主要包括存料斗、板式喂料机、皮带计量秤、提升机，整个上料过程处于密闭环境中，避免上料过程中污染物和粉尘散发到空气中，造成二次污染。水泥回转窑及配套系统主要包括预热器、回转式水泥窑、窑尾高温风机、三次风管、回转窑燃烧器、篦式冷却机、窑头袋收尘器、螺旋输送机、槽式输送机。监测系统主要包括氧气、粉尘、氮氧化物、二氧化碳、水分、温度在线监测以及水泥窑尾气和水泥熟料的定期监测，保证污染土壤处理的效果和生产安全。

（三）关键技术参数或指标

影响水泥窑协同处置效果的关键技术参数包括：水泥回转窑系统配置、污染土壤中碱性物质含量、重金属污染物的初始浓度、氯元素和氟元素含量、硫元素含量、污染土壤添加量。

（1）水泥回转窑系统配置：采用配备完善的烟气处理系统和烟气在线监测设备的新型干法回转窑，单线设计熟料生产规模不宜小于 2000t/d。

（2）污染土壤中碱性物质含量：污染土壤提供了硅质原料，但由于污染土壤中 K_2O、Na_2O 含量高，会使水泥生产过程中中间产品及最终产品的碱当量高，影响水泥品质，因此，在开始水泥窑协同处置前，应根据污染土壤中的 K_2O、Na_2O 含量确定污染土壤的添加量。

（3）重金属污染物初始浓度：入窑配料中重金属污染物的浓度应满足《水泥窑协同处置固体废物环境保护技术规范》（HJ 622—2011）的要求。

（4）污染土壤中的氯元素和氟元素含量：应根据水泥回转窑工艺特点，控制随物料入窑的氯和氟投加量，以保证水泥回转窑的正常生产和产品质量符合国家标准，入窑物料中氟元素含量不应大于 0.5%，氯元素含量不应大于 0.04%。

（5）污染土壤中硫元素含量：水泥窑协同处置过程中，应控制污染土壤中的硫元素含量，配料后的物料中硫化物硫与有机硫总含量不应大于 0.014%。从窑头、窑尾高温区投加的全硫与配料系统投加的硫酸盐硫总投加量不应大于 3000mg/kg。

（6）污染土壤添加量：应根据污染土壤中的碱性物质含量、重金属含量、氯、氟、硫元素含量及污染土壤的含水率，综合确定污染土壤的投加量。

（四）修复周期及参考成本

水泥窑协同处置技术的处理周期与水泥生产线的生产能力及污染土壤投加量相关，而污染土壤投加量又与土壤中污染物特性、污染程度、土壤特性等有关，一般通过计算确定污染土壤的添加量和处理周期，添加量一般低于水泥熟料量的 4%。

水泥窑协同处置污染土壤在国内的工程应用成本为 800～1000 元/m^3。

六、原位固化/稳定化技术

原位固化/稳定化，英文名称：In-situ Solidification/Stabi。可处理被金属类，石棉，放射性物质，腐蚀性无机物，氰化物以及砷化合物等无机物；农药/除草剂，石油或多环芳烃类，多氯联苯类以及二噁英等有机化合物污染的土壤。该技术不宜用于挥发性有机化合物，不适用于以污染物总量为验收目标的项目。

（一）原理

通过一定的机械力在原位向污染介质中添加固化剂/稳定化剂，在充分混合的基础上，使其与污染介质、污染物发生物理、化学作用，将污染介质固封在结构完整的具有低渗透系数固态材料中，或将污染物转化成化学性质不活泼形态，降低污染物在环境中迁移和扩散。

（二）系统构成和主要设备

主要由挖掘、翻耕或螺旋钻等机械深翻松动装置系统、试剂调配及输料系统、气体收集系统、工程现场取样监测系统以及长期稳定性监测系统组成。

主要设备包括机械深翻搅动装置系统（如挖掘机、翻耕机、螺旋中空钻等）、试剂调配及输料系统（输料管路、试剂储存罐、流量计、混配装置、水泵、压力表等）、气体收集系统（气体收集罩、气体回收处理装置）、工程现场取样监测系统（驱动器、取样钻头、固定装置）、长期稳定性监测系统（气体监测探头、水分、温度、地下水在线监测系统等）。

（三）关键技术参数或指标

主要包括：污染介质组成及其浓度特征、污染物组成、污染物位置分布、固化剂/稳定化剂组成与用量、场地地质特征、无侧限抗压强度、渗透系数以及污染物浸出特性。

（1）污染介质组成及其浓度特征：污染介质中可溶性盐类会延长固化剂的凝固时间并大大降低其物理强度，水分含量决定添加剂中水的添加比例，有机污染物会影响固化体中晶体结构的形成，往往需要添加有机改性黏结剂来屏蔽相关影响，修复后固体的水力渗透系数会影响到地下水的侵蚀效果。

（2）污染物组成：对无机污染物，添加固化剂/稳定化剂即可实现非常好的固化/稳定化效果；对无机物和有机物共存时，尤其是存在挥发性有机物（如多环芳烃类），则需添加除固化剂以外的添加剂以稳定有机污染物。

（3）污染物位置分布：污染物仅分布在浅层污染介质当中时，通常采用改造的旋耕机或挖掘铲装置实现土壤与固化剂混合；当污染物分布在较深层污染介质当中时，通常需要采用螺旋钻等深翻搅动装置来实现试剂的添加与均匀混合。

（4）固化剂组成与用量：有机物不会与水泥类物质发生水合作用，对于含有机污染物的污染介质通常需要投加添加剂以固定污染物。石灰和硅酸盐水泥一定程度上还会增加有机物质的浸出。同时，固化剂添加比例决定了修复后系统的长期稳定性特征。

（5）场地地质特征：水文地质条件、地下水水流速率、场地上是否有其他构筑物、场地附近是否有地表水存在，这些都会增加施工难度并会对修复后系统的长期稳定性产生较大影响。

（6）无侧限抗压强度：修复后固体材料的抗压强度一般应大于 $50Pa/ft^2$（约合 $538.20Pa/m^2$），材料的抗压强度至少要和周围土壤的抗压强度一致。

（7）渗透系数：衡量固化/稳定化修复后材料的关键因素。渗透系数小于周围土壤时，才不会造成固化体侵蚀和污染物浸出。固化/稳定化后固化体的渗透系数一般应小于 10～6cm/s。

（8）浸出性特征：针对固化/稳定化后土壤的不同再利用和处置方式，采用合适的浸出方法和评价标准。

（四）修复周期及参考成本

处理周期一般为 3～6 个月。具体应视修复目标值、工程大小、待处理土壤体积、污染物化学性质及其浓度分布情况及地下土壤特性等因素而定。根据美国 EPA 数据显示，应用于浅层污染介质修复成本约为 50～80 美元/m^3，对于深层修复成本约为 195～330 美元/m^3。

七、原位化学氧化/还原技术

原位化学氧化/还原，英文名称：In Situ Chemical Oxidation&Reduc。可处理被化学氧化可以处理石油烃、BTEX（苯、甲苯、乙苯、二甲苯）、酚类、MTBE（甲基叔丁基醚）、含氯有机溶剂、多环芳烃、农药等大部分有机物、重金属类（如六价铬）和氯代有机物等被污染的土壤和地下水。应用限制条件为：土壤中存在腐殖酸、还原性金属等物质，会消耗大量氧化剂；在渗透性较差的区域（如黏土），药剂传输速率可能较慢；化学氧化/还原过程可能会发生产热、产气等不利影响。同时，化学氧化/还原反应受 pH 值影响较大。

（一）原理

通过向土壤或地下水的污染区域注入氧化剂或还原剂，通过氧化或还原作用，使土壤或地下水中的污染物转化为无毒或相对毒性较小的物质。常见的氧化剂包括高锰酸盐、过氧化氢、芬顿试剂、过硫酸盐和臭氧。常见的还原剂包括硫化氢、连二亚硫酸钠、亚硫酸氢钠、硫酸亚铁、多硫化钙、二价铁、零价铁等。

（二）系统构成和主要设备

由药剂制备/储存系统、药剂注入井（孔）、药剂注入系统（注入和搅拌）、监测系统等组成。其中，药剂注入系统包括药剂储存罐、药剂注入泵、药剂混合设备、药剂流量计、压力表等组成；药剂通过注入井注入污染区，注入井的数量和深度根据污染区的大小和污染程度进行设计；在注入井的周边及污染区的外围还应设计监测井，对污染区的污染物及药剂的分布和运移进行修复过程中及修复后的效果监测。可以通过设置抽水井，促进地下水循环以增强混合，有助于快速处理污染范围较大的区域。

（三）关键技术参数或指标

影响原位化学氧化/还原技术修复效果的关键技术参数包括：药剂投加量、污染物类型和质量、土壤均一性、土壤渗透性、地下水位、pH 值和缓冲容量、地下基础设施等。

（1）药剂投加量：药剂的用量由污染物药剂消耗量、土壤药剂消耗量、还原性金属的药剂消耗量等因素决定。由于原位化学氧化/还原技术可能会在地下产生热量，导致土壤和地下水中的污染物挥发到地表，因此需要控制药剂注入的速率，避免发生过热现象。

（2）污染物类型和质量：不同药剂适用的污染物类型不同。如果存在非水相液体（NAPL），由于溶液中的氧化剂只能和溶解相中的污染物反应，因此反应会限制在氧化剂溶液/非水相液体（NAPL）界面处。如果 LNAPL（轻质非水相液体）层过厚，建议利用其他技术进行清除。

（3）土壤均一性：非均质土壤中易形成快速通道，使注入的药剂难以接触到全部处理区域，因此均质土壤更有利于药剂的均匀分布。

（4）土壤渗透性：高渗透性土壤有利于药剂的均匀分布，更适合使用原位化学氧化/还原技术。由于药剂难以穿透低渗透性土壤，在处理完成后可能会释放污染物，导致污染物浓度反弹，因此可采用长效药剂（如高锰酸盐、过硫酸盐）来减轻这种反弹。

(5) 地下水水位：该技术通常需要一定的压力以进行药剂注入，若地下水位过低，则系统很难达到所需的压力。但当地面有封盖时，即使地下水位较低也可以进行药剂投加。

(6) pH 值和缓冲容量：pH 值和缓冲容量会影响药剂的活性，药剂在适宜的 pH 值条件下才能发挥最佳的化学反应效果。有时需投加酸以改变 pH 值条件，但可能会导致土壤中原有的重金属溶出。

(7) 地下基础设施：若存在地下基础设施（如电缆、管道等），则需谨慎使用该技术。

(四) 修复周期及参考成本

该技术处理周期与污染物特性，污染土壤及地下水的埋深和分布范围极为相关。使用该技术清理污染源区的速度相对较快，通常需要 3～24 个月的时间。修复地下水污染羽流区域通常需要更长的时间。

其处理成本与特征污染物、渗透系数、药剂注入影响半径、修复目标和工程规模等因素相关，主要包括注入井/监测井的建造费用、药剂费用、样品检测费用以及其他配套费用。美国使用该技术修复地下水处理成本约为 123 美元/m^3。

八、土壤植物修复技术

土壤植物修复（Soil Phyto Remediation）。可处理被重金属（如砷、镉、铅、镍、铜、锌、钴、锰、铬、汞等），以及特定的有机污染物（如石油烃、五氯酚、多环芳烃等）污染的土壤。适用于未找到修复植物的重金属，也不适用于前文中指明之外的有机污染物（如六六六、滴滴涕等）污染土壤修复；植物生长受气候、土壤等条件影响，本技术不适用于污染物浓度过高或土壤理化性质严重破坏不适合修复植物生长的土壤。

(一) 原理

利用植物进行提取、根际滤除、挥发和固定等方式移除、转变和破坏土壤中的污染物质，使污染土壤恢复其正常功能。目前国内外对植物修复技术的研究和推广应用多数侧重于重金属元素，因此狭义的植物修复技术主要指利用植物清除污染土壤中的重金属。

(二) 系统构成和主要设备

主要由植物育苗、植物种植、管理与刈割系统、处理处置系统与再利用系统组成。富集植物育苗设施、种植所需的农业机具（翻耕设备、灌溉设备、施肥器械）、焚烧并回收重金属所需的焚烧炉、尾气处理设备、重金属回收设备等。

(三) 关键技术参数或指标

关键技术参数包括：污染物类型，污染物初始浓度，修复植物选择，土壤 pH 值，土壤通气性，土壤养分含量，土壤含水率，气温条件，植物对重金属的年富集率及生物量，尾气处理系统污染物排放浓度，重金属提取效率等。

(1) 污染物初始浓度：采用该技术修复时，土壤中污染物的初始浓度不能过高，必要时采用清洁土或低浓度污染土对其进行稀释，否则修复植物难以生存，处理效果受到影响。

(2) 土壤 pH 值：通常土壤 pH 值适合于大多数植物生长，但适宜不同植物生长的 pH 值不一定相同。

(3) 土壤养分含量：土壤中有机质或肥力应能维持植物较好生长，以满足植物的生长繁殖和获取最大生物量以及污染物的富集效果。

(4) 土壤含水率：为确保植物生长过程中的水分需求，一般情况下土壤的水分含量应控制在确保植物较好生长的土壤田间持水量。

(5) 气温条件：低温条件下植物生长会受到抑制。在气候寒冷地区，需通过地膜或冷棚等工程措施确保植物生长。

(6) 植物对金属的富集率及生物量：由于主要以植物富集为主，因此，对于生物量大且有可供选择的超富集植物的重金属（如砷、铅、镉、锌、铜等），植物修复技术的处理效果往往较好。但是，对于难以找到富集率高或植物生物量小的重金属污染土壤，植物修复技术对污染重金属的处理效果有限。

（四）修复周期及参考成本

该技术处理周期较长，一般需 3～8 年。其处理成本与工程规模等因素相关。在美国应用的成本约为 25～100 美元/t，国内的工程应用成本约为 100～400 元/t。

九、土壤阻隔填埋技术

土壤阻隔填埋（Soil Barrier and Landfil）。适用于重金属、有机物及重金属有机物复合污染土壤。不宜用于污染物水溶性强或渗透率高的污染土壤，不适用于地质活动频繁和地下水水位较高的地区。

（一）原理

将污染土壤或经过治理后的土壤置于防渗阻隔填埋场内，或通过敷设阻隔层阻断土壤中污染物迁移扩散的途径，使污染土壤与四周环境隔离，避免污染物与人体接触和随降水或地下水迁移进而对人体和周围环境造成危害。按其实施方式，可以分为原位阻隔覆盖和异位阻隔填埋。

原位阻隔覆盖是将污染区域通过在四周建设阻隔层，并在污染区域顶部覆盖隔离层，将污染区域四周及顶部完全与周围隔离，避免污染物与人体接触和随地下水向四周迁移。也可以根据场地实际情况结合风险评估结果，选择只在场地四周建设阻隔层或只在顶部建设覆盖层。

异位阻隔填埋是将污染土壤或经过治理后的土壤阻隔填埋在由高密度聚乙烯膜（HDPE）等防渗阻隔材料组成的防渗阻隔填埋场里，使污染土壤与四周环境隔离，防止污染土壤中的污染物随降水或地下水迁移，污染周边环境，影响人体健康。该技术虽不能降低土壤中污染物本身的毒性和体积，但可以降低污染物在地表的暴露及其迁移性。

（二）系统构成和主要设备

原位土壤阻隔覆盖系统主要由土壤阻隔系统、土壤覆盖系统、监测系统组成。土壤阻隔系统主要由 HDPE 膜、泥浆墙等防渗阻隔材料组成，通过在污染区域四周建设阻隔层，将污染区域限制在某一特定区域；土壤覆盖系统通常由黏土层、人工合成材料衬层、砂层、覆盖层等一层或多层组合而成；监测系统主要是由阻隔区域上下游的监测井构成。异位土壤阻隔填埋系统主要由土壤预处理系统、填埋场防渗阻隔系统、渗滤液收集系统、封场系统、排水系统、监测系统组成。其中：该填埋场防渗系统通常由 HDPE 膜、土工布、钠基膨润土、土工排水网、天然黏土等防渗阻隔材料构筑而成。根据项目所在地地质及污染土壤情况需要，通常还可以设置地下水导排系统与气体抽排系统或者地面生态覆盖系统。

主要设备包括：阻隔填埋技术施工阶段涉及大量的施工工程设备，土壤阻隔系统施工需冲击钻、液压式抓斗、液压双轮铣槽机等设备，土壤覆盖系统施工需要挖掘机、推土机等设备，填埋场防渗阻隔系统施工需要吊装设备、挖掘机、焊膜机等设备，异位土壤填埋施工需要装载机、压实机、推土机等设备，填埋封场系统施工需要吊装设备、焊膜机、挖掘机等设备。阻隔填埋技术在运行维护阶段需要的设备相对较少，仅异位阻隔填埋土壤预处理系统需要破碎、筛分设备、土壤改良机等设备。

（三）关键技术参数或指标

（1）影响原位土壤阻隔覆盖技术修复效果的关键技术参数包括：阻隔材料的性能、阻隔系统深度、土壤覆盖层厚度等。

1）阻隔材料：阻隔材料渗透系数要小于 10～7cm/s，阻隔材料要具有极高的抗腐蚀性、抗老化性，具有强抵抗紫外线能力，使用寿命 100 年以上，无毒无害。阻隔材料应确保阻隔系统连续、均匀、无渗漏。

2）阻隔系统深度：通常阻隔系统要阻隔到不透水层或弱透水层，否则会削弱阻隔效果。

3）土壤覆盖厚度：对于黏土层通常要求厚度大于 300mm，且经机械压实后的饱和渗透系数小于 10^{-7}cm/s；对于人工合成材料衬层，满足《垃圾填埋场用高密度聚乙烯土工膜》（CJ/T 234—2006）相关要求。

（2）影响异位土壤阻隔填埋技术修复效果的关键技术参数包括：防渗阻隔填埋场的防渗阻隔效果及填埋的抗压强度、污染土壤的浸出浓度、土壤含水率等。

1）阻隔防渗效果：该阻隔防渗填埋场通常是由压实黏土层、钠基膨润土垫层（GCL）和 HDPE 膜组成，该阻隔防渗填埋场的防渗阻隔系数要小于 10^{-7}cm/s。

2）抗压强度：对于高风险污染土壤，需经固化稳定化后处置。为了能安全贮存，固化体必须达到一定的抗压强度，否则会出现破碎，增加暴露表面积和污染性，一般在 0.1～0.5MPa 即可。

3）浸出浓度：高风险污染土壤经固化稳定化处置后浸出浓度要小于相应《危险废物鉴别标准　浸出毒性鉴别》（GB 5085.3—2007）中浓度规定限制。

4）土壤含水率：土壤含水率要低于 20%。

（四）修复周期及参考成本

该技术的处理周期与工程规模、污染物类别、污染程度密切相关，相比其他修复技术，该技术处理周期较短。

该技术的处理成本与工程规模等因素相关，通常原位土壤阻隔覆盖技术应用成本为 500～800 元/m^2；异位土壤阻隔填埋技术应用成本为 300～800 元/m^3。

十、生物堆技术

生物堆，英文名称：Biopile。可处理被石油烃等易生物降解的有机物污染的土壤和油泥。不适用于重金属、难降解有机污染物污染土壤的修复，黏土类污染土壤修复效果较差。

（一）原理

对污染土壤堆体采取人工强化措施，促进土壤中具备污染物降解能力的土著微生物或外源微生物的生长，降解土壤中的污染物。

（二）系统构成和主要设备

生物堆主要由土壤堆体、抽气系统、营养水分调配系统、渗滤液收集处理系统以及在线监测系统组成。其中，土壤堆体系统具体包括污染土壤堆、堆体基础防渗系统、渗滤液收集系统、堆体底部抽气管网系统、堆内土壤气监测系统、营养水分添加管网、顶部进气系统、防雨覆盖系统。抽气系统包括抽气风机及其进气口管路上游的气水分离和过滤系统、风机变频调节系统、尾气处理系统、电控系统、故障报警系统。营养水分调配系统主要包括固体营养盐溶解搅拌系统、流量控制系统、营养水分投加泵及设置在堆体顶部的营养水分添加管网。渗滤液收集系统包括收集管网及处理装置。在线监测系统主要包括土含水率、温度、二氧化碳和氧气在线监测系统。

主要设备包括抽气风机、控制系统、活性炭吸附罐、营养水分添加泵、土壤气监测探头、氧气、二氧化碳、水分、温度在线监测仪器等。

（三）关键技术参数或指标

影响生物堆技术修复效果的关键技术参数包括：污染物的生物可降解性、污染物的初始浓度、土壤通气性、土壤营养物质比例、土壤微生物含量、土壤含水率、土壤温度和 pH 值、运行过程中堆体内氧气含量以及土壤中重金属含量。

（1）污染物的生物可降解性：对于易于生物降解的有机物（如石油烃、低分子烷烃等），生物堆技术的降解效果较好；对于 POPs（持久性有机污染物）、高环的 PAHs（多环芳烃）等难以生物降解的有机污染物污染土壤的处理效果有限。

（2）污染物初始浓度：土壤中污染物的初始浓度过高时影响微生物生长和处理效果，需要采用清洁土或低浓度污染土对其进行稀释。如土壤中石油烃浓度高于 50000 mg/kg 时，应对其进行稀释。

（3）土壤通气性：污染土壤本征渗透系数应不低于 10～8cm^2，则应采用添加木屑、树叶等膨松剂增大土壤的渗透系数。

（4）土壤营养物质比例：土壤中碳：氮：磷的比例宜维持在 100∶10∶1，以满足好氧微生物的生长繁殖以及污染物的降解。

（5）土壤微生物含量：一般认为土壤微生物的数量应不低于 105 数量级。

（6）土壤含水率：宜控制在 90%的土壤田间持水量。

（7）土壤温度和 pH 值：温度宜控制在 30～40℃范围，pH 值宜控制在 6.0～7.8。

（8）运行过程中堆体内氧气含量：运行过程中应确保堆体内氧气分布均匀且含量不低于 7%。

（9）土壤中重金属含量：土壤中重金属含量不应超过 2500mg/L。

（四）修复周期及参考成本

该技术处理周期一般为 1～6 个月。在美国应用的成本约为 130～260 美元/m^3，国内的工程应用成本约为 300～400 元/m^3。特定场地生物堆处理的成本和周期，可通过实验室小试或中试结果进行估算。

第二节 地下水修复技术

土壤中的污染物会因地表径流、雨水或浅层地下水发生水平扩散和垂向迁移进入，有机污染物的迁移性比重金属强。因此，污染场地中的土壤污染常伴随地下水污染。地下水以其流向和联通的复杂性和隐蔽性，增大了其治理和修复的难度。由于地下水和土壤的连接紧密，使地下水的修复跟土壤的修复不可分离。只修复土壤，地下水仍然会对替换的土壤进行污染，反之亦然。在确定地下水污染状况时，应根据场地历史或土地利用的要求、已知或潜在的地下水污染物、场地的水文地质条件、当前和未来地下水资源的实际使用情况、邻近的地表水资源、已知或已经察觉的环境和健康风险等要素会影响地下水修复技术的选择。许多与特定场地相关的问题，如场地的水文地质条件（包括地下水的埋深、土壤或岩石的类型、多个含水层的存在情况等），对未受污染含水层或地表水的潜在污染，与场地地质结构、地下承载能力、场地基础建设、场地操作干扰等场地准入条件相关的限制因素，对环境和公众安全的风险，以及土地的柔韧性和饱和性、坑洼性地形及其稳定性等地质技术的限制，都可能会制约某些修复技术的应用，或者对地下水修复技术的选择产生决定性的作用。

10－2
地下水修复技术

污染物的类型与性质可影响其在地下水中的污染与分布情况，继而影响到修复技术与方法的选择，这些性质包括污染物的水溶性、NAPL 的存在情况、污染物的相对密度、化学和生物稳定性、分配特点（吸附性、挥发性、亨利定理常数）、降解产物和电子受体的存在情况等。

鉴于地下水流向的分散性和迁移性，在进行地下水修复时需要对地下水建立监测井，以监测地下水断面的水位，防止因水位的降低等造成地面下沉等地质灾害。监测井还需要对含水层的各种参数，例如渗透性、水力梯度、水体 pH 值，污染物浓度等进行监测和记录，同时也可得出污染物的扩散程度。

如遇到紧急泄露的情形，可使用抽出处理技术来防止污染物的进一步扩散。由于抽出处理技术在修复后期的处理效果较差，有明显的拖尾现场，因此需要结合其他的修复方式对污染的地下水进行处理。

对于挥发性/半挥发性有机物污染的地下水，可采用曝气法＋土壤气相抽提、生物修复、化学氧化、渗透性反应墙、热解吸、植物修复、隔离墙和抽出-处理技术等修复方法。考虑到污染物的溶解度及吸附性等特性，由于挥发性有机物相对溶解度更小，更易从水体中溢出，因此含有挥发性有机物的地下水还可用双相提取法等技术进行修复。

对于石油类有机物污染的地下水，可采用原位化学氧化还原、渗透性反应墙、隔离墙和抽出处理技术等。对于无机物污染的地下水，可采用原位化学氧化还原、地下水固化稳定化、渗透性反应墙、隔离墙和抽出-处理技术等。其中渗透性反应墙的种类有多种，例如填充微生物、零价铁或各种木屑等吸附性物质的，统称为渗透性反应墙，具体可根据经济条件和污染物种类进行选择。

在低风险地下水的治理方法中，建议可采用监控自然衰减的技术，利用自然界的微生物等进行自净，保护人体和生态健康。需注意的是，此类场地再利用需要运行严格的风险评估程序，确保其风险值在可接受范围内。监控自然衰减并不是不采取措施，而是通过人为的监测来确定自然衰减可以使环境中（特别是地下水）中的污染物的浓度和扩散范围不会对人体和生态环境产生危害。监控自然衰减是一种被动处理措施，对环境的修复不是通过采取具体措施降低污染物的浓度或毒性，或迁移性等，而是在污染风险较低或经费受到限制情况下，采取的一种应对措施。

一、地下水抽出处理技术

地下水抽出处理技术（Groundwater Pump and Treat），用于处理重度污染地下水区域中多种污染物类型。但是其治理时间长，难以将污染物彻底去除；抽出井群影响半径有限；同时，不宜用于吸附能力较强的污染物，以及渗透性较差或存在 NAPL（非水相液体）的含水层；另外，污染地下水抽出处理后的后续处置问题较难解决。

（一）原理

根据地下水污染范围，在污染场地布设一定数量的抽水井，通过水泵和水井将污染地下水抽取上来，然后利用地面设备处理。处理后的地下水，排入地径流回灌到地下或用于当地供水。

（二）系统构成和主要设备

系统构成包括地下水控制系统、污染物处理系统和地下水监测系统。主要设备包括钻井设备、建井材料、抽水泵、压力表、流量计、地下水水位仪、地下水水质在线监测设备、污水处理设施等。

（三）关键技术参数或指标

关键技术参数包括：渗透系数、含水层厚度、抽水井位置、抽水井间距、抽水井数量、井群布局和抽提速率。

（1）渗透系数：渗透系数对污染物运移影响较大，随着渗透系数加大，污染羽扩散速度加大，污染羽范围扩大，从而增加抽水时间和抽水量。

（2）含水层厚度：在承压含水层水头固定的情况下，抽水时间和总抽水量都是随着承压含水层厚度增加呈线性递增的趋势；当含水层厚度呈等幅增加时，抽水时间和总抽水量都是呈等幅增加趋势。

在承压含水层厚度固定的情况下，抽水时间和总抽水量都不随承压含水层水头的增加而变化（除了水头值为 15m 时）。其主要原因是，测压水位下降时，承压含水层所释放出的水来自含水层体积的膨胀及含水介质的压密，只与含水层厚度有关。

对于潜水含水层，地面与底板之间厚度固定的情况下，抽水时间和总抽水量都是随着潜水含水层水位的增加呈线性递减的趋势。

（3）抽水井位置：抽水井在污染羽上的布设可分为横向与纵向两种方式，每种方式中，抽水井的位置也不同。横向可将井位的布设分为两种：①抽水井在污染羽的中轴线上；②抽水井在污染羽中心。

（4）抽水井间距：在多井抽水中，应重叠每个井的截获区，以防止污染地下水从井间逃逸。

(5) 井群布局：天然地下水使得污染羽的分布出现明显偏移，地下水水流方向被拉长，垂直地下水水流方向变扁。抽水井的最佳位置在污染源与污染羽中心之间（靠近污染源，约位于整个污染羽的三分之一处），并以该井为圆心，以不同抽水量下的影响半径为半径布设其余的抽水井。

（四）修复周期及参考成本

该技术的处理周期与场地的水文地质条件、井群分布和井群数量密切相关。受水文地质条件限制，含水层介质与污染物之间相互作用，随着抽水工程的进行，抽出污染物浓度变低，出现拖尾现象；系统暂停后地下水中污染物浓度升高，存在回弹现象。因此，该技术可以用于短时期的应急控制，不宜作为场地污染治理的长期手段。

其处理成本与工程规模等因素相关，美国处理成本约为 15～215 美元/m^3。

二、地下水修复可渗透反应墙技术

地下水修复可渗透反应墙技术，Permeable ReactiveBarrier (PRB)，可处理被碳氢化合物［如 BTEX（苯、甲苯、乙苯、二甲苯）、石油烃］、氯代脂肪烃、氯代芳香烃、金属、非金属、硝酸盐、硫酸盐、放射性物质等污染的地下水，但不适用于承压含水层，不宜用于含水层深度超过 10m 的非承压含水层，且反应墙中沉淀和反应介质需要更换、维护、对监测要求较高（表 10－1）。

表 10－1　　常见的 PRB 形式与原理

去除原理	污染物	反应墙类型
微生物还原	氯代脂肪烃、氯代芳香烃、硝酸盐、硫酸盐	厌氧生物反应墙、草皮或有机肥生物反应墙
化学还原	氯代脂肪烃、氯代芳香烃、硝酸盐、硫酸盐	铁反应墙
厌氧微生物降解	BTEX	厌氧生物反应墙
微生物氧化（矿化）	苯类、苯乙烯、少量多环芳烃、少量废油	厌氧生物反应墙或压缩气体反应墙
金属物质的沉淀和还原	金属类	厌氧生物反应墙、铁反应墙
吸附	几乎所有污染物	活性炭、草皮或有机肥生物反应墙

（一）原理

在地下安装透水的活性材料墙体拦截污染物羽状体，当污染羽状体通过反应墙时，污染物在可渗透反应墙内发生沉淀、吸附、氧化还原、生物降解等作用得以去除或转化，从而实现地下水净化的目的。

（二）系统构成和主要设备

目前投入应用的 PRB 可分为单处理系统 PRB 和多单元处理系统 PRB。单处理系统 PRB 的基本结构类型包括连续墙式 PRB 和漏斗-导门式 PRB，还有一些改进构型，如墙帘式 PRB、注入式 PRB、虹吸式 PRB 以及隔水墙-原位反应器等，适用于污染物比较单一、污染浓度较低、羽状体规模较小的场地；多单元处理系统则适用于污染物种类较多、情况复杂的场地。多单元处理系统又可分为串联和并联两种结构。串联处理系统多用于污染组分比较复杂的场地，对于不同的污染组分，串联系统中的每个处理单元可以装填不同的活性填料，以实现将多种污染物同时去除的目的。实际场地中应用的串联结构有沟箱式PRB、多个连续沟壕平行式 PRB 等。并联多用于系统污染羽较宽、污染组分相对单一的情况。常用的并联结构有漏斗-多通道构型、多漏斗-多导门构型或多漏斗-通道构型。

PRB 的结构是地下水污染去处效果优劣的影响因素之一，其结构设计需要考虑两个关键问题：一是 PRB 能嵌进隔水层或弱透水层中，以防止地下水通过工程墙底部运移，确保能完全捕获地下水的污染带；二是能确保地下水在反应材料中有足够的水力停留时间。不同结构的 PRB 适用情况不同（表 10 - 2），实际应用中应结合具体的地下水水文及污染状况进行合理设计。

表 10 - 2　　PRB 的结构类型

项　目	结构类型	备　　注
连续反应墙	连续式	必须足够大以确保整个污染水羽都通过 PRB
漏斗-通道系统	单通道系统	用低渗透性墙引导污染水羽
	并联多通道	适用于宽污染地下水羽的处理
	串联多通道	适用于同时含多种污染地下水羽处理

PRB 的主要设备：沟槽构建设备（双轮槽机、链式挖掘机等）、阻隔幕墙构建设备（大型螺旋钻、打桩机等）、监测系统（氢气、氧化还原电位、pH 值、水文地质情况、污染物、反应墙渗透性能的变幅和变化情况等在线监测系统）等。

（三）关键技术参与或指标

主要包括 PRB 安装位置的选择、结构的选择、埋深、规模、水力停留时间、方位、反应墙的渗透系数、活性材料的选择及其配比。

（1）PRB 安装位置的选择：第一步，通过土壤和地下水体取样、试验室测试研究、现有数据整理，圈定污染区域，其范围应大于污染物羽流，防止污染物随水流从 PRB 的两侧漏过去，建立污染物三维空间模型，然后选择计算范围，进而建立污染物浓度分布图。第二步，通过现场水文地质勘察，绘出地下水流场，了解地下水大体流向。第三步，根据地下水动力学，探讨污染物的迁移扩散方式和范围，在污染物可能扩散圈的前端划定 PRB 的安装位置。第四步，在初定位置的可能范围进行地面调查。

（2）PRB 结构的选择：对于比较深的承压层，采用灌注处理式 PRB 比较合适；而对于浅层潜水，可采用的 PRB 形式多种多样。此外，还应考虑反应材料的经济成本问题，若用高成本的反应材料时，可采用材料消耗较少的漏斗－导水门式结构；若使用便宜的反应原料，宜选用连续式渗透反应墙。

（3）PRB 的规模：根据欧美国家多个 PRB 工程的现场经验可知，PRB 的底端嵌入不透水层至少 0.60 m，PRB 的顶端需高于地下水最高水位；PRB 的宽度主要由污染物羽流的尺寸决定，一般是污染物羽流宽度的 1.2～1.5 倍，漏斗-导水门式结构同时取决于隔水漏斗与导水门的比率及导水门的数量。考虑到工程成本因素，当污染物羽流分布过大时，可采用漏斗-导水门式结构的并联方式，设计若干个导水门，以节省经济成本和减少对地下水流场的干扰。

(4) PRB 水力停留时间：污染物羽流在反应墙的停留时间主要由污染物的半衰期和流入反应墙时的初始浓度决定。污染物的半衰期由室内柱式试验确定。

(5) PRB 走向：一般来说，反应墙的走向垂直于地下水流向，以便最大限度截获污染物羽流。在实际工程设计中，一般根据以下两点确定反应墙的走向：①根据长期的地下水水文资料，确定地下水流向随季节变化的规律；②建立考虑时间的地下水动力学模型，根据近乎垂直原理，确定反应墙的走向。

(6) PRB 的渗透系数：一般来说，反应墙的渗透系数宜为含水层渗透系数的两倍以上，对于漏斗-导水门结构甚至是 10 倍以上。

(7) 活性材料的选择及其配比：反应介质的选择主要考虑稳定性、环境友好性、水力性能、反应速率、经济性和粒度均匀性等因素。PRB 处理污染地下水使的反应材料，最常见的是零价铁，其他还有活性碳、沸石、石灰石、离子交换树脂铁的氧化物和氢氧化物、磷酸盐以及有机材料（城市堆肥物料、木屑）等。

(四) 修复周期及参考成本

PRB 的处理周期较长，一般需要数年，常通过实验室小试或中试确定。其处理成本与 PRB 类型、工程规模等因素相关。据 2012 年 3 月美国海军工程司令部发布的技术报告（编号：TR - NAVFAC - ESC - EV - 1207，Permeable reactive barrier cost and performance report)，处理地下水的成本为 1.5～37.0 美元/m^3。

三、地下水监控自然衰减技术

地下水监控自然衰减（Groundwater Monitored Natural Attenuation，GMNA)，可处理被碳氢化合物。[如 BTEX（苯、甲苯、乙苯、二甲苯)、石油烃、多环芳烃、MTBE（甲基叔丁基醚）]、氯代烃、硝基芳香烃、重金属类、非金属类（砷、硒)、含氧阴离子（如硝酸盐、过氯酸）等污染的地下水。不适用于对修复时间要求较短的情况，对自然衰减过程中的长期监测、管理要求高。

(一) 原理

通过实施有计划的监控策略，依据场地自然发生的物理、化学及生物作用，包含生物降解、扩散、吸附、稀释、挥发、放射性衰减以及化学性或生物性稳定等，使得地下水和土壤中污染物的数量、毒性、移动性降低到风险可接受水平。

(二) 关键技术参与或指标

(1) 场地特征污染物。自然衰减的机制有生物性和非生物性作用，需要根据污染物的特性评估自然衰减是否存在；不同污染物的自然衰减机制和评估所需参数，包括地质与含水层特性、污染物化学性质、原生污染物浓度、总有机碳、氧化还原反应条件、pH 值与有效性铁氢氧化物浓度、场地特征参数（如微生物特征、缓冲容量等)

(2) 污染源及受体的暴露位置：开展监控自然衰减修复技术时，需确认场地内的污染源、高污染核心区域、污染羽范围及邻近可能的受体所在位置，包含平行及垂直地下水流向上任何可能的受体暴露点，并确认这些潜在受体与污染羽之间的距离。

(3) 地下水水流及溶质运移参数：在确认场地有足够的条件发生自然衰减后，须利用水力坡度、渗透系数、土壤质地和孔隙率等参数，模拟地下水的水流及溶质运移模型，估计污染羽的变化与移动趋势。

（4）污染物衰减速率：多数常见的污染物的生物衰减是依据一阶反应进行，在此条件下最佳的方式是沿着污染羽中心线（沿着平行地下水流方向），在距离污染源不同的点位进行采样分析，以获取不同时间及不同距离的污染物浓度来计算一阶反应常数。重金属类污染物可以通过同位素分析方法获取自然衰减速率，对同一点位的不同时间进行多次采样分析，并由此判断自然衰减是否足以有效控制污染带扩散。通过重金属的存在形态，判定自然衰减的发生和主要过程。若无法获取当前数据也可以参考文献报告数据获取污染物衰减速率。

（三）修复周期及参考成本

相较于其他修复技术，监控自然衰减技术所需时间较长，需要数年或更长时间。主要成本为场地监测井群建立、环境监测和场地管理费用。根据国外经验，若场地预期监测期程长，监测计划规模大，过程中无法避免采取应变措施，甚至因为监控自然衰减法失败，造成污染物扩散，需重新采取积极性的修复措施等，种种因素均可能造成总整治经费变化很大。

根据美国实施的 20 个案例统计，单个项目费用为 14 万～44 万美元。

四、多相抽提技术

多相抽提，Multi-Phase Extraction（MPE）。可处理的污染物类型为适用于易挥发、易流动的 NAPL（非水相液体）（如汽油、柴油、有机溶剂等）。不宜用于渗透性差或者地下水水位变动较大的场地。

（一）原理

通过真空提取手段，抽取地下污染区域的土壤气体、地下水和浮油层到地面进行相分离及处理，以控制和修复土壤与地下水中的有机污染物。

（二）关键技术参与或指标

评估 MPE 技术适用性的关键技术参数主要分为水文地质条件和污染物条件两个方面，见表 10－3。

表 10－3　MPE 技术关键参数

	关键参数	单位	适宜范围
场地参数	渗透系数（K）	cm/s	$10^{-3}-10^{-5}$
	渗透率	cm^2	$10^{-8}-10^{-10}$
	导水系数	cm^2/s	0.72
	空气渗透性	cm^2	$<10^{-8}$
	地质环境	—	砂土到黏土
	土壤异质性	—	均质
	污染区域	—	包气带、饱和带、毛细管带
	包气带含水率	—	较低
	地下水埋深	英寸	＞3
	土壤含水率	饱和持水量	40%～60%
	氧气含量	—	＞2%

续表

	关键参数	单位	适宜范围
污染物性质	饱和蒸气压	mmHg	>0.5～1
	沸点	℃	<250～300
	亨利常数	无量纲	>0.01（20℃）
	土-水分配系数	mg/kg	适中
	LNAPL 厚度	cm	>15
	NAPL 黏度	cp	<10

（三）修复周期及参考成本

MPE 技术的处理周期与场地水文地质条件和污染物性质密切相关，一般需通过场地中试确定。通常应用该技术清理污染源区的速度相对较快，一般需要 1～24 个月的时间。其处理成本与污染物浓度和工程规模等因素相关，具体成本包括建设施工投资、设备投资、运行管理费用等支出。根据国内中试工程案例，每处理 1 千克 LNAPL（低密度非水相液体）的成本约为 385 元。

五、原位生物通风技术

原位生物通风（In Situ Bioventing），适用的介质为非饱和带污染土壤，可处理的污染物类型是挥发性、半挥发性有机物。不适合于重金属、难降解有机物污染土壤的修复，不宜用于黏土等渗透系数较小的污染土壤修复。

（一）原理

生物通风法由土壤气相抽提法（SVE）发展而来，通过向土壤中供给空气或氧气，依靠微生物的好氧活动，促进污染物降解；同时利用土壤中的压力梯促使挥发性有机物及降解产物流向抽气井，被抽提去除。可通过注入热空气、营养液、外源高效降解菌剂的方法对污染物去除效果进行强化。

（二）关键技术参与或指标

影响生物通风技术修复效果的因素包括：土壤理化性质因素、污染物特性因素和土壤微生物因素三大类。

1. 土壤理化性质因素

土壤的气体渗透率：土壤的渗透率一般应该大于 0.1 达西。

土壤含水率：一般认为含水率达到 15%～20%时，生物修复的效果最好。

土壤温度：大多数生物修复是在中温条件（20～40℃）下进行的，最大不超过 40℃。

土壤的 pH 值：大多数微生物生存的 pH 值范围为 5～9，通常酸碱中性条件下微生物对污染物降解效果较好。

营养物的含量：一般认为，利用微生物进行修复时，土壤中 C∶N∶P 的比例应维持在 100∶5～10∶1，以满足好氧微生物的生长繁殖以及污染物的降解，并为缓慢释放形式时，效果最佳。一般添加的 N 源为 NH_4^+，P 源为 PO_4^{3-}。

土壤氧气/电子受体：氧气作为电子受体，其含量是生物通风最重要的环境影响因素之一。在生物通风修复中，除了用空气提供氧气外，还可采用 H_2O_2、Fe^{3+}、NO_3^- 或纯氧作为电子受体。

2. 污染物特性因素

污染物的可生物降解性：生物降解性与污染物的分子结构有关，通常结构越简单，分子量越小的组分越容易被降解。此外，污染物的疏水性与土壤颗粒的吸附以及微孔排斥都会影响污染物的可生物降解性。

污染物的浓度：土壤中污染物浓度水平应适中。污染物浓度过高会对微生物产生毒害作用，降低微生物的活性，影响处理效果；污染物浓度过低，会降低污染物和微生物相互作用的几率，也会影响微生物的降解率。

污染物的挥发性：一般来说挥发性强的污染物通过通风处理易从土壤中脱离。

3. 土壤微生物因素

一般认为采用生物降解技术对土壤进行修复时土壤中土著微生物的数量应不低于 105 数量级；但是土著微生物存在着生长速度慢，代谢活性低的弱点。当土壤污染物不适合土著微生物降解，或是土壤环境条件不适于土著降解菌大量生长时，需考虑接种高效菌。

（三）修复周期及参考成本

生物通风技术的处理周期与污染物的生物可降解性相关，一般处理周期为 6～24 个月。其处理成本（包括通风系统、营养水分调配系统、在线监测系统）与工程规模等因素相关，根据国外相关场地的处理经验，处理成本约为 13～27 美元/m^3（土壤 10000 立方码，约合 7646m^3）。

第三节 修复技术确定原则

（1）污染场地的修复需根据污染物的特性、场地具体水文地质等条件，筛选出能够将污染物清除或降低其迁移性的可满足场地利用类型要求的技术方法，体现适用性和稳定性。

（2）对于常见污染物及复合污染物，结合场地条件等选择具有操作性的技术手段，也可以在经过小试或中试试验确定参数后选择较为新型的方法，体现创新性。

（3）结合场地资金支持情况和修复时间要求进行修复技术筛选，在保证处理效果的基础上，优先选择无二次污染或次生污染少的修复技术。修复的效果以满足该场地的利用类型为主，避免过度修复。

第四节 污染场地修复过程次生污染预防

一、人员防护和车辆管控

污染场地修复的目的是为了保护人体健康和生态环境，在修复过程中不管是污染物本身的挥发、污染土壤粉尘、污染水体的接触都可能通过呼吸、皮肤或饮用等进入人体造成损害，因此需要对其中的施工人员进行安全防护。同时出入的人员和车辆会沾染污染土壤，污染物会随人员走动和车辆运输往外扩撒，因此应对人员和车辆进行严格管控。

二、污染土壤和地下水的异位处置过程符合要求

针对需要异位处理的污染土壤，修复过程中需要进行土壤的挖掘、转移、运输和处置，均宜遵循国家或地方相关固体废物的法律法规。如其中有挥发性污染物质的，则需根据相关法规进行挖掘过程中的覆盖及运输中的密闭处理等，避免挥发性物质造成二次污染。含污染物的土壤在运输过程中，应该清理运输车道及车身、车轮上的污染土壤，防止场内污染物散落到场外。对于含有挥发/半挥发性有机污染物的土壤在运输过程中，应当进行保证车辆的密封，防止污染物溢出。

三、处置过程中“三废”的处理

人们在场地上的挖掘活动会大规模的改变土壤污染物的分布，造成污染物向更大范围扩散，并且可能对实施挖掘活动的人产生健康、安全方面的不利影响，因此，应尽量采取覆盖等措施控制扬尘及挥发性污染物的自由排放，保护环境和人体健康不受危害。在对土壤及地下水进行处理时，如采用淋洗等方式，可能会对自然环境有影响，应避免场地中的水土流失；水处理过程中产生的废弃沉渣和废水应进行集中处理，防止随意堆放产生二次污染。现场挖掘机等设备的工作以及运输车辆进出频繁，必要时应进行交通管制，避免对地方交通产生影响；同时，应尽量避开周围群众的休息时间，特别是在住宅区密集的区域，降低噪声控制在一定标准下。

四、更换材料的处置

为保证修复效果，用来吸附污染物的活性炭和渗透性反应墙中的填充材料需要定期更换，这些材料中累积了大量污染物，如随意弃置则非常容易造成二次污染，因此应按照国家有关规定，对这类材料进行集中处置和更换。

五、富集介质的处置

一些植物修复、物理和物理化学修复技术，是利用富集效果来清除介质中污染物的，例如超累积植物对于重金属的富集，曝气或电动力学修复技术在土壤中富集污染物等，处理后的介质富含浓度较高的化学物质，在条件允许的情况下可对其进行回收利用，否则应按照国家相关规定进行集中处理或统一管理。

六、定期监测

当采用热解吸、焚烧或土壤气相抽提等处理技术时，由于其温度条件或处理方法等会产生尾气或危害更大的污染物，对环境造成更严重的影响，例如，含氯苯的污染土壤在高温条件下易产生二噁英，具有高毒性，足以威胁环境和人体健康。对于此类易产生毒性气体的修复技术，需要对尾气进行监测，并对其进行有效处理使达标排放，以防对人体健康和生态环境产生危害。

阅 读 拓 展

广西环江县土壤修复项目

2001年6月10日，大环江上游遭遇百年一遇的暴雨，导致尾矿库被冲垮。历年沉积的废矿渣随洪水淹没两岸，大量酸性物质和重金属将两岸万亩良田尽毁。据当地农民回忆，当时洪水过后，土地“硬得用铁锹都插不进去”。环江县洛阳镇、大安乡、思恩镇3个乡镇有5100多亩农田受到严重污染，24处地区重金属超标，4000多亩农田受到不同程度污染。昔日良田变得寸草不生，沿岸农民一夜成了失地农民。

灾害发生后，环江县县委、县政府高度重视，立即组织环保、农业、国土等部门和灾区乡（镇）人民政府等单位组成联合调查组深入灾区进行实地调查，开始了漫长的土壤修复探索和尝试之路。调查发现，受污染的土壤硫铁含量高、土壤酸性强、重金属活性强；土壤养分严重流失导致土壤板结；同时还存在不同程度的反酸现象，使农作物成活率低、生长慢、品质低下，部分农作物歉收甚至绝收。2005年1月，中国科学院派出了地理所环境修复中心主任、我国污染土壤修复领域的重要学术带头人陈同斌博士带领科研团队来到环江开始研究修复方案。2006年1月，研究团队基本查清了污染现状。又经过4年努力，开发出适合当地的修复模式。2011年，在环境保护部和广西壮族自治区环保厅支持下，环江县人民政府和中科院地理资源所共同实施了“大环江河流域土壤重金属污染治理工程项目”。

“大环江河流域土壤重金属污染治理工程项目”正是广泛采用了植物修复技术。如今项目已修复重金属污染农田1280亩，占总污染土壤的10%，其中核心示范区293亩，推广区987亩；项目涉及思恩、洛阳和大安等3个乡镇、7个自然村，修复后的农田收成率达到正常农田的90%。

这项工程是我国修复面积最大的污染农田治理工程，也是土壤修复行业第一个国家级产业化示范工程。

陈同斌研究团队是国际上第一个发现As的超富集植物，并提出运用植物将砷“吸”出来的办法。可没有人知道是否真有这样的草，更不知道它是什么样子，在哪里。陈同斌通过跨学科思维，一步步推理，将搜索范围越缩越小，花了几年时间，筛选了100来种植物，终于找出这棵名为“蜈蚣草”的“吸毒草”。

复 习 与 思 考 题

一、判断正误

1. 原位可渗透反应墙技术是一种实用的现场修复技术，可渗透反应墙是一种被动原位处理技术。

2. 污染场地修复的目的是要消除土壤和地下水中污染物的含量。

二、不定项选择

1. 常用的化学淋洗液有（　　）。

A. 水　　B. 无机溶剂　　C. 螯合剂　　D. 表面活性剂

2. 下列地下水修复技术中，（　　）技术的修复效果最好。

A. 抽取-处理技　　B. 可渗透反应墙技术

C. 空气注入修复技术　　D. 生物修复技术

三、论述题

请就治理范围（即适用的污染物）、污染源的条件对各种修复方法的限制、工程量、成本以及修复效果这几个方面，对 P&T 技术、PRB 技术、As 技术以及生物修复技术这四种地下水修复技术进行对比。

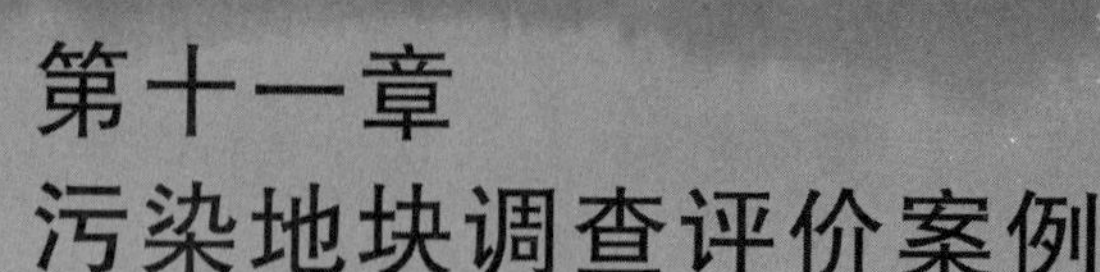

第十一章 污染地块调查评价案例

本章简介

根据建设用地土壤污染调查等相关导则的要求，分别引入第一阶段调查和第二阶段调查案例。学习本章节时，需要把握土壤污染状况初步调查报告的编写和详细调查风险评价报告的编写。达到培养学生团队协助的能力，树立学生对就业岗位的认同感。

第一节 Y 项目地块土壤污染状况调查报告

一、Y 地块概况

（一）Y 地块基本情况

Y 地块占地面积：141023m^2，主要为宅基地、农用地。根据当地自然资源和规划局的出具的《［Y］地块规划条件》，地块用地性质属于居住用地中的城镇住宅用地（0701）和商业服务业用地中的商业用地（0901）。此次的调查地块规划用地红线如图 11－1 所示。

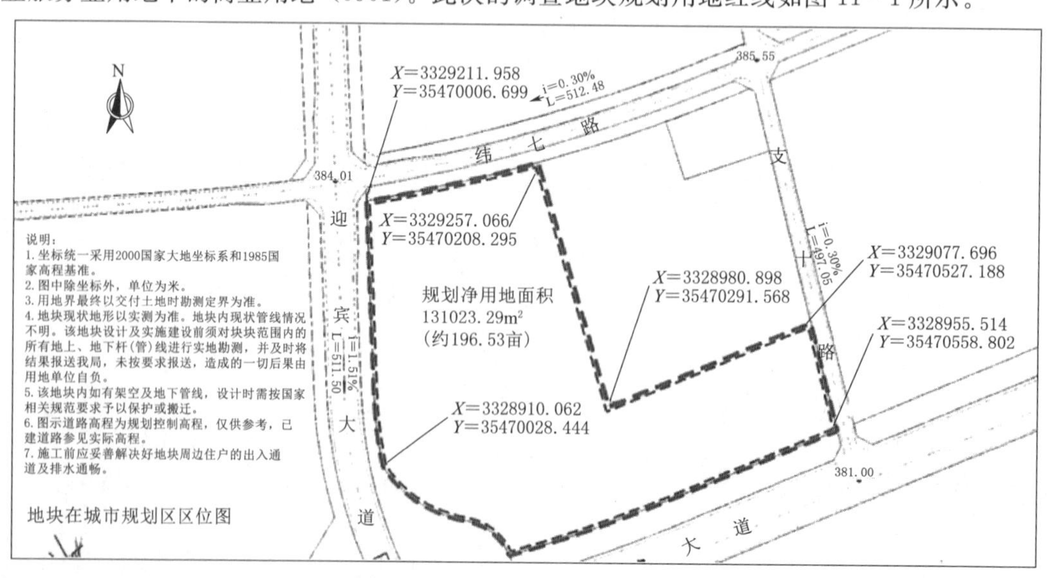

图 11－1 规划用地红线

根据《中华人民共和国土壤污染防治法》（主席令第8号，2019年1月1日实施）中第五十九条："对土壤污染状况普查、详查和监测、现场检查表明有土壤污染风险的建设用地地块，地方人民政府生态环境主管部门应当要求土地使用权人按照规定进行土壤污染状况调查。用途变更为住宅、公共管理与公共服务用地的，变更前应当按照规定进行土壤污染状况调查。"该地块属于用途变更为住宅用地类型，因此，变更前需要对项目地块开展土壤污染状况调查评估工作。

（二）Y地块敏感目标

经过调查了解，地块周边500m范围内存在A高级中学、B科技职业学院、C石油分公司宝台加油站、D延长壳牌石油有限公司清水加油站、E农户、F农用地。调查的敏感目标包括地块边界500m范围内可能受污染影响的幼儿园、学校、居民区、医院、自然保护区、农田、集中式饮用水水源地保护区、饮用水井、取水口等。地块周边500m范围内的敏感保护目标主要为学校、农户、农用地，项目地块周边敏感保护目标见表11－1。

表11－1　项目地块周边敏感保护目标

类型	名　称	方位	距离/m	人数/备注
学校	A高级中学	北侧	50	约3000人
	B科技职业学院	西北侧	80	约5000人
居民	农户	东南侧	350	约40人
农用地	—	各侧	0～500	—

（三）Y地块历史及现状

地块的历史卫星影像最早可追溯到2014年。根据项目地块的卫星历史影像图、现场踏勘和人员访谈可知：2023年1月之前，项目地块用途为农用地、宅基地，农用地主要种植蔬菜等；2013年地块外西侧修建迎宾大道时，堆放部分施工弃土（客土）至地块内西侧区域；地块内宅基地于2015年开始拆迁；2023年1月之后，地块规划为商住用地（RB）；现状为农用地、荒地，处于未开发状态。地块的利用历史见表11－2。

表11－2　地块的利用历史

时　间	地块用途/类型	判定依据
2023年1月以前	项目地块用途为农用地、宅基地，农用地主要种植蔬菜等；2013年地块外西侧修建迎宾大道时，堆放部分施工弃土至地块内西侧区域；地块内宅基地于2015年开始拆迁	通过查询历史影像、询问周边居民
2023年1月至今	规划为商住用地；现状为农用地、荒地，处于未开发状态	通过现场踏勘、人员访谈、资料收集

二、第一阶段土壤污染状况调查

（一）资料收集

（1）本次收集到的相关资料包括（表11－3）：

1）地块的土地使用和规划资料。

2）用来辨识地块及相邻地块的开发及活动状况的卫星照片。

3）地理位置、地形、地貌、土壤、水文、地质和气象资料等。

（2）资料的来源主要包括：现场踏勘、人员访谈、卫星地图和政府相关网站等。

通过资料收集与分析，调查人员获取了：

1）地块所在区域的环境概况信息。

2）地块的现状与历史情况。

3）相邻地块的现状与历史情况。

4）地块周边敏感目标分布及污染源识别。

表 11-3　　调查收集资料一览表

序号	资料名称	来源	获取情况	备注
地块利用变迁资料				
1	地块的使用和规划资料	X市自然资源和规划局	√	Y地块规划条件（X号）
2	用来辨识地块及其相邻地块利用情况的航片或卫星影像	91卫星地图、变更影像资料	√	判定2014—2021年历史利用情况
3	地块利用变迁过程中地块内建筑、设施、工艺流程和产污环节等变化情况	X市自然资源和规划局、人员访谈	√	地块不涉及工业企业活动，仅为宅基地、农用地，地块利用变迁过程来源于人员访谈
4	地勘报告	A高级中学	√	《高级中学岩土工程勘察报告》（XX勘察有限公司，2020年9月）
地块所在区域的环境概况				
5	地理位置图、地形地貌、水文地质和气象等资料	公开资料	√	《XX工程调查与区划报告》，水文地质工程地质队，2004年11月
6	地块所在地的敏感目标分布	公开资料、现场调查、91卫星地图、变更影像资料	√	现场调查、91卫星地图、变更影像综合判断敏感目标分布
7	土地利用方式	X市自然资源和规划局、人员访谈	√	Y地块规划条件（X号）
8	相关国家和地方的政策、法规和标准	公开资料	√	《中华人民共和国土壤污染防治法》（主席令第8号）、《建设用地土壤环境调查评估技术指南》（环保部2017年第72号）等

（二）资料分析

1. 政府和权威机构资料收集分析

通过政府和权威机构收集的资料显示：项目地块位于×市城东三大片区成资大道北侧、迎宾大道东侧、纬七路南侧、支十路西侧，占地141023m^2。

项目原为宅基地、农用地；现规划用地性质为商住用地（RB）。

2. 地块资料收集分析

主要通过对政府及权威等机构收集地块的历史及现状资料，并进行资料的整理及分析，初步判断地块潜在污染物、污染源、污染扩散方式等信息，为进行的土地开发建设提供依据和基础。根据地块收集的资料显示：项目地块历史上土地用途为宅基地、农用地，农用地主要种植蔬菜等；宅基地于2015年开始拆迁。项目地块现状为农用地、荒地，处于未开发状态。地块整个利用历史上未存在过工业企业活动。

3. 历史监测数据收集分析

通过对相关人员的走访调查（包含地块周边人员、过去和现阶段使用者、S S社区工作人员、X自然资源和规划局、Z国土资源分局工作人员和X市生态环境局工作人员），证实地块内无相关的举报、投诉、泄露、污染事故。地块未曾开展过土壤监测。

4. 其他资料收集与分析

为了解地块水文、地质情况，引用《A高级中学岩土工程勘察报告（详细勘察）》（2020年9月），勘察地块位于项目地块北侧50m，无河流，无高山，水文地质情况与本地块基本相同。因此，本地块工程地质及水文地质情况借鉴该地勘报告中的相关内容。

（三）现场踏勘

根据《建设用地土壤污染状况调查技术导则》（HJ 25.1—2019）和《建设用地土壤环境调查评估技术指南》的规定，工作人员对项目地块进行现场踏勘和人员访谈。踏勘的范围包括调查地块和地块周围500m范围内区域，重点留意踏勘范围内的居民区、学校等敏感目标和工业企业等潜在污染源的分布。现场踏勘结果见表11－4。通过对相关人员的走访调查和电话访谈（包含地块周边人员、过去和现阶段使用者、S社区工作人员、X自然资源和规划局、Z国土资源分局工作人员和X市生态环境局工作人员），证实地块内无相关的举报、投诉、泄漏、污染事故。

表11－4　现场踏勘结果表

序号	踏勘结果	
1	地块内现状	农用地、荒地，农用地主要种植蔬菜等农作物
2	相邻地块情况	相邻地块东、南、西侧均为荒地，北侧为X高级中学
3	地块内情况核查	地块内未发现有毒有害物质的使用、储存、处置场所
4		地块内未闻到恶臭、化学品味道和刺激性气味；未发现地面存在污染和腐蚀的痕迹
5		无产品、原辅材料、油品的地下储罐和地下输送管线
6		地块内无水井
7	地块所在区域地势情况	地块内地势起伏不定；地块外四周地势整体东北高西南低
8	地块周边污染源分布	地块周边500m范围主要以学校、农户、农用地为主，500m范围内存在石油分公司加油站、延长壳牌石油有限公司清水加油站，经分析产生的污染物对评估地块无污染影响。
9	地块周边敏感目标	地块周边500m范围内敏感目标有学校、农户、农用地

（四）人员访谈

采取现场交流和电话访谈的方式进行了人员访谈工作，受访者包含地块周边人员、过去和现阶段使用者、S社区工作人员、X自然资源和规划局、Z国土资源分局工作人员和X市生态环境局工作人员，通过向受访人了解调查场地历史活动情况，深入细致地了解场地使用历史，核实一些不确定的资料和信息等。本次调查共收集9份人员访谈记录表。访谈内容主要包括以下几方面：

（1）本地块历史上是否有其他工业企业存在？

（2）本地块内是否有任何正规或非正规的工业固体废物堆放场？

（3）本地块内是否有工业废水排放沟渠或渗坑？

（4）本地块内是否有产品、原辅材料、油品的地下储罐或地下输送管道？

（5）本地块内是否有工业废水的地下输送管道或储存池？

（6）本地块内是否曾发生过化学品泄漏事故？或是否曾发生过其他环境污染事故？

（7）是否有废气排放？

（8）是否有工业废水产生？

（9）本地块内是否曾闻到过由土壤散发的异常气味？

（10）本地块内是否有残留的固体废物？

（11）本地块内是否有遗留的危险废物堆存？（仅针对关闭企业提问）？

（12）本地块内土壤是否曾受到过污染？

（13）本地块内地下水是否曾受到过污染？

（14）本地块周边500m范围内是否有幼儿园、学校、居民区、医院、自然保护区、农田、集中式饮用水水源地、饮用水井、地表水体等敏感用地？

（15）本地块周边500m范围内是否有水井？

（16）本区域地下水用途是什么？周边地表水用途是什么？

（17）本地块内是否曾开展过土壤环境调查监测工作？

（18）其他土壤或地下水污染相关疑问。

人员访谈情况汇总见表11-5。

表11-5　　人员访谈情况汇总表

<table>
<tr><th>访谈对象类型</th><th>访谈对象</th><th>单 位</th><th>访谈方式</th><th>获 取 信 息</th></tr>
<tr><td rowspan="3">周边人员</td><td>黄某</td><td>中国石化加油站</td><td>面对面交流</td><td rowspan="3">地块内无工业企业存在，历史用途为宅基地、农用地，农用地主要种植蔬菜等，地块内土壤未曾闻到过异常气味</td></tr>
<tr><td>徐某</td><td>延长壳牌石油有限公司</td><td>面对面交流</td></tr>
<tr><td>杨某</td><td>朝阳花园</td><td>面对面交流</td></tr>
<tr><td rowspan="2">土地过去、现阶段使用者</td><td>江某</td><td>飞虹村8社</td><td>面对面交流</td><td rowspan="2">地块内无工业企业存在，历史用途为宅基地、农用地，主要种植蔬菜等，地块内土壤未曾闻到过异常气味</td></tr>
<tr><td>王某</td><td>飞虹村8社</td><td>面对面交流</td></tr>
<tr><td rowspan="2">政府工作人员</td><td>秦某</td><td>朝阳社区</td><td>面对面交流</td><td rowspan="4">地块内不存在工业企业，无规模化养殖场，历史用途为宅基地、农用地，地块未发生环境污染事故，地块内土壤和地下水未受到污染，地块所在区域饮用地下水</td></tr>
<tr><td>赖某</td><td>X市自然资源和规划局</td><td>面对面交流</td></tr>
<tr><td rowspan="2">环保部门工作人员</td><td>陈某</td><td rowspan="2">X市生态环境局</td><td>电话访谈</td></tr>
<tr><td>唐某</td><td>电话访谈</td></tr>
</table>

三、第一阶段土壤污染识别

（一）地块周边污染源分布及污染识别

根据现场踏勘、人员访谈，500m 范围的工业企业主要为：地块外南侧 276m 处的 X 市石油分公司加油站和 312m 处的延长壳牌石油有限公司清水加油站。X 市石油分公司宝台加油站于 2016 年开始建设，延长壳牌石油有限公司清水加油站于 2012 年开始建设，现均已投入使用。主要销售汽油、柴油。主要污染物包括：废气、废水、固废。根据调查：加油站采用油气回收系统，减少废气排放；加油站的污水主要包括生活污水和初期雨水等；生活污水引入化粪池处理，再排入市政污水管网；初期雨水，经雨水沟导流至隔油池，经隔油池沉淀处理后排入市政雨水管网；生活垃圾属于一般固废，定期由环卫部门清运处置；油泥、油/水混合物、沾染油污的抹布属于危险废物，分类收集后暂存于危废间，定期交资质单位处置；加油站储油罐采用双层罐，材质为双层钢材，罐体外由玻璃纤维层包裹；罐池的上部，采取防止雨水、地表水和外部泄露油品渗入池内的措施；加油站内各区域严格按照防渗分区的要求进行防渗处理，加油站场地采用混凝土硬化防渗；企业环保管理严格，管控措施有效，污染物全部合理处置或达标排放，且运营至今未出现过油品泄漏事故，未出现环境污染投诉事件。

（二）地块现场踏勘、人员访谈结论

根据调查过程中收集到的相关资料、现场踏勘和人员访谈分析，可以得出以下结论：①地块历史上用途为宅基地、农用地，农用地主要种植蔬菜等，地块现状为农用地、荒地，处于未开发状态；②地块历史上无规模化养殖场；无有毒有害物质储存与输送；无危险废物堆放、固废堆放与倾倒、固废填埋、工业废水污染；③地块内土壤和地下水未受到污染；④地块内和周边邻近地块未发生环境污染事故；⑤区域部分居民饮用地下水；⑥地块 500m 范围内存在学校、农户、农用地；⑦地块周边 500m 范围内存在的 X 市石油分公司宝台加油站、延长壳牌石油有限公司清水加油站，经分析对评估地块无污染影响。因此，初步确认项目地块不是污染地块。为进一步了解地块内土壤环境状况情况，排除地块使用者及周边人员对地块历史使用情况描述的不确定性因素，本次采用 X 射线荧光光谱仪（XRF）快速检测设备对地块内土壤进行了现场检测。

（三）地块现场快速检测结果与分析

（1）检测目的。进一步了解地块内土壤环境状况情况，排除地块使用者及周边人员对地块历史使用情况描述的不确定性因素，验证初步判断不是污染地块的结论。

（2）采样点布设原则和方法。主要考虑地块内现状情况，按照系统布点法，取表层土壤进行快速检测。

（3）快速检测点位布设通过资料收集和现场踏勘可知：现状为农用地、荒地，农用地主要种植蔬菜等农作物。本次按照系统布点的方式并结合历史宅基地建设情况，共布设 18 个土壤快速检测点位，如图 11－2 所示。

（4）快速检测结果分析与评价。评价标准：根据《土壤环境质量　建设用地土壤污染风险管控标准（试行）》（GB 36600—2018），项目地块属于该标准建设用地分类中第一类用地中的居住用地和第二类用地中的商业服务业设施用地。为保障居住人员的身体健

康，保障服务设施用地需求，用地标准参照 GB 36600—2018 中第一类用地筛选值进行评价。

结果评价：本次进行快检点位共 18 个。土壤样品快检结果见表 11-6。

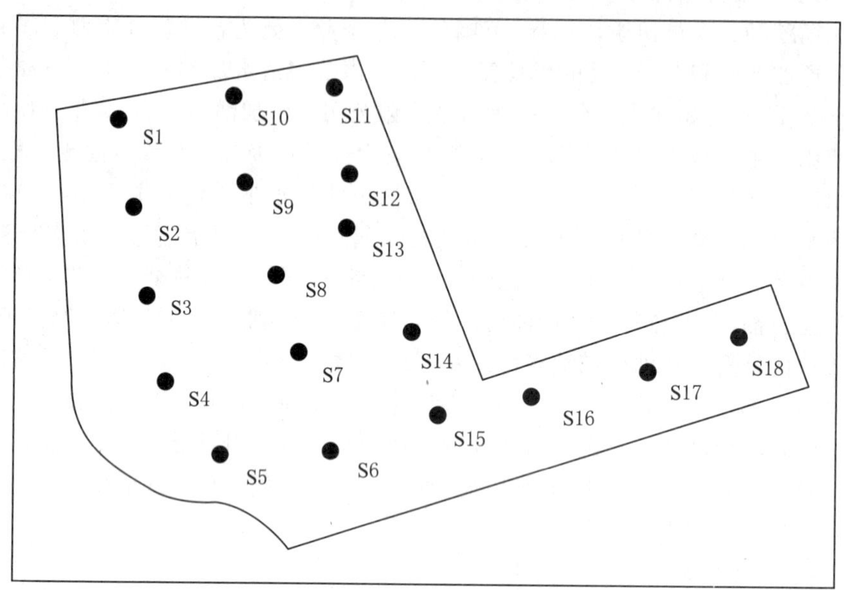

图 11-2 地块内土壤快检点位分布图

表 11-6 **土壤样品快检结果一览表**

快检日期	点位/编号	检测项目（单位：mg/kg）							
		钒	镉	钴	镍	铜	铅	砷	总铬
	标准值	165	20	20	150	2000	400	20	1243
	检出限	12.3	2.4	12	10.7	8.5	4.5	1.8	22.8
2022-12-10	S1	69.51	未检出	未检出	27.53	30.77	15.36	5.20	45.73
	S2	73.01	未检出	12.62	26.32	15.34	6.40	6.23	63.12
	S3	52.55	未检出	未检出	19.34	15.78	未检出	5.01	55.12
	S4	66.78	未检出	未检出	22.54	23.12	11.20	5.67	48.03
	S5	65.23	未检出	13.04	27.56	39.23	9.21	5.89	77.38
	S6	69.33	未检出	12.43	23.07	22.71	10.65	6.23	62.84
	S7	79.01	未检出	14.02	29.01	27.85	13.58	6.32	68.90
	S8	48.34	未检出	未检出	30.30	12.10	13.02	4.92	56.02
	S9	94.65	未检出	12.08	51.02	27.04	6.45	6.23	61.97
	S10	65.01	未检出	13.23	43.65	22.98	9.60	6.82	66.32
	S11	73.72	未检出	12.08	29.87	25.54	9.76	6.96	67.34
	S12	73.54	未检出	13.45	28.01	26.12	11.15	6.32	71.25

续表

快检日期	点位/编号	检测项目（单位：mg/kg）							
		钒	镉	钴	镍	铜	铅	砷	总铬
	标准值	165	20	20	150	2000	400	20	1243
	检出限	12.3	2.4	12	10.7	8.5	4.5	1.8	22.8
2022-12-10	S13	72.34	未检出	13.80	30.12	22.48	12.03	6.71	70.01
	S14	71.12	未检出	12.80	29.78	28.20	16.21	7.86	69.02
	S15	70.21	未检出	12.92	30.09	21.06	15.56	6.08	68.54
	S16	79.12	未检出	13.32	29.34	28.34	12.30	5.18	49.02
	S17	78.43	未检出	13.04	20.67	23.09	11.67	4.94	55.78
	S18	78.34	未检出	未检出	45.34	25.09	10.09	5.27	61.28

根据结果统计分析可知：18个土壤样品中所有点位的钒、镉、钴、镍、铜、铅、砷监测结果均低于《土壤环境质量 建设用地土壤污染风险管控标准（试行）》（GB 36600—2018）中第一类用地筛选值。

四、结果与评价

（一）资料收集、现场踏勘和人员访谈的一致性分析（表11-7）

本地块场地调查收集的地块相关资料、现场踏勘和人员访谈总体上相互验证、相互补充，有较高的一致性，为了解本地块及相邻地块污染状况的识别提供了有效信息。历史卫星影像资料补充了现场踏勘和人员访谈中信息缺失的部分内容，使地块历史利用情况更加清晰，人员访谈情况中多个信息来源显示的结论比较一致，从而较好的对地块历史活动情况进行了说明。整体来看，本地块历史资料、人员访谈和现场踏勘情况相互验证，结论基本一致。

表11-7　资料收集、现场踏勘和人员访谈的一致性分析表

序号	关键信息	历史资料收集	现场踏勘	人员访谈	结论一致性分析
1	历史用途及变迁	地块历史上用途为宅基地、农用地，无工业企业	地块现状为农用地、荒地，农用地主要种植蔬菜等农作物	地块历史上用途为宅基地、农用地，无工业企业	一致
2	工业企业存在情况	不存在	不存在	不存在	一致
3	工业固废堆放场所存在情况	不存在	不存在	不存在	一致
4	工业废水排放沟渠或渗坑存在情况	不存在	不存在	不存在	一致
5	产品、原辅材料、油品的地下储罐或地下输送管道存在情况	不存在	不存在	不存在	一致

续表

序号	关键信息	历史资料收集	现场踏勘	人员访谈	结论一致性分析
6	工业废水的地下输送管道或储存池存在情况	不存在	不存在	不存在	一致
7	是否曾经发生过化学品泄漏事故和环境污染事故	不存在	不存在	不存在	一致
8	是否有工业废水产生	否	否	否	一般
9	是否有废气产生	否	否	否	一般
10	是否有固体废物残留	否	否	否	一般
11	土壤是否被污染	否	否	否	一般
12	地下水是否被污染	否	否	否	一般
13	区域地下水利用情况	—	饮用	饮用	一般
14	是否有规模化养殖	否	否	否	一般
15	是否开展过土壤、地下水调查评估工作	否	否	否	一般

（二）地块调查结果

根据调查过程中收集到的相关资料、现场踏勘和人员访谈分析，可以得出以下结论：

（1）地块历史上用途为宅基地、农用地，农用地主要种植蔬菜等，地块现状为农用地、荒地，处于未开发状态。

（2）地块历史上无规模化养殖场；无有毒有害物质储存与输送；无危险废物堆放、固废堆放与倾倒、固废填埋、工业废水污染。

（3）地块内土壤和地下水未受到污染。

（4）地块内和周边邻近地块未发生环境污染事故。

（5）区域部分居民饮用地下水。

（6）地块 500m 范围内存在学校、农户、农用地。

（7）地块周边 500m 范围内存在的石油分公司宝台加油站、延长壳牌石油有限公司清水加油站，经分析对评估地块无污染影响。

（三）第一阶段土壤污染状况调查总结（表 11－8）

项目地块属于农用地变更为居住用地类型。

表 11－8　　第一阶段土壤污染状况调查总结一览表

序号	类　别	调查地块情况
1	历史上曾涉及工矿用途、规模化养殖、有毒有害物质储存与输送	调查地块利用历史用途为宅基地、农用地，不涉及工矿用途、规模化养殖、有毒有害物质储存与输送
2	历史上曾涉及环境污染事故、危险废物堆放、固废堆放与倾倒、固废填埋等	不涉及
3	历史上曾涉及工业废水污染	调查地块历史上无工业企业，不涉及工业废水污染
4	历史监测数据表明存在污染	地块内检测数据表明不存在污染

续表

序号	类　别	调查地块情况
5	调查发现存在来自紧邻周边污染源的污染风险	地块周边 500m 范围内存在的石油分公司宝台加油站、延长壳牌石油有限公司清水加油站，经分析对评估地块无污染影响
6	历史上曾存在其他可能造成土壤污染的情形	无
7	现场调查表明土壤或地下水存在污染迹象	根据对地块内土壤快检结果表明，地块内土壤不存在污染痕迹；区域部分居民饮用地下水，未发现地下水污染迹象

综上所述，历史上不存在工业用途。通过现场踏勘、资料查询和人员访谈等调查得知，地块内不涉及危险废物堆放、固废堆放与倾倒、固废填埋，不涉及有毒有害物质储存使用，不涉及产品、原辅材料、油品的地下储罐或地下输送管道，地块内及邻近地块未发生过化学品泄漏事故和环境污染事故，现场地块内未发现污染痕迹。本报告认为项目地块的环境状况可以接受，无其他污染情形，项目地块不属于污染地块，土壤污染状况调查工作可以结束。

（四）不确定性分析

本报告是基于实际调查，以科学理论为依据，结合专业判断进行逻辑推论。因此，报告中所做的分析以及调查结论会受到调查资料完整性、技术手段等多因素影响。本次调查地块历史悠久，经现场快检并辅以卫星遥感影像对项目及周边地块历史情况进行了解，结合收集到的地块信息资料及所能接访到的信息知情人，按照国家标准和检测结果进行专业的分析、合理的推断和科学解释。因此，其准确性和适用性与客观情况可能存在偏差。本次调查采样点布设及调查因子筛选均严格按照国家导则要求进行，所有调查数据均根据有限数量的采样点获得，尽可能客观的反应地块污染物分布情况，但受到采样点数量、位置及污染物迁移性等因素影响，所获得的调查结果可能有所偏差。

第二节　Y 棉机厂地块土壤污染风险评估报告

一、Y 棉机厂地块概况

Y 棉机厂地块位于河东北路 86 号，占地面积为 45000m^2，原用地类型为工业用地。根据当地的规划文件，原棉机厂地块未来将规划为商住用地（R21）和商业服务业设施用地（B）。根据《土壤污染防治法》要求，用途变更为住宅、公共管理与公共服务用地的，变更前应当按照规定进行土壤污染状况调查。

Y 棉机厂地块，位于河东北路 86 号，本地块调查区域经纬度范围 32°04′05.38″N～32°04′13.27″N，120°48′06.98″E～120°48′17.17″E，地块四至范围：东邻蒋坝村十四组集体用地，南邻河东路，西北邻棉机路。

二、Y 地块历史变迁

（一）地块用地历史

根据土壤污染状况调查阶段中第一阶段的工作成果，调查地块历史用途变迁情况详见

表 11－9。

表 11－9 调查地块历史用途变迁情况一览表

序号	可追溯的时间	所属企业	描述
1	2018 至今	—	闲置荒地
2	2015—2018	东鹏物流	地块东北建有白顶建筑，车辆停于空地
3	2014—2015	—	Y 棉机厂停产闲置
4	2013	Y 棉机厂	停产、地块北侧和东侧建筑拆除
5	1952—2012	Y 棉机厂	正常生产
6	更早至 1952	无	农田

（二）地块生产历史

本地块自 1952 年以来，地块内用地企业仅有 Y 棉机厂和东鹏物流有限公司，上述两企业的生产情况具体如下。

1. Y 棉机厂

Y 棉机厂于 1952 年建厂，经营范围为：棉花机械产品、包装机械产品、液压通用机械、棉花机械配件、液压基础元件、回收系列打包机、剪切机及相关零配件制造、销售、修理及技术服务；再生资料回收、加工、利用；棉花、棉短绒、棉籽蛋白、棉纱及棉副产品的销售。

根据第一阶段资料收集、人员访谈和现场踏勘，Y 棉机厂内地块建筑类型可大致分为四种，按污染风险由低到高依次为办公区、生活区、仓库区和生产区。其中生产区较为复杂，可分为铸造车间、油泵-机加工车间、热处理-机加工车间、农机装配车间、精工车间、预处理车间、冷作-装配车间、钢材堆场和装配车间等。Y 棉机厂平面布置图如图 11－3 所示。

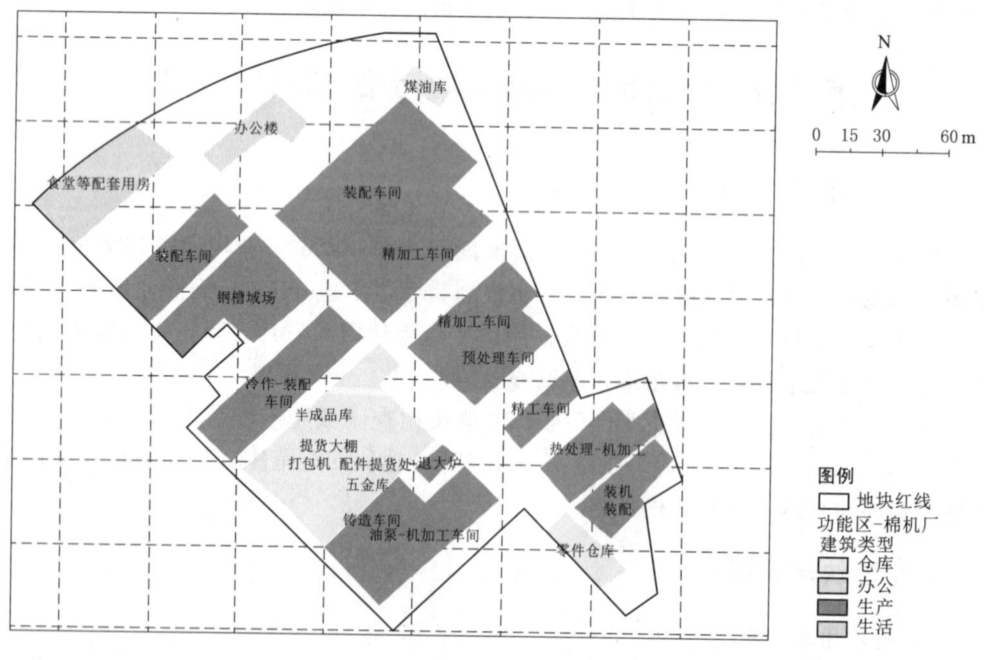

图 11－3 Y 棉机厂平面布置图

历年来棉机厂的产品类型主要有打包机、高压柱塞泵、踩箱机、绞龙、肋条和配件等。因档案馆并未收录棉机厂生产工艺的材料，且当前新厂拒绝提供环评等资料，因此针对上述产品，收集其他企业的生产工艺以做参考。

（1）打包机/踩箱机生产工艺流程（图 11-4）。

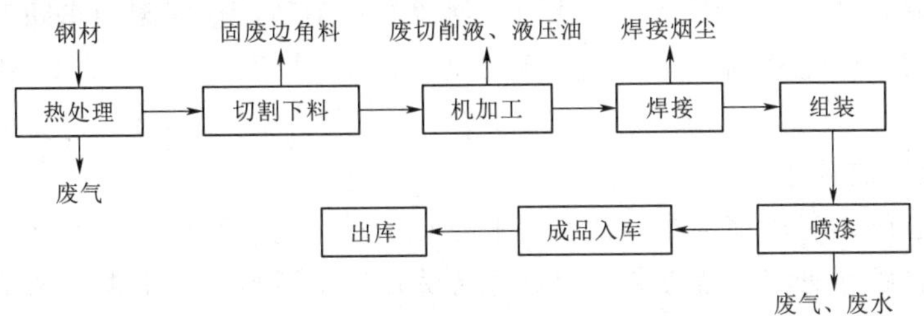

图 11-4　打包机/踩箱机生产工艺流程图

（2）高压柱塞泵生产工艺流程（图 11-5）。

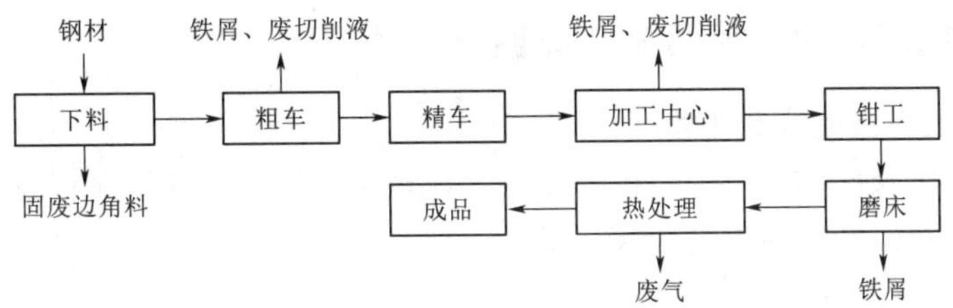

图 11-5　高压柱塞泵生产工艺流程图

（3）轧花肋条工艺流程（图 11-6）。

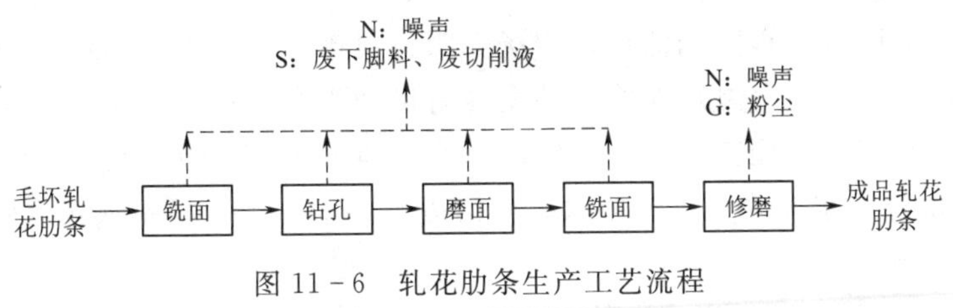

图 11-6　轧花肋条生产工艺流程

2. 东鹏物流有限公司

东鹏物流用地主要时间为 2015—2018 年，由国融资产运营有限公司租赁给东鹏物流有限公司，租赁面积为 18000m^2。根据东鹏物流的营业执照信息，东鹏物流属道路运输业，经营范围为：道路普通货物运输；货运代理（代办）；仓储服务（不含危险品）；装运搬卸；国内贸易（不含国家禁止类项目）。因此可认为东鹏物流用地期间，本地块使用以仓储和转运为主，不存在生产及加工，生产工艺不做详细说明。

三、Y 棉机厂地块及周边现状

（一）地块现状

现场踏勘情况，可以得出如下结论：

（1）本地块当前为闲置地块，大部分构筑物已拆除。地块北侧为硬化地面和荒地，硬化面局部破碎，可见油迹；地块南侧遗留有空置的厂房还未拆除，内部设施均已清空。

（2）地块内无地下管线和储罐，无水沟、槽等影响地面径流的设施，无外来堆土。

（3）地块内无Y棉机厂生产遗留的疑似污染物和遗留物（包括固废等可见污染物），地块北侧可见原东鹏物流有限公司运营期间遗留的污染物，包括废旧车厢、废旧橡胶、生活垃圾等一般固废。地块内无具有明显刺激性气味的遗留污染物，未发现危废的堆放或散落。

（二）地块周边敏感点

本地块周边以住宅用地为主，地块东侧、北侧和南侧紧靠三个自然村（住宅小区），除住宅区外还有唐闸医院、诚心老年公寓等特殊环境敏感目标。根据现场踏勘和周边人员访谈，地块周边部分民房已十分老旧，大多处于无人居住的状态。本地块向南紧靠通扬运河，目前运河两岸已建设有较为完备的供水排水管网系统，生产和生活用水直接来自区内市政自来水管网。调查期间内未发现周边有用于生活饮用的集中式饮用地下水井。

四、Y棉机厂地块土壤污染状况调查回顾

（一）地块土壤污染状况回顾

根据土壤污染状况调查第一阶段工作，本地块历史污染排放情况、周边潜在污染源情况、污染迁移途径、特征污染物回顾如下：

1. 历史污染排放回顾

棉花机械厂用地时期，因机械厂生产性质影响，三废排放以固废为主，地块内主要危废有废机油、废切削液、废活性炭、废漆渣漆桶等，设有单独的废品库，废品库位于地块西南角，红线外临路的一排平房中，各类废品均定期委托有资质单位处置；一般固废有边角料、煤渣和生活固废，均定期清理，现场无明显痕迹。废气来源为退火炉排放废气和喷漆的无组织排放废气，废气以颗粒物和挥发性有机物为主。

东鹏物流用地期间，固废垃圾以废轮胎、废油桶和车辆为主；废气以车辆尾气为主。本Y棉机厂地块建厂至今均无生产废水，生活废水由下水道直接排入污水管网。

2. 周边潜在污染源回顾

距离本地块较近（500m以内）的企业有万通胶带有限公司、东圣通公司、宝钢钢铁有限公司、盛宏机械有限公司、两广物流等。从企业性质来看，本地块周边的企业以机械、汽修、物流、钢铁为主。

目前万通胶带有限公司、宝钢钢铁和大富豪啤酒有限公司工厂已停产。通过对上述企业的生产和排放回顾，识别出周边潜在污染的主要关注物为重金属、石油烃和（地下水）COD等有机物，污染迁移途径包括土壤、地下水和大气污染迁移。

3. 污染迁移途径回顾

本地块用地期间，地块内土壤污染来源可分为原辅料的跑冒滴漏和生产过程中的三废排放。柴油、润滑油、油漆和原煤在储存和生产使用过程中，可能通过跑冒滴漏直接接触下渗的途径污染土壤。在喷漆和燃煤过程中，油漆和废气中的污染物也会通过沉降进入地面。本地块中虽然大部分地面已完成硬化，但受降雨径流影响最终也会随着雨水入渗至土

壤中造成土壤污染。综上，本地块内污染迁移途径主要为大气沉降、直接接触、下渗途径。

（二）地块土壤污染调查布点

根据土壤污染状况调查第一阶段污染识别结果，本地块内主要特征污染物为重金属、石油烃、挥发性有机物，无重质非水相液体污染物。本地块未来拟开发为二类住宅用地和商业服务业设施用地，可能开发有 1 层地下空间，初步判断深度为 3m。因此，综合本地块内地下水水位特征（埋深约 1.35m）、特征污染物类型和未来规划开发深度，调查阶段地下水井建井深度设定为 6.0m（表 11－10、图 11－7）。

表 11－10　　　　第二阶段内土壤污染状况调查工作量统计表

调查阶段	调查时间	点位性质	点位深度/m	点位数量/个	采样数量/个	送检数量/个	检测指标
初步调查	2018－12－18—2018－12－19	土壤调查点	4.5	36	283	175	土壤基本 45 项、石油烃
		土壤对照点	6	1	7	4	
		地下水调查点	6	5	5	5	pH 值、GB/T 14848—2017 中表 1（除放射性物质外）、土壤基本 45 项（重复因子除外）、石油烃
		地下水对照点	6	1	1	1	
详细调查	2019－03－04—2019－03－07	土壤调查点	4.5	20	214	143	土壤基本 45 项、石油烃
		地下水调查点	6	4	4	4	pH 值、GB/T 14848—2017 中表 1（除放射性物质外）、土壤基本 45 项（重复因子除外）、石油烃
		地表水调查点	—	2	2	2	pH 值、重金属、SVOC 全扫、VOCs 全扫
补充调查第一次	2020－07－08	土壤调查点	6	13	117	81	土壤基本 45 项、石油烃
		土壤补充对照点	0.5	1	1	1	
补充调查第二次	2020－07－28	土壤调查点	6	17	153	89	石油烃
		地下水对照点	10	1	1	1	pH 值、GB/T 14848—2017 中表 1（除放射性物质外）、土壤基本 45 项（重复因子除外）、石油烃

经监测：地块内所有土壤砷超标点位均位于 R21 区内，土壤砷最大超标倍数为 1.38 倍；三个超标点位形成了连片的污染区域，但 MJS7 和 BS3 超标位置位于 0～0.5m 而 MJJMS7 超标位置为 2.0～2.5m（浅层不超标），可能是因为 MJJMS7 点位处的污染先于 MJS7 发生，后期硬化面破裂后降雨在该位置集中下渗，促进了砷向下的迁移。根据超标点位原来的用地性质，其污染可能来自于原煤的堆放或生产过程中低品质煤油的跑冒滴漏。

地块土壤总石油烃超标点位大多位于一类用地区（R21 区），超标点位既有离散分布的独立污染点，也有相邻连片的污染区域。根据各个污染点位所在位置的历史用地情况，本地块土壤石油烃污染的主要来源为东北角油库的跑冒滴漏、生产过程中的跑冒滴漏和物流车辆的油类渗漏，最大污染深度为 4.0m，最大超标倍数为 22.4 倍。

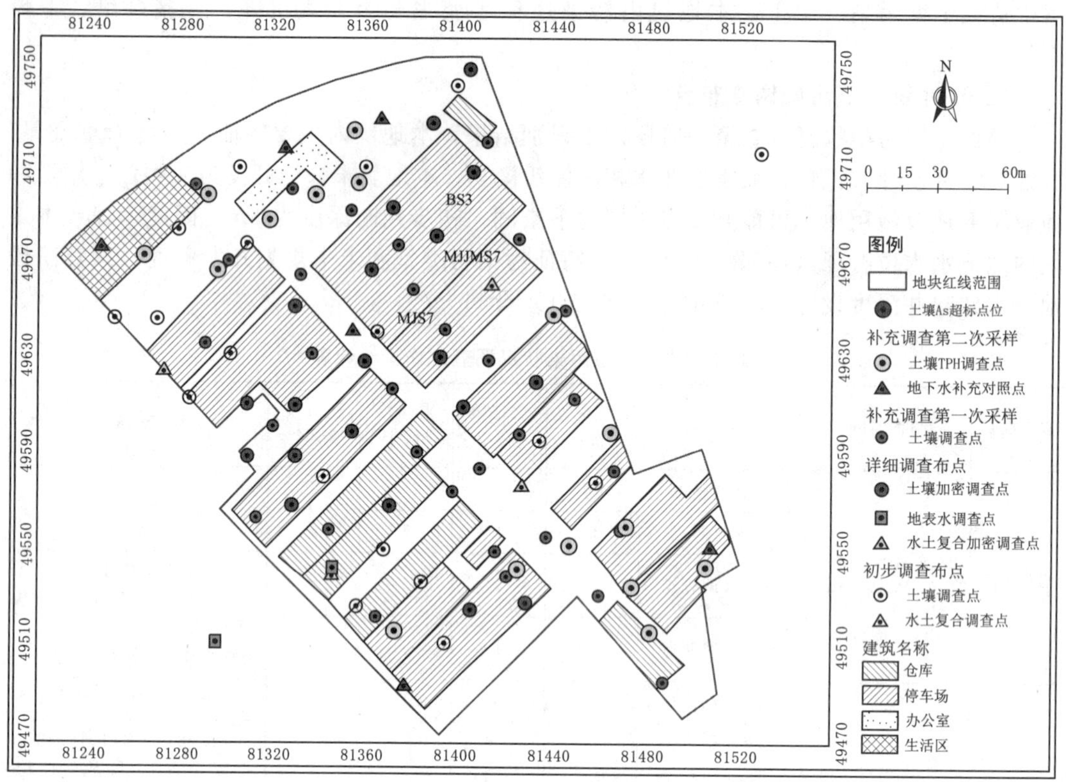

图 11-7 土壤污染状况调查总布点图

五、Y 棉机厂地块地下水污染状况调查回顾

本地块不涉及地下水饮用水源补给径流区和保护区，根据《地下水污染健康风险评估工作指南》（环办土壤函〔2019〕770 号），本地块地下水检测指标中有毒有害指标为《地下水质量标准》（GB/T 14848—2017）中的毒理学指标，二氯甲烷、三氯乙烯、四氯乙烯，镉、汞、六价铬、铅、砷、1，2，4-三氯苯、萘，需参考《地下水质量标准》（GB/T 14848—2017）中的Ⅳ类水标准进行评估。

本地块内水池地表水体和相邻河道通扬运河中检出物质砷未超过Ⅲ类水限值；氯乙烯、二氯甲烷均未超过集中式生活饮用水地表水源地特定项目标准限值。而邻苯二甲酸二(2-乙基己基）酯虽然超过集中式生活饮用水地表水源地特定项目标准限值，但本地块非集中式生活饮用水地表水源地，故不做深入评估。综上，本地块内地表水未受污染。

六、Y 棉机厂危害识别

（一）调查内容

1. 针对土壤（图 11-8）

（1）针对各层位的超标点，补充点位周边 20m×20m 的土壤加密布点。

（2）针对土壤石油烃超标点位，补充采集样品，按碳链长度进行检测。

2. 针对地下水

（1）进一步核实氯乙烯在地下水中的分布情况，在地块上游增设地表水调查点。

（2）针对土壤石油烃超标点位，增设地下水井，核实地下水石油烃含量。

（3）补充潜水面地下水检测，核实潜水面是否存在浮油和 TPH。

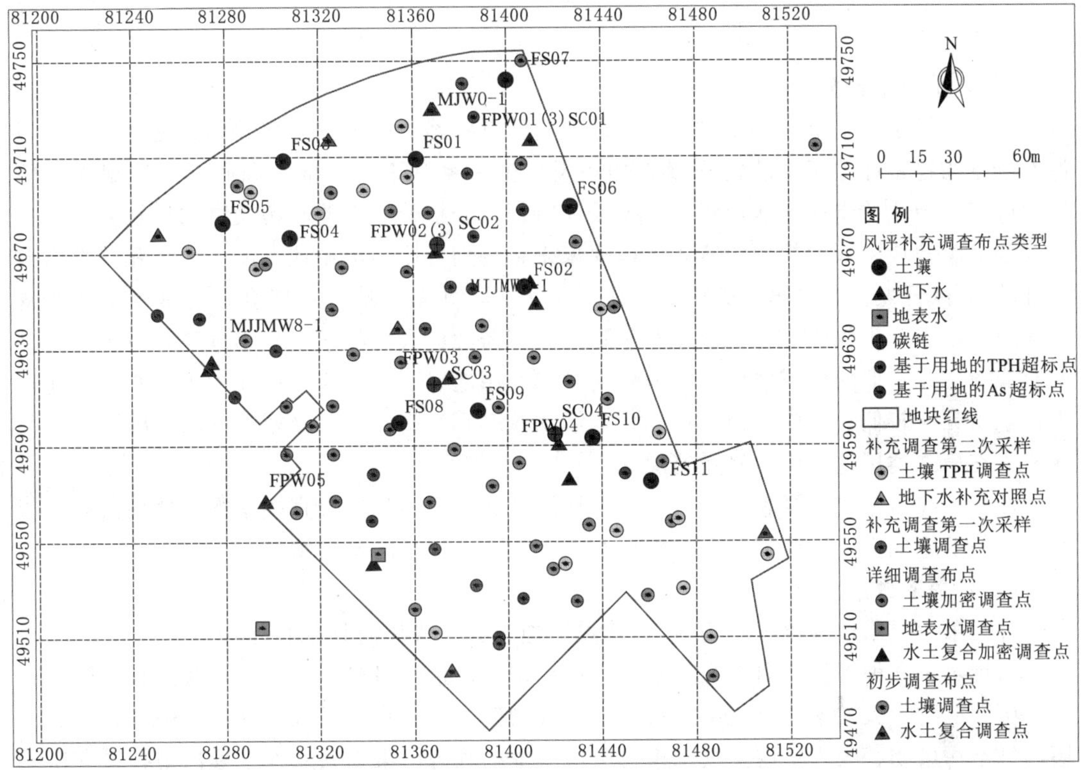

图 11－8 风险评估补充调查土壤和地下水调查布点图

（二）敏感受体识别

本地块中含第一类用地（R21 区）和第二类用地（B 区），分别对两种不同的用地类型分别分析。在第一类用地下，儿童和成人均可能会长时间暴露于地块污染而产生健康危害。对于致癌效应，考虑人群的终生暴露危害，一般根据儿童期和成人期的暴露来评估污染物的终生致癌风险；对于非致癌效应，儿童体重较轻，暴露量较高，一般根据儿童期暴露来评估污染物的非致癌危害效应。在第二类用地下，成人的暴露期长、暴露频率高，一般根据成人期的暴露来评估污染物的致癌风险和非致癌效应。

（三）关注污染物识别

1. 土壤关注污染物识别

根据《Y 棉机厂土壤污染状况调查报告》，本地块内基于不同用地类型下的土壤超标因子为砷和石油烃。因本地块未来将分区开发，对于地块污染物按照第一类用地和第二类用地分别识别污染点位。其中第一类用地分区（R21 区）内，主要土壤超标因子为砷和石油烃；第二类用地分区（B 区）内，土壤主要超标因子为石油烃。

2. 地下水关注污染物识别

根据风险评估补充调查，本地块土壤污染点位地下水存在超标情况，超标因子与土壤识别污染物较为一致，为石油烃（C10－C40）。因此本地块地下水关注污染物为石油烃（C10－C40）。

七、Y 棉机厂暴露评估

（一）暴露情景分析

暴露情景是特定土地利用方式下，地块内污染物经不同方式迁移并到达受体的一种假设性场景描述，即关于地块污染暴露如何发生的一系列事实、推定和假设。根据用地规划，确定本地块的未来用地情景。根据受体特征，分析受体人群与污染物的接触方式。

根据本地块未来的规划内容，本地块未来将分别按照一类用地（R21 区）和二类用地（B 区）分区开发。其中第一类用地以住宅区为主，儿童和成人可能会在日常生活中暴露于地块污染而产生健康危害，因此对于致癌效应需考虑人群的终生暴露危害，对于非致癌效应应考虑儿童期的暴露情况。本地块内第二类用地以商业服务业用地为主，儿童活动较少，暴露频率较低；而成人因工作和日常活动较多，暴露期长，暴露频率高，因此主要关注成人在第二类用地区内的暴露情况。

此外，在本地块修复和开发过程中，地块内的工作人员也会直接暴露于地块污染，产生一定的健康危害，因此需要考虑本地块开挖施工过程中的暴露情景。

（二）暴露途径分析

针对第一类用地和第二类用地，《建设用地土壤污染风险评估技术导则》（HJ 25.3—2019）规定了九种主要暴露途径和暴露评估模型，包括经口摄入土壤、皮肤接触土壤、吸入土壤颗粒物、吸入室外空气中来自表层土壤的气态污染物、吸入室外空气中来自下层土壤的气态污染物、吸入室内空气中来自下层土壤的气态污染物共六种土壤污染物暴露途径和吸入室外空气中来自地下水的气态污染物、吸入室内空气中来自地下水的气态污染物、饮用地下水共三种地下水污染物暴露途径。

根据污染识别结果，本地块土壤关注污染物为砷和石油烃，地下水关注污染物为石油烃。在未来开发和使用过程中，本地块作为商业用地和住宅用地可能存在绿化等土壤裸露面，因此土壤中污染物能够通过六种暴露途径对受体产生健康风险。此外，对于下层污染土壤，在本地块开发过程中可能因开挖等施工而变成上层土壤，因此下层土壤也具备吸入室外空气中来自上层土壤的气态污染物途径。

经确认本地块地下水不涉及饮用，因此地下水的主要暴露途径为吸入室外空气中来自地下水的气态污染物途径和吸入室内空气中来自地下水的气态污染物途径。

（三）地块暴露模型

污染地块概念模型是综合描述污染源释放的污染物通过土壤、水体和空气等环境介质，进入人体并对地块周边及地块未来居住、工作人群的健康产生影响的关系模型。地块概念模型包括污染物、污染物的迁移途径、人体接触污染的介质和接触方式等。

根据本地块土壤污染物的暴露途径分析，结合本地块土壤污染物砷和石油烃的一般理化特征（含参数），分别针对上层土壤和下层土壤的污染因子构建暴露模型。为保守起见，针对不同的暴露情景，选用暴露情况较为复杂的开挖施工过程作为本次评估的暴露情景。

（四）暴露量计算

因本地块未来分别按照第一类用地和第二类用地进行开发，因此分别按照第一类用地和第二类用地分别计算暴露量。

计算第一类用地和第二类用地下土壤关注污染物砷和石油烃的暴露量。其中，不同点位下层污染土壤层埋深（*Ls*）、下层污染土壤层厚度（d_{sub}）参数不同，会造成吸入室外空气中来自表层土壤的气态污染物、吸入室外空气中来自下层土壤的气态污染物和吸入室内空气中来自下层土壤的气态污染物共计三个暴露量在每个点位均不同，因此对上述两个参数均取最大值 200cm。计算结果见表 11－11、表 11－12，暴露量计算使用的工具为《污染场地风险评估电子表格》。但在实际计算中，各点位暴露量按实际情况计算。

表 11－11　　第一类用地污染物暴露量计算结果表（部分）

中文名	CAS编号	致癌风险							
		土壤/[kg/(kg·d)]						地下水/[L/(kg·d)]	
		口摄入土壤颗粒物	皮肤接触土壤颗粒物	吸入土壤颗粒物	吸入室外空气中来自表层土壤的气态污染物	吸入室外空气中来自下层土壤的气态污染物	吸入室内空气中来自下层土壤的气态污染物	吸入室外空气中来自地下水的气态污染物	吸入室内空气中来自地下水的气态污染物
		OISERca	DCSERca	PISERca	IOVERca1	IOVERca2	IIVERca1	IOVERca3	IIVERca2
砷（无机）	7740－38－2	1.28E－06	1.23E－07	3.01E－09	—	—	—	—	—
总石油烃 C10－C40	—	1.28E－06	2.04E－06	3.01E－09	1.33E－08	3.63E－10	6.45E－08	2.12E－08	3.46E－06
脂肪烃 C10－C12	—	1.28E－06	4.09E－07	3.01E－09	1.32E－08	3.60E－10	6.80E－07	7.74E－07	1.45E－03
脂肪烃 C13－C16	—	1.28E－06	4.09E－07	3.01E－09	6.10E－09	7.65E－11	1.45E－07	3.28E－06	6.16E－03
脂肪烃 C17－C21	—	1.28E－06	4.09E－07	3.01E－09	1.66E－09	5.69E－12	1.08E－08	3.07E－05	5.78E－02
脂肪烃 C22－C40	—	1.28E－06	4.09E－07	3.01E－09	1.66E－09	5.69E－12	1.08E－08	3.07E－05	5.78E－02
芳香烃 C10－C12	—	1.28E－06	4.09E－07	3.01E－09	2.26E－08	1.05E－09	1.02E－06	2.24E－08	2.05E－05
芳香烃 C13－C16	—	1.28E－06	4.09E－07	3.01E－09	1.58E－08	5.17E－10	2.79E－07	2.16E－08	1.09E－05

表 11－12　　第二类用地污染物暴露量计算结果表（部分）

中文名	CAS编号	致癌风险							
		土壤/[kg/(kg·d)]						地下水/[L/(kg·d)]	
		口摄入土壤颗粒物	皮肤接触土壤颗粒物	吸入土壤颗粒物	吸入室外空气中来自表层土壤的气态污染物	吸入室外空气中来自下层土壤的气态污染物	吸入室内空气中来自下层土壤的气态污染物	吸入室外空气中来自地下水的气态污染物	吸入室内空气中来自地下水的气态污染物
		OISERca	DCSERca	PISERca	IOVERca1	IOVERca2	IIVERca1	IOVERca3	IIVERca2
砷（无机）	7740－38－2	3.65E－07	6.61E－08	1.58E－09	—	—	—	—	—
总石油烃 C10－C40	—	3.65E－07	1.10E－06	1.58E－09	7.65E－09	1.91E－10	1.49E－08	1.12E－08	8.00E－07

续表

中文名	CAS编号	致癌风险							
		土壤/[kg/(kg·d)]						地下水/[L/(kg·d)]	
		口摄入土壤颗粒物	皮肤接触土壤颗粒物	吸入土壤颗粒物	吸入室外空气中来自表层土壤的气态污染物	吸入室外空气中来自下层土壤的气态污染物	吸入室内空气中来自下层土壤的气态污染物	吸入室外空气中来自地下水的气态污染物	吸入室内空气中来自地下水的气态污染物
		OISERca	DCSERca	PISERca	IOVERca1	IOVERca2	IIVERca1	IOVERca3	IIVERca2
脂肪烃 C10－C12	—	3.65E－07	2.20E－07	1.58E－09	7.61E－09	1.89E－10	1.57E－07	4.07E－07	3.36E－04
脂肪烃 C13－C16	—	3.65E－07	2.20E－07	1.58E－09	3.51E－09	4.02E－11	3.34E－08	1.72E－06	1.42E－03
脂肪烃 C17－C21	—	3.65E－07	2.20E－07	1.58E－09	9.57E－10	2.99E－12	2.49E－09	1.61E－05	1.34E－02
脂肪烃 C22－C40	—	3.65E－07	2.20E－07	1.58E－09	9.57E－10	2.99E－12	2.49E－09	1.61E－05	1.34E－02
芳香烃 C10－C12	—	3.65E－07	2.20E－07	1.58E－09	1.30E－08	5.50E－10	2.35E－07	1.17E－08	4.75E－06
芳香烃 C13－C16	—	3.65E－07	2.20E－07	1.58E－09	9.12E－09	2.71E－10	6.45E－08	1.14E－08	2.51E－06
芳香烃 C17－C21	—	3.65E－07	2.20E－07	1.58E－09	5.12E－09	8.45E－11	6.37E－09	1.12E－08	7.62E－07
芳香烃 C22－C40	—	3.65E－07	2.20E－07	1.58E－09	1.81E－09	1.07E－11	4.54E－11	1.11E－08	4.29E－08

八、Y 棉机厂毒性评估

（一）致癌毒性判定

关注污染物的健康效应分析主要包括关注污染物对人体健康的危害性质（致癌效应和/或非致癌效应），以及关注污染物经不同暴露途径对人体健康的毒性危害机理和剂量-效应关系。对于非致癌物质如具有神经毒性、免疫毒性和发育毒性等物质，通常认为存在阈值现象，即低于该值就不会产生可观察到的不良效应。

对于致癌和致突变物质，一般认为无阈值现象，即任意剂量的暴露均可能产生负面健康效应。根据国际化学品安全卡数据库（ICSCS）、IPCs 组织 INCHEM 数据库，本地块土壤中关注污染物的毒性描述详见表 11－13。

表 11－13　关注污染物毒性概述

关注污染物	毒性概述
砷	主要侵入途径为吸入、食入、经皮吸收。短期暴露影响，该物质可能对胃肠道有影响。这可能会导致严重的肠胃炎，体液和电解质流失，心脏疾病，休克和抽搐。远高于 OEL 的曝露可能会导致死亡。长期曝露和反复曝露影响，该物质可能对皮肤，黏膜，外周神经系统，肝脏和骨髓造成影响。这可能会导致色素沉着症，角化过度，穿孔的鼻中隔病变，神经病变，贫血和肝功能损伤。这种物质对人体有致癌作用。动物实验表明，该物质可能对人类生殖或发育系统具有毒性。为人类致癌物质
总石油烃	石油烃类化合物可以分为四类：饱和烃、芳香族烃类化合物、沥青质（苯酚类、脂肪酸类、酮类、酯类、卟啉类）、树脂（吡啶类、喹啉类、卡巴肼类、亚砜类和酰胺类）。石油烃在环境中以复杂的混合物形式存在，因石油源、土壤特性、水文地质条件、加工程度（原油、混合或炼制）、老化程度等不同，成分和性质差异很大

（二）致癌毒性参数

本地块特征污染物砷和石油烃（C10－C40）的毒性参数见表 11－14。其中石油烃（C10－C40）的毒性参数参考《上海市建设用地土壤污染状况调查、风险评估、风险管控与修复方案编制、风险管控与修复效果评估工作的补充规定（试行）》（沪环土〔2020〕62 号）。

表 11－14　Y 棉机厂地块土壤污染物毒性参数表

污染物类型	经口摄入致癌斜率因子/[mg/(kg·d)]	呼吸吸入单位致癌因子/(mg/m^3)	经口摄入参考剂/[mg/(kg·d)]	呼吸吸入参考浓度/(mg/m^3)	消化道吸收因子
	SFo	IUR	RfDo	RfC	ABSgi
砷	1.50E+00	4.30E+00	3.00E−04	1.50E−05	1.00E+00
脂肪烃 C10—C12	—	—	1.00E−01	5.00E−01	5.00E−01
脂肪烃 C13—C16	—	—	1.00E−01	5.00E−01	5.00E−01
脂肪烃 C17—C21	—	—	2.00E+00	—	5.00E−01
脂肪烃 C22—C40	—	—	2.00E+00	—	5.00E−01
芳香烃 C10—C12	—	—	4.00E−02	2.00E−01	5.00E−01
芳香烃 C13—C16	—	—	4.00E−02	2.00E−01	5.00E−01
芳香烃 C17—C21	—	—	3.00E−02	—	5.00E−01
芳香烃 C22—C40	—	—	3.00E−02	—	5.00E−01
总石油烃 C10—C40	—	—	4.00E−02	—	1.00E+00

注　表中数据主要来自美国环保局“区域筛选值（Regional Screening Levels）总表”污染物毒性数据（2020 年月发布）、《土壤环境质量建设用地土壤污染风险管控标准（试行）（征求意见稿）》编制说明和《上海市建设用地土壤污染状况调查、风险评估、风险管控与修复方案编制、风险管控与修复效果评估工作的补充规定（试行）》（沪环土〔2020〕62）号。

九、Y 棉机厂风险表征

风险表征的主要工作内容包括单一污染物单一途径的致癌风险和危害商计算、单一污染物的总致癌风险和危害指数计算。根据《建设用地土壤污染风险评估技术导则》（HJ 25.3—2019）的要求，应根据每个超标采样点样品中关注污染物的检测数据，采用风险评价模型，根据剂量-反应关系，计算地块关注污染物致癌风险和危害商。

风险表征主要工作内容，包括土壤中单一污染物单一途径的致癌风险和危害商和土壤中单一污染物的总致癌风险和危害指数。本项目风险评估工具为《污染场地风险评估电子表格》。

（一）土壤风险评价结果

根据暴露参数、污染物毒性参数和超标点位风险表征数据，分别计算各超标点位不同暴露途径下的致癌风险和非致癌危害商，进而评估本地块土壤污染物的人体健康风险。

1. 第一类用地风险评估结果

本地块第一类用地（R21 区）中土壤污染类型为砷和石油烃，根据第一类用地土壤超标点位风险表征数据，分别计算致癌风险和危害商。

其中对于土壤石油烃，先采用石油烃（C10－C40）的各项毒性参数进行风险评估，将总石油烃（C10－C40）含量按照柴油碳链分配进行含量分解，计算各碳链段的含量，分别进行风险评估。由于本地块土壤石油烃污染点位多，逐一列表展示碳链段各暴露途径的风险评估值较为冗长，故选取一类用地中污染最严重的 BS3 点位第一层（0～2m）的检测结果进行分析。其他点位的碳链段评估结果将以“土壤中单一污染物经所有暴露途径的总致癌风险（CRn）”和“土壤中单一污染物经所有暴露途径的危害指数（HIn）”展示。

综上，本地块一类用地土壤砷和石油烃（C10－C40）的风险评估结果详见表 11－15。

表 11－15　　第一类用地土壤污染物致癌风险和危害商（部分）

点位	层位	深度/m	超标类型	含量/(mg/kg)	经口摄入土壤途径的致癌风险	皮肤接触土壤途径的致癌风险	吸入土壤颗粒物途径的致癌风险	土壤中单一污染物经所有暴露途径的总致癌风险	经口摄入土壤途径的危害商	皮肤接触土壤途径的危害商	吸入土壤颗粒物的危害商	土壤中单一污染物经所有暴露途径的危害指数
					CRois	CRdcs	CRpis	CRn	HQois	HQdcs	HQpis	HIs
MJS7	1	0－2	As	20.5	3.93E－05	3.77E－06	3.94E－08	4.31E－05	1.37E+00	1.17E－01	130E－01	1.61E+00
MJJMS7	2	2－4		27.6	5.29E－05	5.08E－06	5.31E－08	5.81E－05	1.84E+00	1.57E－01	1.76E－01	2.17E+00
BS3	1	0－2		27	5.18E－05	4.97E－06	5.19E－08	5.68E－05	1.80E+00	1.54E－01	1.72E－01	2.12E+00

2. 第二类用地风险评估结果

本地块第二类用地（B 区）中土壤污染类型为石油烃，其风险评估表达方式与第一类用地中的石油烃一致。二类用地土壤砷和石油烃（C10—C40）的风险评估结果详见表 11－16。

表 11－16　　第二类用地土壤石油烃危害商（指数）统计表

点位	层位	深度/m	超标类型	含量/(mg/kg)	经口摄入土壤途径的危害商	皮肤接触土壤途径的危害商	吸入土壤颗粒物的危害商	吸入室外空气中来自表层土壤的气态污染物途径的危害商	吸入室外空气中来自下层土壤的气态污染物途径的危害商	吸入室内空气中来自下层土壤的气态污染物途径的危害商	土壤中单一污染物经所有暴露途径的危害指数
					HQois	HQdcs	HQpis	HQiov1	HQiov2	HQiiv1	HIa
MJJMS22	2	0－2	TPH	5910	3.28E－01	9.90E－01	—	—	—	—	1.32E+00
MJS14	1	0－2		21400	1.9E+00	3.58E+00	—	—	—	—	4.77E+00
MJS19	1	0－2		6790	3.76E－01	1.14E+00	—	—	—	—	1.51E+00

（二）土壤污染物致癌风险和危害指数

风险表征得到的污染物的致癌风险和危害商，可作为确定地块污染范围的重要依据。计算得到单一污染物的致癌风险值超过 10^{-6} 或危害指数超过 1 的采样点，其代表的区域应划定为风险不可接受的污染区域。

根据表 11－15，本地块第一类用地规划区（R21 区）内的关注污染物为土壤砷和石油烃。其中各点位砷所有暴露途径的致癌风险值均超过 10^{-6}，危害指数均超过 1，因此本地块 R21 区内土壤砷存在人体健康风险。

土壤石油烃（C10－C40）缺少经口摄入致癌斜率因子（SF0）、呼吸吸入单位致癌因子（IUR）和呼吸吸入参考浓度（RfC）参数，因此无法计算各暴露途径下的致癌风险和来自土壤气态污染物（3 个）途径的危害商。一类用地和二类用地中各超标点位的石油烃危害指数均超过 1，因此可认为本地块内各个土壤石油烃超标点位所在区域均为风险不可接受的污染区域。

对于石油烃的各个碳链段，按照柴油的碳链组成对石油烃（C10－C40）总量分解，选取 R21 区和 B 区中污染最严重的典型点位 BS3（0～2m）和 MJS14（0～2m）层位进行评估，各碳链段中芳香烃（C10－C12）、芳香烃（C13－C16）和芳香烃（C17－C21）的总危害指数（HIn）大于 1，风险不可接受；总石油烃（C10－C40）的危害指数大于所有碳链段危害指数，评估结果更为保守。各碳链段的土壤中单一污染物经所有暴露途径的危害指数（HIn）均低于危害指数限值 1，各碳链段的污染风险均可接受；而若按照石油烃总量（C10－C40）评估，其风险却不可接受。根据计算过程，上述情况产生的原因是按照石油烃总量（C10－C40）评估相当于将各碳链参数均一化，并将每一段碳链段危害指数（HIn）求和，因此其危害指数将大于 1。

综上，基于保守考虑，本地块将采用石油烃总量（C10－C40）评估结果，认为本地块土壤石油烃（C10－C40）污染点位的人体健康风险不可接受，需开展修复工程进行修复。在计算风险控制值时，将按照石油烃总量（C10－C40）进行计算。

（三）地下水评价结果

本地块地下水关注污染物仅位于第一类用地中，石油烃（C10－C40）未进行碳链段分析，无法明确是否与柴油一致。此外，石油烃（C10－C40）缺少呼吸吸入参考浓度（RfC），无法表征总量的风险。因此本次地下水风险评估将不按照碳链分解，而将石油烃（C10－C40）总量分别按照各碳链段的参数进行风险评估，所得结果将更加保守。

十、评估过程不确定性分析

本地块土壤人体健康风险评估是在对地块污染情况进行采样调查的基础上进行的，评估过程中考虑了土地利用方式、受体活动方式等，基本上比较全面、准确地评估了规划后地块污染对人体健康的风险，在土壤污染状况调查结论的基础上筛选出需关注的污染物，并计算其风险控制值。

本地块的风险评估存在一定的不确定性，主要来源有以下五个方面：

（1）土壤污染状况调查阶段：土壤污染状况调查阶段中历史资料的完整性；部分指标采用 EPA 检测方法带来的不确定性；地块土壤污染物空间分布的非均质性，均给土壤污染状况调查结论带来了不确定性，也给风险评估带来的不确定性。

（2）资料收集和分析阶段：模型需要参数众多，其中土壤和地下水性质参数以实测为主；但是有部分参数（如混合区高度、土壤地下水交界处毛管层厚度等）现场难以测定，采用的是导则推荐的默认值，这些因素均可能对评价结果产生不确定性。

（3）暴露评估阶段：模型中对污染物的浓度作了浓度不随时间变化的假设，本地块关注污染物在土壤和地下水环境中，污染物的浓度会发生变化，如发生生物降解、土壤-水动态转化等，会对评价结果产生不确定性。

（4）物质在介质间迁移过程的不确定性：本次采用的迁移公式均来自于《建设用地土壤污染风险评估技术导则》（HJ 25.3—2019），但导则中的模型需要大量的项目资料进行验证、修正、支持；本项目中的土壤石油烃（C10－C40）等参数采用“《土壤环境质量建设用地土壤污染风险管控标准（试行）》（GB 36600—2018）编制说明”中 C10－C16 芳香烃数据，也会给评估结果带来一定的不确定性。

（5）毒性评价阶段：毒性数据主要是参照 RSL、HKC 等国内外相应的数据，难免会造成参数估计不能完全反映地块实际情况（国内外环境和人体会有差异）的问题；部分毒性数据如皮肤接触暴露的参考剂量是由其他暴露途径的毒性数据外推出来的，这一过程增加了评价结果的不确定性。

根据以上的讨论，评估计算的不确定性是不可避免的，但在计算中尽可能采取了一些措施来减少了不确定性。

十一、风险控制值计算

（一）土壤风险控制值

采用《污染场地风险评估电子表格》计算土壤风险控制值。由于电子表格计算的风险控制值为最终结果，因此计算过程中的中间结果由《建设用地土壤污染风险评估技术导则》（HJ 25.3—2019）提供的模型自行计算。

本地块土壤砷和石油烃土壤风险控制值的计算结果见表 11－17。

表 11－17　　Y 棉机厂地块土壤风险控制值计算结果表

用地类型	污染介质	污染类型	所有途径致癌风险控制值	所有途径非致癌风险控制值	风险控制值
			RCVSn	HCVSn	
第一类用地	土壤	砷	4.75E－01	1.27E＋00	4.75E－01
		石油烃	—	8.26E＋02	8.26E＋02
第二类用地		石油烃	—	4.49E＋03	4.49E＋03

（二）地下水风险控制值

采用《污染场地风险评估电子表格》计算地下水风险控制值。Y 棉机厂地块地下水风险控制值计算结果详见表 11－18。基于保守角度本地块地下水风险控制值选取最保守的 2.55mg/L 作为地下水石油烃风险控制值。

根据计算所得地下水石油烃风险控制值，本地块地下水石油烃检出含量均低风险控制值，地下水风险可接受，不需要启动地下水修复。

表 11－18　　Y 棉机厂地块地下水风险控制值计算结果表

中文名	致癌风险控制值	非致癌风险控制值	风险控制值
	RCVGn	HCVGn	
脂肪烃 C10－C12	—	1.08E＋01	1.08E＋01

续表

中文名	致癌风险控制值	非致癌风险控制值	风险控制值
	RCVGn	HCVGn	
脂肪烃 C13-C16	—	2.55E+00	2.55E+00
芳香烃 C10-C12	—	3.07E+02	3.07E+02
芳香烃 C13-C16	—	5.79E+02	5.79E+02

十二、结论与建议

（一）结论

根据土壤污染状况调查回顾、危害识别、暴露评估、毒性评估、风险表征、风险控制值计算结果，对本地块人体健康风险评估结论总结如下：

（1）根据规划，本地块自西向东分别为商业用地（B1）、商业服务业设施用地（B）、二类住宅用地（R21）、商住混合用地（RB）和规划道（S）。按照各规划面积大小，将地块内分为二类住宅用地区（R21 区），属第一类用地；商业服务业设施用地区（B 区），属第二类用地。

（2）本地块土壤关注污染物为土壤砷和石油烃（C10-C40），其中第一类用地（R21 区）中关注污染物为土壤砷和石油烃，第二类用地（B 区）中关注污染物仅为石油烃。地下水关注污染物为石油烃（C10-C40）。

（3）基于风险评估结果，本地块第一类用地（R21 区）和第二类用地（B 区）内土壤关注污染物的致癌风险和危害商均超过限定值，风险均不可接受，需要开展土壤修复。

（4）本地块土壤石油烃单一修复土方量为 18556.48m^3，砷单一修复土方量为 261.3m^3，土壤砷-石油烃复合修复土方量为 770.6m^3。本地块土壤修复总土方量为 19588.38m^3。

（5）基于风险评估结果，本地块地下水石油烃（C10-C40）风险可接受，地下水不需要修复。

（6）根据修复技术可行性分析，针对本地块污染类型，推荐采用热脱附＋化学洗脱技术修复地块土壤。但若对时间要求较高，并在经费允许的前提下寻找到合适的水泥窑接收单位，水泥窑协同处置也可作为备选方案。

（二）建设

1. 遗留建筑物拆除建议

本地块南侧仍存在闲置厂房，后期开发过程中还涉及原厂房的拆除，可能对土壤和地下水造成一定的二次污染。因此，针对拆除过程中的二次污染防治，提出了如下建议：

（1）本地块土壤中存在石油烃污染，拆除过程中可能造成表层石油烃的污染土壤暴露，随着降雨发生迁移造成污染扩散。因此拆除后，地块内石油烃污染区域需覆膜遮盖，防止污染物的二次扩散。

（2）拆除过程中，污染区周边挖出土壤需集中堆放后作为污染土处置，严禁散乱随意堆放，堆放地应铺设和覆盖防渗膜，防止污染土壤和污染物的转移。非污染区周边的挖出土壤原位填埋。

(3) 拆除过程中产生的生活垃圾、耗材和其他固废垃圾应集中收集处置，严禁随意堆放和丢弃。

(4) 对拆除过程中产生的洗车废水和基坑渗水，应集中收集处置，处理达标后再行排放。

(5) 拆除过程中，建筑垃圾应及时外运处置；拆除完成后，应对地块进行平整处置，离场时确保无新增污染。

(6) 拆除结束前，委派专业的环境监理和工程监理对施工进行监管，严禁施工单位或其他单位对地块偷排漏排各类污染物。

2. 修复阶段建议

(1) 在土壤污染状况调查工作完成后至本地块修复工程开始前，地块责任单位应对本地块进行必要的管理和保护，不允许开展其他与修复工程无关的工作，避免修复区域受到扰动而影响下一步环境修复工作。建议具体保护措施为：对修复区域进行围蔽，在修复区域边界悬挂明显标志，在地块修复实施方案通过相关主管部门备案之前，禁止任何单位和人员开挖、取土等扰动修复区域的行为，确保下一步修复工作的顺利开展。

(2) 本地块地下水不涉及饮用，但地下水非毒性指标中有浑浊度、铁、氨氮超过Ⅳ类水标准，其中地下水氨氮的超标可能带来一定异味。因此，在修复过程中应注重基坑渗水的处置，具体措施如下：

1) 基坑开挖前进行有效降水。

2) 基坑开挖、降水过程中收集基坑废水，在施工现场铺设临时排水管线，设置临时排水管线时做好防渗措施，施工人员对排水管线全程管控。基坑降水排至自建水处理系统处理达标后排放。

3) 注重特殊天气的防范措施。大雨天气不宜进行施工和运输工作，准备好防雨材料，配备水泵及时抽出基坑内积水；风力较大时不进行工程施工，并用防水布覆盖已经开挖的土壤表面，减少扬尘和雨水冲刷，避免二次污染。

4) 注重施工人员的防护，若出现基坑地下水异味暴露，应立即抽出处置。

(3) 为确保本地块地下水风险可接受，修复阶段应对土壤修复点位所在地下水石油烃(C10－C40)进行持续监控，若超过本文所设风险控制值，需对地下水进行抽出处理，直到地下水石油烃(C10－C40)检出值低于风险控制值。

(4) 因本地块地下水迁移活跃，修复阶段应注重防治土壤污染物受扰动而随地下水迁移的情况，可基于土壤污染深度(最大为4m)和潜水层厚度(约32m)设置地下水垂直阻隔墙，防治污染的横向迁移。

(5) 若施工过程中发现调查阶段未发现的污染，应立即开展必要的补充调查，经评估需要实施修复的，一并予以修复。

参 考 文 献

[1] 杨再福. 污染场地调查评价与修复［M］. 北京. 化学工业出版社，2017.

[2] 周友亚，颜增光，郭观林，等. 污染场地国家分类管理模式与方法［J］. 环境保护，2007 (10)：32-35.

[3] 谢剑，李发生. 中国污染场地修复与再开发［J］. 环境保护，2012 (Z1)：15-24.

[4] 高敏. 建筑垃圾现状分析和资源化利用研究［J］. 安徽建筑，2022，29 (11)：181-182.

[5] 赵沁娜. 城市土地置换过程中土壤污染风险评价与风险管理研究［D］. 上海：华东师范大学，2006.

[6] 蒋博. 城市污染土地可持续利用策略研究［D］. 北京：北京林业大学，2008.

[7] 王力，杨亚提，王爽，等. 陕西省采矿业污染农田土壤中 Cd、Pb 的释放特征［J］. 西北农林科技大学学报（自然科学版），2015，43 (7)：192-200.

[8] 杨自豪. 我国污染场地修复法律制度研究［D］. 西安：西北民族大学，2021.

[9] 李细红. 遗留遗弃污染场地调查及风险评价［D］. 长沙：湖南农业大学，2011.

[10] 姜林. 场地环境评价指南［M］. 北京：中国环境科学出版社，2004.

[11] COLINCF. Assessing risk from contaminated sites：Policy and practice in 16 European countries［J］. Land Contamination and Reclamation，1999，7 (2)：33-54.

[12] 张胜田，林玉锁，华小梅，等，中国污染场地管理面临的问题及对策［J］. 环境科学与管理，2007，32 (6)：5-7.

[13] Trow，Dames，Moore. Review of contaminated site classification methods and recommendations for a national classification system［R］. Prepared for CCME subcommittee on classification of contaminated sites，1991.

[14] Canadian council of ministers of the environment. Natjonal classification systemfor contaminated sites［R］. 1992.

[15] Umweltbundesamt. Guideline on Identification of Potentially contaminated sites［M］. Guideline of the Federal Environment Agency［R］. Vienna，Austria，1995.

[16] 谷庆宝，颜增光，周友亚，等. 美国超级基金制度及其污染场地环境管理［J］. 环境科学研究，2007，(5) . 84-88.

[17] 陈辉，陈扬，邵春岩，等. 重金属污染场地治理管理模式及分级方法研究［J］. 中国环保产业，2008，(4)：49-53.

[18] 李晓勇，刘建文，谭晓波，等. 污染场地调查与修复［M］. 北京：中国建材工业出版社，2020.

[19] 中国环境保护部. 污染地块土壤环境管理办法（试行）［R］，2017.

[20] HJ 25.1—2019 建设用地土壤污染状况调查技术导则［S］.

[21] HJ 25.2—2019 建设用地土壤污染风险管控和修复监测技术导则［S］.

[22] HJ 25.3—2019 建设用地土壤污染风险评估技术导则［S］.

[23] HJ 25.4—2019 建设用地土壤修复技术导则［S］.

[24] HJ 682—2019 建设用地土壤污染风险管控和修复术语［S］.

[25] GB 36600—2018 土壤环境质量　建设用地土壤污染风险管控标准（试行）［S］.

[26] HJ 1230—2021 工业企业挥发性有机物泄漏检测与修复技术指南［S］.

[27] HJ 1164—2021 污染土壤修复技术规范 异位热脱附［S］.

[28] HJ 1165—2021 污染土壤修复技术规范 原位热脱附 [S].

[29] HJ 1283—2023 污染土壤修复工程技术规范 生物堆 [S].

[30] HJ 1282—2023 污染土壤修复技术规范 固化/稳定化 [S].

[31] 中国生态环保部. 2014 年污染场地修复技术目录（第一批）[R], 2014.

[32] 中国生态环保部. 污染场地修复技术应用指南 [R], 2014.

[33] 孙向阳. 土壤学 [M]. 北京：中国林业出版社, 2021.

[34] 陈怀满. 环境土壤学 [M]. 北京：科学出版社, 2022.

[35] 黄昌勇, 徐建明. 土壤学 [M]. 北京：中国农业出版社, 2010.

[36] 潘宏雨, 马锁柱, 刘连成. 普通水文地质学 [M]. 北京：地质出版社, 2016.

[37] 张人权, 梁杏, 靳孟贵, 等. 水文地质学基础 [M]. 北京：地质出版社, 2010.

[38] 王福刚, 曹玉清, 等. 环境水文地质调查实习指导书 [M]. 北京：地质出版社, 2017.

[39] SL 320—2005 水利水电工程钻孔抽水试验规程 [S].

[40] 王雪松, 姚先. 地中蒸渗仪降水入渗补给系数分析研究 [J]. 安徽水利水电职业技术学院学报, 2006, 6 (3): 6-9.

[41] 杨晓俊. 蒸渗计法降水入渗补给系数变化规律分析 [J]. 水资源与水工程学报, 2009, 20 (1): 150-152.

[42] 曹剑峰, 迟宝明, 王文科, 等. 专门水文地质学 [M]. 北京：科学出版社, 2006.

[43] 金均, 陈昆柏, 郭春霞. 污染场地调查与修复 [M]. 郑州：河南科学技术出版社, 2017.

[44] HJ/T 166—2004 土壤环境监测技术规范 [S].

[45] 中国生态环保部. 建设用地土壤环境调查评估技术指南 [R], 2018

[46] GB/T 36197—2018 土壤质量土壤采样技术指南 [S].

[47] GB 36600—2018 土壤环境质量 建设用地土壤污染风险管控标准（试行）[S].

[48] HJ 164—2020 地下水环境监测技术规范 [S].

[49] HJ/T 166—2004 土壤环境监测技术规范 [S].

[50] 中国生态环保部. 建设用地土壤环境调查评估技术指南 [R], 2018.

[51] GB/T 36197—2018 土壤质量土壤采样技术指南 [S].

[52] HJ 164—2020 地下水环境监测技术规范 [S].

[53] 金均, 陈昆柏, 郭春霞. 污染场地调查与修复 [M]. 郑州：河南科学技术出版社, 2017.

[54] 安文超, 孙立娥, 马立科, 等. 某典型工业聚集区遗留地土壤重金属污染特征及健康风险评价 [J]. 湖南师范大学自然科学学报, 2022, 45 (5): 108-116.

[55] 阳文锐, 王如松, 黄锦楼, 等. 生态风险评价及研究进展 [J]. 应用生态学报, 2007 (8): 1869-1876.

[56] 张玉彬. 渤海湾近岸海域三氯生和三氯卡班的污染特征分析及生态风险评价 [D]. 天津：天津大学, 2018.

[57] Yang W R, Wang R S, Huang J L, et al. Ecological risk assessment and its research progress [J]. Chinese Journal of Applied Ecology, 2007, 18 (18): 1869-1876.

[58] 林玉锁. 国外环境风险评价的现状与趋势 [J]. 环境科学动态, 1993, (1): 8-10.

[59] 陈辉, 刘劲松, 曹宇, 等. 生态风险评价研究进展 [J]. 生态学报, 2006, 26 (5): 1558-1566.

[60] Cairns, Dickson K. L, Maki A W. Estimating the hazard of chemical substances to aquatic life [J]. Hydrobiologia, 1979, 64 (2): 157-166.

[61] United States Environmental Protection Agency. Guide lines for Ecological Risk Assessment [R]. Washington DC: United States Environmental Protection Agency, 1998.

[62] Suter II, G. W. Ecological Risk Assessment: Second Edition [M]. Boca Raton, New York: CRC Press, 2006.

[63] 龙涛，邓绍坡，吴运金，等. 生态风险评价框架进展研究 [J]. 生态与农村环境学报，2015，31 (6)：822-830.

[64] SL/Z 467—2009 生态风险评价导则 [S].

[65] Mller G. Index of geoaccumulation in sediments of the Rhine River [J]. Geojournal，1969，2 (3)：108-118.

[66] Hkanson L. An ecology risk index for aquatic pollution control：a sedimentological approach [J]. Water Research，1980，14 (8)：995-1001.

[67] EMEA. Committee for Medicinal Products for Veterinary Use (CVMP)：Guideline on Environmental Impact Assessment forVeterinary Medicinal Products Phase Ⅱ [M]. European Medicines AgencyVeterinary Medicines and Inspections，London，UK，2004.

[68] Wheeler J R，Grist E P M，Leung K MY，et al. Species Sensitivity Distributions：Data and Model Choice [J]. Marine Pollution Bulletin，2002，45：192-202.

[69] 申利娜，李广贺. 地下水污染风险区划方法研究 [J]. 环境科学，2010，31 (4)：918-923.

[70] 滕彦国，左锐，苏小四，等. 区域地下水环境风险评价技术方法 [J]. 环境科学研究，2014，27 (12)：1532-1539.

[71] WHELAN G，DROPPO J，STRENGE D，et al. A demonstration of the applicability of implementing the enhanced remedial action priority system (RAPS) of environment release [R]. Washington DC：Office of Emergency and Remedial Response，1991.

[72] 刘燕华，葛全胜，吴文祥. 风险管理——新世纪的挑战 [M]. 北京：气象出版社，2005.

[73] Eduljee G H. Trend in risk assessment and risk management [J]. The Sciences of the Total Environment，2000，249 (1-3)：13-23.

[74] Han L，Dai Z J. Study on ecological risk assessment Environment Science [J]. Trends，2001 (3)：7-10.

[75] 周友亚，颜增光，郭观林，谷庆宝，李发生. 污染场地国家分类管理模式与方法 [J]. 环境保护，2007 (10)：32-35.

[76] 谢剑，李发生. 中国污染场地修复与再开发 [J]. 环境保护，2012 (Z1)：15-24.

[77] 高敏. 建筑垃圾现状分析和资源化利用研究 [J]. 安徽建筑，2022，29 (11)：181-182.

[78] 赵沁娜. 城市土地置换过程中土壤污染风险评价与风险管理研究 [D]. 上海：华东师范大学，2006.

[79] 蒋博. 城市污染土地可持续利用策略研究 [D]. 北京：北京林业大学，2008.

[80] 李细红. 遗留遗弃污染场地调查及风险评价 [D]. 长沙：湖南农业大学，2011.

[81] 姜林. 场地环境评价指南 [M]. 北京：中国环境科学出版社，2004.

[82] COLINCF. Assessing risk from contaminated sites：Policy and practice in 16 European countries [J]. Land Contamination and Reclamation，1999，7 (2)：33-54.

[83] 张胜田，林玉锁，华小梅，等. 中国污染场地管理面临的问题及对策 [J]. 环境科学与管理，2007，32 (6)：5-7.

[84] Trow，Dames，Moore. Review of contaminated site classification methods and recommendations for a national classification system [R]. Prepared for CCME subcommittee on classification of contaminated sites，1991.

[85] Canadian council of ministers of the environment. Natjonal classification systemfor contaminated sites [R]，1992.

[86] 谷庆宝，颜增光，周友亚，等. 美国超级基金制度及其污染场地环境管理 [J]. 环境科学研究，2007 (5)：84-88.

[87] 陈辉，陈扬，邵春岩，等. 重金属污染场地治理管理模式及分级方法研究 [J]. 中国环保产业，

2008 (4)：49 - 53.

[88] 李晓勇．污染场地评价与修复 [M]. 北京：中国建材工业出版社，2020.

[89] 刘瑞平，宋志晓，崔轩，等. 我国土壤环境管理政策进展与展望 [J]. 中国环境管理，2021，13 (5)：93 - 100.

[90] 李云祯，董荐，刘姝媛，等. 基于风险管控思路的土壤污染防治研究与展望 [J]. 生态环境学报，2017，26 (6)：1075 - 1084.

[91] 应蓉蓉，张晓雨，孔令雅，等. 农用地土壤环境质量评价与类别划分研究 [J]. 生态与农村环境学报，2020，36 (1)：18 - 25.

[92] GB 15618—2018 土壤环境质量 农用地土壤污染风险管控标准（试行）[S].

[93] 常春英，董敏刚，邓一荣，等. 粤港澳大湾区污染场地土壤风险管控制度体系建设与思考 [J]. 环境科学，2019，40 (12)：5570 - 5580.

[94] 李志涛，刘伟江，陈盛，等. 关于"十四五"土壤、地下水与农业农村生态环境保护的思考 [J]. 中国环境管理，2020，12 (4)：45 - 50.

[95] 陈卫平，谢天，李笑诺，等. 欧美发达国家场地土壤污染防治技术体系概述 [J]. 土壤学报，2018，55 (3)：527 - 542.

[96] 董璟琦. 污染场地绿色可持续修复评估方法及案例研究 [D]. 北京：中国地质大学，2019.

[97] LI X N，CUNDY A B，CHEN W P，et al. Systematic and bibliographic review of sustainability indicators for contaminated site remediation：Comparison between China and western nations [J]. Environmental Research，2021，200：111490.